"博学而笃志，切问而近思。"
（《论语》）

博晓古今，可立一家之说；
学贯中西，或成经国之才。

复旦博学·复旦博学·复旦博学·复旦博学·复旦博学·复旦博学

作者简介

秦州（紫竹），南京大学新闻传播学院副教授，南京大学网络传播研究中心研究员。著有《新闻网页设计与制作》（2005）、《网络"客"文化》（2006）、《网络新闻编辑学》（2007）（主编）。2000年初创办新闻传播学术网站紫金网（www.zijin.net）。曾任江苏电视台新闻中心副主任，中国江苏网新闻总监。

新闻与传播学系列教材／新世纪版

网络新闻编辑学

（第二版）

秦 州 主编　王月苏 副主编

复旦大学出版社

内容提要

随着网络媒体的日新月异、蓬勃发展，网络新闻编辑也日益受到社会的关注。本书以网络新闻编辑学研究开篇，在作了基本的理论铺垫之后，从网络新闻业的特点、网络新闻编辑的主体、客体、网络新闻受众、网络新闻编辑的技术环境、网络新闻的编辑制作、版面设计等方面作了具体阐述，并在第一版基础上增加了"微博"一章，探讨了微博这个最新的互联网应用的传播特征、发展现状与发展趋势。

全书理论简明扼要，实例丰富，配有思考题和课件，可作为高校新闻专业的基础教材，也有助于网络从业人员快速便捷地掌握网络新闻编辑的基本知识和实践技巧。

目 录

第一章　网络新闻编辑学研究 …………………………………（ 1 ）
　第一节　网络新闻编辑学研究的基本问题 ………………（ 1 ）
　第二节　网络新闻编辑学的研究方法 ……………………（ 5 ）
　第三节　网络新闻编辑学的研究意义 ……………………（ 22 ）
　思考题 ……………………………………………………（ 24 ）

第二章　网络新闻业的发展和特点 ……………………………（ 25 ）
　第一节　网络新闻媒体的发展史 …………………………（ 25 ）
　第二节　网络新闻的特点 …………………………………（ 46 ）
　思考题 ……………………………………………………（ 54 ）

第三章　网络新闻编辑的主体 …………………………………（ 55 ）
　第一节　编辑的能力结构 …………………………………（ 55 ）
　第二节　编辑的知识结构 …………………………………（ 64 ）
　第三节　编辑的法律、道德素养 …………………………（ 66 ）
　思考题 ……………………………………………………（ 75 ）

第四章　网络新闻编辑的客体 …………………………………（ 76 ）
　第一节　网络新闻稿件 ……………………………………（ 76 ）
　第二节　网络新闻专题 ……………………………………（ 81 ）
　第三节　网络新闻评论 ……………………………………（ 91 ）
　第四节　网络新闻论坛 ……………………………………（ 97 ）

思考题 …………………………………………………………（102）

第五章　网络新闻受众 …………………………………………（103）
　　第一节　受众的信息需求 ………………………………………（103）
　　第二节　受众的心理分析 ………………………………………（106）
　　第三节　编辑与受众的关系 ……………………………………（111）
　　思考题 …………………………………………………………（115）

第六章　网络新闻编辑的功能 …………………………………（116）
　　第一节　网络新闻编辑与信息把关 ……………………………（116）
　　第二节　网络新闻编辑与议程设置 ……………………………（122）
　　思考题 …………………………………………………………（127）

第七章　网络新闻编辑的技术环境 ……………………………（128）
　　第一节　网站的技术平台 ………………………………………（128）
　　第二节　网站的内容管理与发布系统 …………………………（132）
　　第三节　网站的基本服务项目 …………………………………（140）
　　第四节　网页制作的基础语言 …………………………………（147）
　　第五节　网页制作及图形处理软件 ……………………………（150）
　　第六节　网页制作的高级技术 …………………………………（154）
　　思考题 …………………………………………………………（158）

第八章　网络新闻的编辑制作 …………………………………（160）
　　第一节　文字新闻 ………………………………………………（160）
　　第二节　图片新闻 ………………………………………………（164）
　　第三节　Flash 新闻 ……………………………………………（173）
　　第四节　音视频新闻与多媒体新闻 ……………………………（178）
　　第五节　网络新闻标题 …………………………………………（180）
　　第六节　背景资料的链接 ………………………………………（186）

思考题 ………………………………………………………… (188)

第九章　网络新闻版面设计 ……………………………………… (189)
　　第一节　网络新闻版面设计的基础知识 ………………… (189)
　　第二节　网络新闻版面的色彩设计 ……………………… (195)
　　第三节　网络新闻版面的布局设计 ……………………… (202)
　　思考题 ………………………………………………………… (211)

第十章　草根媒体 ………………………………………………… (213)
　　第一节　草根媒体 …………………………………………… (213)
　　第二节　博客 ………………………………………………… (219)
　　第三节　播客 ………………………………………………… (226)
　　思考题 ………………………………………………………… (231)

第十一章　微博 …………………………………………………… (232)
　　第一节　微博概述 …………………………………………… (233)
　　第二节　微博的传播特征 …………………………………… (243)
　　第三节　中国微博的发展现状 ……………………………… (252)
　　第四节　微博未来发展趋势 ………………………………… (268)
　　思考题 ………………………………………………………… (278)

附录一　信息网络传播权保护条例 ……………………………… (279)

附录二　互联网新闻信息服务管理规定 ………………………… (286)

附录三　互联网站禁止传播淫秽、色情等不良信息自律规范 …… (294)

附录四　互联网等信息网络传播视听节目管理办法 …………… (297)

附录五　最高人民法院、最高人民检察院关于办理利用互联网、移动通讯终端、声讯台制作、复制、出版、贩卖、传播淫秽电子信息刑事案件具体应用法律若干问题的解释………（302）

附录六　非经营性互联网信息服务备案管理办法 …………（305）

附录七　互联网 IP 地址备案管理办法 ……………………（309）

附录八　互联网著作权行政保护办法 ………………………（313）

附录九　中国互联网网络版权自律公约 ……………………（316）

参考文献 ………………………………………………………（318）

第二版后记 ……………………………………………………（323）

第一章

网络新闻编辑学研究

网络媒体给世界带来崭新的生活、工作方式的同时,也给整个新闻传播事业带来了革命性的变化。它不仅为传统的报刊、通讯社、广播电视提供了新的技术手段,而且造就了一种崭新的新闻传播形态——网络新闻。其中表现最为突出的就是世界上许多重大新闻的迅速报道特别是突发性事件的报道,领先的已经不再是电视、广播,更不是报纸、期刊,而是作为第四媒体的新闻网站。网络新闻的发展势头迅猛,令人应接不暇,正如报刊、书籍、广播、电视等大众传媒设有"编辑"职位一样,随着网络这一新媒体的蓬勃发展,"网络新闻编辑"这一新兴的职业也应运而生,但是我们对网络新闻编辑的研究工作还远远落后于网络新闻实践。

本章主要的内容是对网络新闻编辑学的基本问题和研究方法进行梳理。基本问题主要包括网络新闻编辑学的研究对象、研究内容、定义和学科特点。网络新闻编辑学的研究方法主要包括内容分析、个案研究、网络调查、焦点小组等。

第一节 网络新闻编辑学研究的基本问题

早在 20 世纪 40 年代,"编辑学"这一名词在我国就已经出现,但真正有意识地将"编辑学"当作一门学科进行深入的研究,则是在 80 年代以后才开始的。自 20 世纪 90 年代网络新闻发端以来,网络媒体自身没有专职的记者而是编辑工作人员承担了新闻信息的采集、加工和发布等一系列工作。网络媒体的编辑工作较之传统媒体在工作性质和工作内容方面有很多共通之处,也存在着很大的区别。网络新闻编辑学作为编辑学的一门分支学科,是一门应用性很强的学科,我们在进行学科理论体系的构建过程中既要借鉴已有编辑学的理论成果,更要结合网络新闻媒体的时代特点、技术特点,因地制宜地在更广阔的视野中开展我们的研究工作。

一、网络新闻编辑学的研究对象

网络新闻编辑活动不能一概而论,即使在各个传统媒体网络版和门户网站中,网站编辑的工作都是不尽相同的。例如在有些传统媒体的网站中,网络编辑只需要将全部印刷版的电子文件输入到数据库中就可以了,有些则需要进一步地筛选。许多门户网站的编辑工作主要包括选稿、改稿、处理新闻之间的关系、设计网页界面、组织论坛、专题报道等工作。从宏观角度对编辑过程进行考察发现,整个编辑活动的过程是动态的、及时的。在形成定稿之后,编辑过程并未结束,编辑还要根据作者和网民的反馈意见,进行调整修改,制定新的网络新闻编辑计划,这样就形成了动态的编辑过程。

网络新闻编辑学是研究网络新闻编辑活动的性质、功能和发展规律的科学,是一门正在建立和完善的新兴学科。网络新闻编辑工作中不断出现的许多新情况、新问题,都是网络新闻编辑学研究的新起点。网络新闻编辑活动是网络新闻编辑学特有的研究对象,有其自身的方法和规律。研究网络新闻编辑活动不能只进行单方面的考察,而要从多方面、多层次、多角度进行研究。具体应包括:

(1) 研究网络新闻编辑活动的起源和演变历史、性质和特征,以及网络新闻编辑活动与其他文化活动的区别和联系。

(2) 研究网络新闻编辑活动的价值和社会作用,以及网络新闻编辑人员的素质。

(3) 研究网络新闻编辑活动与社会生活的广泛联系,包括它与经济、政治、文化、科技以及其他传播媒介的关系,揭示它的发展规律。

(4) 研究网络新闻编辑主体作用于编辑对象的编辑过程,包括网络新闻编辑的不同阶段和基本环节,以及各个环节工作的原理、方法和技能。

这样，以网络新闻编辑活动为研究对象，是网络新闻编辑学与其他学科区分的学科基础。通过对比的研究，网络新闻编辑学形成了自己独有的知识体系和理论建构，成为一门相对独立的新兴学科。

二、网络新闻编辑学的研究内容

网络新闻编辑学的研究内容包括理论研究、应用研究和历史研究三个方面。

（1）网络新闻编辑研究的应用方面着重研究网络编辑过程中的基本环节，各环节的工作内容、工作原理和工作方法，力争对编辑过程有准确深入的认识和描述，逐步使网络编辑活动科学化、规范化，形成共同遵守的规范和标准。

（2）理论研究包括网络媒介中编辑活动的地位和作用，编辑、作者和受众相互关系的变化，网络新闻编辑的社会功能等。

（3）历史研究。由于网络媒体的发展时间较短，这方面的研究还比较欠缺。国内关于网络媒体的发展历史的第一部著作是中国人民大学新闻学院副教授彭兰的《中国网络媒体的第一个十年》，书中相关的总结和论述，为我们专门进行网络新闻编辑历史研究奠定了良好的基础。

三、网络新闻编辑学的定义

对网络新闻编辑学的研究对象和研究内容做了清晰的梳理之后，我们才能对网络新闻编辑学下定义。网络新闻编辑学从词语的形式分析，它是由"网络新闻"和"编辑学"两个概念组成的合成词。"网络新闻"是编辑学的研究对象和范围，而"编辑学"则是它的学科性质和归类。因此，我们要对网络新闻编辑学下定义，可以按照逻辑学中关于"属加种差"定义的方法，从"网络新闻"和"编辑学"的含义及它们之间的种属关系，来确定"网络新闻编辑学"的内涵和外延。

"网络"的概念在专业技术上比较宽泛，我们可以简单地理解成"是由多个计算机连接而成的系统，可以实现资源共享"。网络的发展已经形成了国际互联网的规模。从广义上说网络媒介，我们通常指互联网(Internet);从狭义上讲或从实际操作上说,是指基于 WWW 来传播信息的网站。从一般意义上说,网络新闻是指传受基于国际互联网的新闻。尽管有职业性和非职业性之别,但任何用户通过互联网发布或再发布的新闻信息,通过互联网视听、下载、交流的新闻文本,均可视作网络新闻[1]。《中国大百科全书》把"编辑学"定义为:"研究编辑基础理论、编辑活动规律及编辑实践管理的综合性学科,属于人文科学范畴。"原全国高校人文社会科学学报研究会理事长、中国人民大学博士生导师杨焕章教授给编辑学下的定义是:"编辑学是关于编辑的科学,是研究编辑活动过程及其规律的科学。"

由于编辑学是对所有传播媒体的编辑活动及其规律进行研究的学问,因而它是一个大的系统,可以根据不同的媒体划分为各种具体的编辑学分支,有的学者把这些分支称为"编辑学分论"、"部门编辑学"等。网络新闻编辑学正是编辑学中的一个分支,它是与报纸编辑学、期刊编辑学、音像编辑学等相并列的针对网络新闻的编辑活动和规律而言的编辑学。因此,所谓网络新闻编辑学,就是新闻网站从业人员以网络为载体,对来自信息源的信息进行有效的采集、筛选、解码、编码和发布,使信息得到有效传播的学问和技术,是研究现代信息社会里网络新闻编辑的现象、行为、特点、性质、内容和规律的学科。

四、网络新闻编辑学的学科特点

《中国大百科全书》将编辑学归属于人文科学范畴。《新闻学大辞典》中将新闻编辑学定义为"探讨新闻编辑工作产生发展的过程,研究编辑工作的规律和方法、技巧的应用学科,是新闻学的一个分支"[2]。编辑学直接面向编辑实践,有具体的应用目的,它要为编辑活动提供原理、原则和方法技能,为编辑教育提供专业教材,因此,编辑学属于应用学科,不属于基础科学[3]。网络新闻编辑学作为编辑学和新闻编辑学的一个分支,具有极强的时代性、应用性和综合性的特点。

1. 时代性

网络新闻编辑学的时代性,主要表现在编辑活动实施的载体

---

[1] 杜骏飞:《网络新闻学》,中国广播电视出版社2001年版,第44页。
[2] 甘惜分:《新闻学大辞典》,河南人民出版社1993年版,第77页。
[3] 阙道隆:《编辑学理论纲要》,载《出版科学》2001年第3期,第10页。

是信息技术发展的代表——互联网络。网络作为大众传媒,在传播媒介中处于最新兴、最具有时代感和最具有发展前景的位置。有学者将网络新闻编辑定性为"现代编辑学"范畴,其实就是着眼于网络社会的技术条件和信息社会的社会条件来对其进行审视的。

2. 应用性

网络新闻编辑学的应用性,首先表现在通过一般理论的研究,解决编辑活动中带有普遍性的问题。如前面论述的网络新闻编辑的基本环节,以及这些环节工作的基本原理、方法和技能;网络新闻编辑工作人员应具备的素养等。其次表现在网络新闻编辑学通过对编辑实务的研究,指导实际的编辑活动。比如编辑人员利用网络平台编辑、传播新闻信息时应遵循的操作规范,通过怎样的方式和手段最大限度地发挥传播效果等。

3. 综合性

网络新闻编辑学的综合性,首先表现在网络新闻编辑学是多学科的综合。编辑活动本质上是多学科知识的综合运用,融会了诸如语言学、符号学、新闻学、传播学、心理学、美学、社会学、信息学等学科的知识。网络新闻编辑学研究编辑活动,就不能不研究相关学科与编辑活动的关系及其对编辑活动的影响,并且在自身的理论体系中吸收相关学科的知识。其次表现在网络新闻编辑学是理论和实践的综合。网络新闻编辑学在建立自身理论体系的同时,又研究编辑活动的程序、方式、方法等编辑技能,更重要的是编辑学理论研究的指向更偏向于实践,以指导实践为旨归。

分析网络新闻编辑学的学科特点,对建构网络新闻编辑学的研究方法具有重要的指导意义。

第二节 网络新闻编辑学的研究方法

编辑活动及其规律是复杂的、多层次的,与此相对应,编辑学研究方法也应该是一个多层次的开放系统。阙道隆在《编辑学理论纲要》中就曾指出编辑学的研究方法有三个层次,即指导方法、一般方法和具体方法①。处于这个系统最高层的当然是作为指导思想的哲学世界观和思维方式;处于中间层的应该是具有一般科学方法论意义的跨学科方法;处于底层的便是编辑学科研究中使用的具体方法。

指导方法主要是指哲学方法论层面。同时网络新闻编辑学属于人文社会科学,所以人文社会科学的一般研究方法都适用于网络新闻编辑学研究,如思辨的方法、逻辑方法(包括归纳法、演绎法、分析综合法等)以及系统方法等。再者,网络新闻编辑学又属于应用学科,研究成果不能脱离社会和时代的要求,要既能说明现实的网络新闻编辑实践,又能指导未来的网络新闻编辑实践。因此,坚持理论联系实际的原则,运用社会调查法(包括抽样调查和普查)、个案研究法、量化研究和质化研究相结合的方法等,对于网络新闻编辑学来说十分重要。尤其是量化与质化相结合的研究方法,就目前编辑学研究成果来看,大多是质化的分析与描述,显然有待于量化研究的充实。本书着重对网络新闻编辑学具体的研究方法加以论述。

一、内容分析法

内容分析作为一种正式的社会学研究方法主要是在两次世界大战期间发展起来的,是哈罗德·拉斯韦尔和他的同事在第二次世界大战前后进行的一些研究。为了研究大众媒介在社会剧变和国际冲突中的影响,他们以当时新兴的电子媒介——广播为研究对象。此后,内容分析发展成为研究各媒介相互影响渗透的重要工具之一。内容分析与媒介机构、媒介从业人员、媒介信息资源以及通常的新闻和其他媒介内容制作的研究结合在一起。

1. 定义

风笑天教授在《社会学研究方法》一书中论述,"内容分析可以按大的方法论取向分为定量和定性两种"②,但大多数论者认为内容分析是一种定量研究方法。关于内容分析法比较经典而且引用比较多的定义,是伯纳德·贝雷尔森(Bernard Berelson)在1952年发表的《传播学研究的内容分析》中的定义:"内容分析是一种客观、系统、能对明确的

---

① 阙道隆:《编辑学理论纲要》,载《出版科学》2001年第3期,第11—12页。
② 风笑天:《社会学研究方法》,中国人民大学出版社2001年版,第219页。

传播内容进行定量描述的研究方法。"①

2. 实施步骤

内容分析的程序可以分成六个相互联系的步骤②：

（1）定义研究问题；

（2）选择具体的媒介和案例；

（3）定义分析的类型；

（4）制定编码表；

（5）进行预试，检验编码表的可靠性；

（6）数据的准备和分析。

定义研究的问题就是要确定，我们希望通过分析某一媒介的内容得到什么样的结论？传播学、媒介角色、社会现象和文本特征中的哪个方面是希望通过提出的这项研究予以分析讨论的。由于媒介所制作的文本、声音、影像产品是多得惊人的，出于理论上和实际操作的考虑，内容分析必须一开始就有所选择，缩小所要分析的内容的范围。首先，很重要的一点就是选择关于此种媒介内容有代表性的例子。在实际操作中，正如伯纳德·贝雷尔森在1952年提出的，定义媒介和取样的过程包括选择媒介内容或内容范围、抽取内容来源和选择日期、抽取相关内容三个步骤。分析的类型根据研究的目标、目的和中心问题而定，借鉴社会学常用的一些类别：参与者/出处/初步定义者及它们的性质。编码工作主要包括两个方面：阅读每篇文章；在编码表的括弧中给每篇文章填充对应的符号。在预试和检验的过程中主要应注意四种类型的问题：

（1）进行分类需要坚持同一分类尺度；

（2）用于分类和解释重点主题的分类系统可能会无法将其有效充分地区分；

（3）编码表可能会给出一张包括很多因素、主要定义者和来源的列表；

（4）将不同的类别和范畴彼此联系的能力。

大多数情况下，研究工作都要将数据输入计算机并借助于一定的统计分析软件，如 SPSS 等，存为数据文件便于进行复杂的统计分析。

---

① 安德斯·汉森等：《大众传播研究方法》，崔保国、金兼斌、童菲译，新华出版社 2004 年版，第 111 页。

② 同上书，第 115 页。

3. 优点和缺点

实际上，内容分析已经成为社会学、传播学、新闻学研究的主要方法，是整个人文学科的重要研究手段，当然也可以成为网络新闻编辑学的重要研究方法。换言之，从编辑学的角度来看，内容分析法可以成为网络新闻编辑提高编辑水平、提升大众传播效果质量的重要途径。下面以南京大学新闻传播学院秦州副教授《新闻搜索中的舆情"峰值"》[①]一文为例，阐述内容分析对于网络新闻编辑学的意义。

内容分析非常适用于分析和解释大部分文本的主要特点，并且被广泛运用于媒介报道长期的变化和模式的系统研究中。《新闻搜索中的舆情"峰值"》的研究对象是中国近年来网上的重大矿难报道。研究关注的重点是想通过矿难报道这样引人注目的新闻事件在搜索引擎中的搜索结果，来查看它们在舆论环境下各自的"峰值"状态，即所谓的"舆情"峰值，从而揭示出这类新闻事件在网上舆情的形成、变化情况及其相互之间的关系。在研究过程中通过搜索引擎这一辅助的研究工具，可以研究受众和网络媒体两个层面的网上舆情，采用不同的搜索引擎和搜索关键词得出网上新闻的舆情发生、发展的规律，使得这项研究更加全面和客观。这些如果不通过量化的内容分析是很难被发现和解释清楚的，这样的研究结果对新闻网站在遇到重大新闻专题报道时如何调整编辑方针策略、协调编辑工作、发现编辑中存在的问题具有很大的借鉴意义。

对于任何一个传播媒介来说，传播内容都是最重要的环节。内容分析最大的长处在于：它通过量化手段把编辑不注意的或忽略的、或有所察觉但并不能严格确定的编辑问题，客观地展示在眼前，从而引起重视。比如矿难新闻报道中网上新闻传播的效果不仅受事件的时间、地点、规模和涉及人员等内部因素的影响，而且还受到当时其他通过网络传播的新闻事件（如杨振宁和翁帆婚恋事件、董建华辞职事件、美国堪萨斯州的蒙哥马利剖腹夺婴案）形成的舆论规模等外部因素的影响。论文中都有详细的数据加以佐证论者的观点。其次，内容分析有助于对不同新闻事件的报道、不同媒体对同一新闻事件的报道进行比较，找出差距，对下一步加强与目标受众的对话交流、提高编辑水平有

[①] 秦州：《新闻搜索中的舆情"峰值"》，载《新闻界》2005 年第 5 期，第 64 页、第 94—95 页。

很大的帮助。

从理论上讲，对于任何内容分析来说，最困难的一部分都是定义所要分析的类别和特征。虽然文本的特征不论多少，都可以进行分类、统计和量化，但内容分析的主要缺点还在于：对于任何数量的文本特征的计算和统计都是简单的，或者说主要是依赖于那些能被计量或能够使得其自身易被计量的部分。所选择的进行分析的文本特征应该同整个研究问题或者指导研究的假设有直接的联系。

二、网络调查法

近年来，全球互联网发展迅速，网站、网页、网民数量增长迅速，网站访问量、网民数量、网民结构等问题受到越来越多的关注。国内出现了专门从事互联网调查的机构，国外的机构也开始或准备进入中国市场。另一方面，互联网作为一种问卷调查的工具正在日益普及，网络调查因为它的快捷、低成本、高反馈率等优势更受到了市场调查者的厚爱。1997年以后，这样的调查逐渐增多，许多门户网站和调查者开始意识到互联网在搜集消费者信息方面的巨大潜力，互联网已经成为每个市场调查者搜集一手数据时所采用的重要甚至是关键的工具。同时，传统邮件和电话问卷调查方式的效率正在逐渐下降，也使互联网问卷调查的前景更为乐观。

1. 网络调查的定义及分类

关于互联网调查的定义有两类：

（1）以互联网为手段进行的调查。这类调查的研究目的与一般的市场调查和民意调查原则上没有什么不同，所不同的只是利用计算机网络为传播手段，代替传统的面对面的访问、电话访问或邮寄调查手段，来研究人类的一般行为或研究特定群体的行为。按照调查实现的手段可分为：

实时同步调查如利用音频、视频传播工具（如 QQ、MSN、Netmeeting 等），有些学者将其称为网上在线座谈会等；

非实时调查如利用电子邮件调查、网上发布问卷调查等。

中国传媒大学教授柯惠新在其《互联网调查研究方法综述》一文中，介绍了此类调查机构在中国和国外的发展情况。在国内有中国互联网络信息中心，国外主要的调查机构有 Media Metrix、Netratings、

Netvalue 等①。

（2）关于互联网络使用情况或者测量互联网受众的调查。这是互联网研究的一个重要组成部分。这一类调查的目的是测量网站的流量以及使用者的数量、结构和行为，其中测量网站的流量主要包括网站数量、网页数量、网站的访问量、唯一用户数、页面浏览数、浏览时间、到达率、忠诚度、购买率等。此类调查手段不仅仅局限于以计算机网络为传播手段，如《第十五次中国互联网络发展状况统计报告》就采用了计算机网上自动搜寻、网上联机、网下抽样、相关单位上报数据等调查手段；《2002年中国网络游戏产业研究报告》使用的调查手段就包括以下一些：

网上调研：把调查问卷放到网站上，使网络游戏用户很方便地填写问卷，并把结果存入数据库。

媒体刊登问卷调查：把问卷刊登在《大众网络报》等相关的媒体上，网络用户填完问卷后寄出，由专门人员把调查结果录入数据库。

邮寄问卷并结合电话访问：对电信运营商和游戏运营商采用邮寄问卷并结合电话访问的方式获取相关数据。

面访：IDC分析员对一些电信运营商和游戏运营商采用直接深度面访方式获取数据、案例研究。

目前的研究主要集中于对互联网调查前一类型的研究，研究的主要内容涉及调查方法、调查特点、调查中存在的问题以及问题的解决方法等方面。本书论述的重点是网上问卷调查，即以互联网为手段的调查。我国学者闵大洪对网上问卷调查作了如下定义：网上问卷调查兴起于1998年，系目前网站最常采用的、以网页呈现调查问卷、供网友直接点选题项并在线提交的方式，不包括电子邮件问卷调查等其他形式。

2. 网上问卷调查的操作

这些环节主要包括问卷及呈现设计、程序控制、问卷放置位置和时间等②。

（1）问卷设计及呈现环节。在问卷设计中，最重要的是提出的问题要中性，切忌带有倾向性。很多调查没有标明起始时间，即使简单的

---

① 柯惠新：《互联网调查研究方法综述》，载《网络时代》2001年第4期。
② 闵大洪：《对网上问卷调查的认识与操作》，http://www.zijin.net。

调查方式,也最好在调查结束时再标上终止时间,这样便于形成一个时间要素完整的记录。不少调查仅仅在页面上呈现百分比,而不显示人数规模,显然也是一大缺陷。在涉及态度调查时,应严格把握三级态度量表,有的调查仅仅是三问也出现偏差。

(2) 程序控制环节。首先要解决一址(IP)多票,即一人多次重复填答问卷的问题。这在涉及排名、评选的网上投票活动中最容易发生,在有奖的调查活动中也容易产生,如果在程序设计中不加以控制,必然会有大量"灌水票"。尽管网上问卷调查很难抵御高水平的作弊,但调查方还是要尽力将其降到最低限度。网上签名活动也是一种表态行为,在这一活动中,除应避免一人多次签名外,还应强调以真实姓名、真实身份签名,以保证签名活动的严肃性。

其次是在问卷进行中程序要有必要的控制。如2005年1月,新浪、搜狐、网易受调查方委托,同时展开了对网上新闻关注度和信任度的调查,网民参与十分踊跃,总数达17万多人。其中一项问题是"你是否有新闻跟帖行为",按照设计,此处应在程序中设置一个跳转,回答"有"者,则继续填答以下问题,回答"没有"者则终止。由于调查方事先考虑不周,也未与三家网站的技术人员充分沟通,没有在程序中设置任何控制环节,造成前面回答"没有"者可以继续填答问卷,出现不合逻辑的回答后面一系列问题的人数远远超过前面回答"有"的人数。尽管这次调查收集到了相当规模的数据,但由于这一失误而导致大量无效数据的产生。

最后是同一问卷调查放置在不同网站进行,最好由调查方自己生成调查程序和问卷页面,只需在这些网站上做一个链接,便可进入自己网站的后台,不仅便于自己随时监看整个调查过程,而且可以较好地保证全部数据的收集及后期统计的进行。

(3) 确定问卷放置位置和时间。一项问卷调查放置在门户网站或有代表性的新闻网站上,与放置在一般网站上,填答人数的落差是巨大的。在网站上,一项网上问卷调查放置在哪一个版面和位置,亦直接影响网民的关注度及后续的参与行为。涉及社会热点新闻和事件的调查,若放置在首页和新闻频道首页及相关专题的突出位置,自然会引发网民的高填答率。而专题类的调查,亦可放置在相关频道中,主要是吸引这一领域中的网民参与。放置时间越长,自然填答的数量也会越多,但随新闻事件进行的调查,毕竟受其过程长短的影响,央视国际网络通常的一种做法是,一开始就标明为长达一个月的调查。在实际操作中,网页设计也十分重要,必要时甚至要在调查过程中进行调整,以加强吸引力和冲击力①。

3. 优点和缺点

优点主要表现在:

(1) 参与的主动性和积极性高。在网络调查中,不再是调查者将被调查者"拉出来"进行问卷的应答,而是被调查者自己主动参与到问卷的调查活动中去。一方面,大多数网民对新鲜事物的接受程度很高;另一方面,网络调查问卷的外在形式也吸引受众参与调查。网上问卷调查可以运用动画、声音和影像来提高问卷的美观度和吸引度。另外,问卷实施的时间、地点、时长、进度、节奏等因素的主动权掌握在被调查者的手中,这也有利于激发被调查者参与的积极性。

(2) 问卷应答质量高,有效度提高。无论通过电子邮件还是在网站上进行问卷调查,都提高了应答的准确率,大大减少了应答错误、访问偏差、信息处理失误和样本分发等问题。应答者有机会详细了解问卷调查的目的、问题的含义及其他与调查有关的问题。对调查者来说,这些问题是有用的反馈,可以使调查者得到更准确的回答。另外,自动扫描功能可以分辨出漏答和答错的问题,并在提交之前提醒应答者。被调查者完成问卷以后不需要重新打印或把结果制成表格,可以直接以电子形式上交,调查者可以将调查结果直接以电子表格形式从问卷转换成数据库。因此,人工输入数据时的错误即使不能全部消除,也能减少很多。另外,网络调查可以避免"面对面交流所传递的非语言的细微差异",即调查者对被调查者的外在影响大大减少。

(3) 受访者可以从中获取大量信息。网民利用互联网接收信息的需求是非常大的,互联网调查作为一个收集和发布信息的载体,同样可以满足网民的信息需求。

缺点主要表现在:

(1) 被调查者的代表性具有一定局限。一方面,网民只是全体人口的一小部分。我国 13 亿人口,根据中国互联网络发展状况最新统计报告,截至 2006 年底,网民人数为 1.37 亿。可见,网民绝对不是平民百姓的代表,准备用互联网作为数据收集工具时必须考虑到这一点。

---

① 闵大洪:《对网上问卷调查的认识与操作》,http://www.zijin.net。

另一方面,参加网络调查的被调查者不一定符合调查样本的需求,而网络调查又是匿名的,这就会给样本抽样带来难度,更会影响最终调查结果的准确性。另外,在进行网络调查的时候,很有可能会出现一个被调查者多次参与调查、提交问卷的情况,而到目前为止,技术上对这一问题的解决方案还不是很成熟。

(2) 被调查者个人信息的保密存在疑虑。许多人都不敢在网上透露自己的资料,因为害怕个人资料会被滥用。许多不负责任的公司将顾客的资料卖给其他公司,那些公司就用来发垃圾邮件。调查者应该向应答者提供值得信任的保证,确保他们的资料绝不会被滥用。

(3) 缺少面对面的交流。用互联网进行问卷调查不能对应答者进行深入细致的观察,而通过有经验的访员或专题小组却可以做到这点。

此种调查方法对于我们进行网络新闻编辑学研究具有现实的意义。首先,这样的调查方式可以结合新闻传播组合进行,而且具有成本低、开展便利的特点。其次,利用网络进行问卷的发布和数据的回收统计,长期积累可以形成相关研究的数据库。最后,可以为我们进行新闻编辑策略和方针的制定提供现实的根据。

三、个案分析法

"个案"(case)一词源于医学领域,特指一份典型而有价值的病例。个案研究的价值在医学领域获得认同的同时,也被引入社会科学领域。现今,个案研究已经广泛运用于包括教育在内的众多研究领域,其内涵在不断地丰富,外延也在不断地拓展。关于"个案"的概念,美国学者舒尔曼指出:"一个案例,正确理解的话,不单单是一个事件或事故的报道。称某事为一个案例就相当于做一个理论断言——断言它是某事的一种情况或更大类中的一个例子。"个案研究法中的个案必须具备三个条件:第一,必须是一个真实的而不能是胡编乱造的案例,这是个案研究的前提;第二,必须包含一个或多个疑难问题以及解决这些问题的有效方法,这是个案研究的根据和内容;第三,必须具有一定的典型性和代表性,可以给人带来许多有益的启发,这是个案研究的目的和价值所在。

1. 定义

关于"个案研究"(有的也叫案例研究)的概念,《美国社会工作辞典》称,个案研究是探究人类失调的唯一方法,是一种由个人入手的社会工作方法。我国学者风笑天则认为:"个案研究(case study)即对一个个人、一件事件、一个社会集团或一个社区所进行的深入全面的研究。"[①]个案研究是针对单独的个人、群体或社会所进行的案例式考察,虽然它的主要目的在于描述,但也可以试着提出解释。

2. 个案研究的具体方法及其实施步骤

个案研究可以根据研究目的、对象、内容的不同,采用追踪法、追因法、临床法、作品分析法等具体方法,这里主要介绍前两者。

(1) 追踪法。个案追踪法就是在一个较长时间内连续跟踪研究单个的人或事,收集各种资料,揭示其发展变化的情况和趋势的研究方法。追踪研究短则数月,长达几年或更长的时间,如我国著名的教育家和心理学家陈鹤琴对他的长子进行了长达三年的追踪研究。

个案追踪研究的实施一般分为以下几个步骤:

第一,确定追踪研究的课题。研究者首先要明确追踪研究的对象是什么,目的是什么。也就是说,确定追踪研究对象是个人还是团体或机构,要追踪研究对象的哪些方面,追踪旨在了解哪些情况,研究者都需要心中有数。

第二,实施追踪研究。追踪研究一定要紧紧围绕课题确立的内容进行,要运用规定的手段收集有关的资料,不能让重要信息遗漏,也不能被表面现象迷惑。追踪研究需要较长时间,研究者一定要持之以恒,不能半途而废。

第三,整理和分析收集到的各种资料。对收集到的各种个案资料,要进行细心的整理和分析,做出合理判断,揭示出个案发展变化的特征和规律。必要时还要继续追踪,继续研究。

第四,提出改进个案的建议。研究者要根据个案追踪研究的结果,进一步提出改进个案的建议,指导和促进个案的发展,因材施教。

总之,个案追踪研究法是对同一个案进行长期而连续性的研究,研究者能真实而直接地获得研究对象发展变化的第一手资料,能深入了解个人或某一现象的发展情况,弄清发展过程中的个别差异现象。

(2) 追因法。实验法是先确立原因,然后根据原因去探究产生的结果。追因法则是先见结果,然后根据发现的结果去追究其发生的原

---

① 风笑天:《社会学研究方法》,中国人民大学出版社2001年版,第239页。

因。追因法正好是把实验法颠倒过来,在实际研究中究竟采用哪种方法应视客观情况而定。

个案追因研究的实施可以分下面几个步骤:

第一,确定结果和研究的问题。第一步工作是确立研究的问题,即明确某一结果。如果这一步搞得不够确切,那么在后面的研究中找出的原因也很难说是确切的。

第二,假设导致这一结果的可能原因。明确了事实发生后的结果,接着就要寻找导致这一结果的可能原因。这些原因最初是假设的,还没有经过验证,假设导致结果的原因应尽可能全面,只要合理就不怕数目多。对已成事实的各种原因之间的关系也要进行假设。这一步骤对于后面工作的进展具有决定意义。

第三,设置比较对象。为了追寻导致结果的原因,研究者可以采取两种途径设置比较对象:一种是设置结果相同的若干比较对象,从中找出共同的因素,即前面假设的原因;另一种是设置结果相反的若干比较对象,找出相反的因素,从反面找出真正的原因。

第四,查阅有关资料进行对比。研究者可以从研究对象的相关资料中看出是否具有前面假设的原因。这一步骤非常重要,要做得特别细致,因为社会现象是复杂的,导致某项结果的原因往往是多方面的,而这些可能的原因所产生的作用在程度上也有差别。而且,有时在单个考虑每一原因的情况下,原因所表现的作用是一回事;而把几个原因综合地加以考虑时,这些原因所形成的综合作用就会是另一回事,这种综合作用可能要比原来的两个或两个以上原因单独的力量之和大得多。由此可见,在深入研究一些复杂的社会现象的过程中,有时还需要找出原因之间的关系。

第五,检验。找出的原因尚有待于进一步检验。最好的检验办法是看有同样原因存在的其他许多事例中是否有同样的结果发生。如果没有的话,这个假定仍然不能成立;如果有的话,两者因果关系的信度就很大。经过初步检验,就可能把一些不成立的原因淘汰掉,而导致此项结果的某个或某几个真正的原因也可以呈现出来。这时为了慎重起见,还可以多举一些事例反复验证。最后,为了进一步验证得出的结论,还可把这一结论当作假设,有计划地组织新的实验。这样把个案追因法和实验法结合起来研究,所得结论的可靠性与学术价值就更大了。

3. 优点和缺点

个案研究最明显的长处是深入、全面的特点。而其最大的不足,或者说最困难的一个方面,是如何发掘个案研究中所具有的概括性意义。一般来说,研究者很难将个案研究中所得到的结果进行推广,除了对所研究的对象进行全面描述,更多的研究者是从所研究的具体个案中,抽取一些有价值的命题,或提出一些具有更深理论意义的研究题目,为后继的研究提供一些有启发性的思路和有价值的方向。

以个体为单位的个案,在编辑学研究中可用于编辑的各个环节,对某一编辑现象或问题进行调查研究。在编辑学中,个案研究特别注重对个案相关的事件进行深入细致的调查,以获得和积累丰富生动的资料,提供个案中事件的发展进程的详细描述,透过现象探求问题的本质。研究者还可以参与到事件中去,重点研究特殊事件,注重对个体或团体的行为研究,探讨他们对实践的知觉过程。目前在网络新闻编辑学领域中,国内比较具有代表性的个案研究的案例就是《新浪之道——门户网站新闻频道的运营》[①]一书,书中对新浪网的新闻传播理念、编辑方针、组织管理系统、竞争策略、受众分析、需求管理等一系列问题进行了总结和剖析,为我们进行网络新闻编辑学研究提供了高质量的案例。

个案研究的案例积累往往可以带来理论上的重大突破,网络新闻编辑学作为一门新兴的学科,这种积累是必要的。通过大量的个案研究,可以得到某种概括化的基础。尽管单个个体是独特的,对单个个案的研究不易构成概括化的理论,但是通过对大量或多个个案的研究,既能揭示出被研究的个案之间的各种差异,又能揭示出它们之间的共同点和相似之处,这样可以得出概括性的或近似概括性的结论,进而可以建立资料库,为网络新闻编辑学的理论研究奠定基础。个案研究也可以与其他研究方法相结合,如前述的内容分析法,这样可取长补短,大大提高研究结果的有效性和可靠性。

四、焦点小组法

该种方法的形成与发展可以追溯到 20 世纪 40 年代,最初是由罗

---

① 陈彤、曾祥雪:《新浪之道——门户网站新闻频道的运营》,福建人民出版社 2005 年版。

伯特·默顿(Robert Merton)提出的,然后在美国哥伦比亚大学的保罗·拉扎斯菲尔德(Paul F. Lazarsfeld)的应用社会研究局中加以应用。在传播学方面与其相关的研究课题是拉扎斯菲尔德所进行的广播受众和电影受众的研究。焦点小组方法的所有权应当归于罗伯特·默顿所有,但是它的应用却要归功于拉扎斯菲尔德。在随后的几十年中,该种方法大都运用在商业市场调查中。20世纪七八十年代,该种方法才在社会学研究中得到广泛的应用。20世纪八九十年代,在传播学领域随着大众传播学研究的重点逐渐由"媒介对受众行为和信仰的影响以及效果研究"转移到"受众是如何感知、理解、使用媒介内容和媒介技术之外的意义和如何与其发生互动的",该方法得到了普遍的接受。1988年,塞奇出版公司(Sage Publications)出版了两本焦点小组研究的手册,这标志着学术性焦点小组研究的"来临"。此时出现了焦点小组研究中的一个重要人物——大卫·摩根(David Morgan),1993年他编辑出版了题为《成功的焦点小组——提升技巧的品位》的著作,明确地指出了焦点小组的发展超出了先前手册的阶段。

1. 定义

在《社会学研究方法基础》一书中,艾尔·巴比把焦点小组称为专题小组,一个焦点小组一般有12人到15人,他们聚集在一起,针对某个话题进行讨论,受试者的选择根据研究题目的需要。此种方法研究的目的是探索而不是描述或者解释。一般情况下,一项研究往往有一个以上的焦点小组,一个群体可能不太典型,不可能提供可作通则的洞见。选择多少个焦点小组,每个小组选择多少参与人员,要根据研究的目的和可利用的资源来确定①。《大众传播研究方法》一书中第313—315页作了详细的阐述:如果采用焦点小组仅仅是为了一些探究性的目的或者是给一个更大的研究做铺垫,那么通常来说,两个、三个或者四个小组就足够了。如果焦点小组访谈是为了一项数据搜集工作提供更中心和有实质性意义的信息,其数目就需要超过六组了,否则很难证明其科学性。该书中对焦点小组规模的观点是焦点小组每组的人数最好不要超过10人到12人,最理想的小组规模是在6人到10人之间。

---

① 艾尔·巴比:《社会学研究方法基础》,邱泽奇译,华夏出版社2005年版,第209—211页。

在20世纪八九十年代的很多受众研究中,一般使用12个到20个小组①。

2. 实施步骤

焦点小组访谈法一个常用的实施步骤是由斯图尔特(Stewart)和沙姆萨尼(Shamdasani)设计的②,见图1.1:

> 问题定义/对研究问题进行简洁的陈述
> 确定样本结构
> 确定参与者
> 制定访谈指南和进行前期验证
> 征集参与人员
> 进行焦点小组访谈
> 分析并解释数据
> 撰写报告

图1.1 焦点小组访谈法的实施步骤

执行焦点小组访谈法的目的就在于从清晰界定的一类人群中得到一些特定类型的信息,这就意味着被邀请来参加的成员必须能够而且愿意提供研究者想要的信息,同时必须是对该研究领域有兴趣的人员的代表。因此,对于样本的选择必须非常仔细,要按照人口统计学上某一特定的分类、职业或者其他研究者想要论证或假设可能会产生不同的变量对样本加以选择和确定。参与者确定以后,在邀请的时候,要告知参与者以下的信息:焦点小组讨论的目的、讨论举行的地点、其他参与人员以及研究者是谁、他们代表的主要观点,如果是给予报酬的话也应告知详细。

访谈指南中主要是研究所涉及的问题、主题和研究领域的菜单,还应包括以下的指导信息:所涉及话题的顺序、谈论推进和探究的性质和深度、图像和声音等辅助手段的性质和作用,以及在讨论过程中那些必须加以介绍的内容。

传播学研究中的焦点访谈法在进行访谈的过程中通常要遵循"漏

---

① 安德斯·汉森等:《大众传播研究方法》,崔保国、金兼斌、童菲译,新华出版社2004年版,第330页。

② 同上书,第308—328页。

斗原则",也就是说,通常是由一般到特殊、由没有指向性的问题到一些更聚焦的问题。在受众研究中,使用焦点小组访谈法的典型进程安排一般是:(1)观看专门选择的一段媒介内容(一集电视节目、一部电影、节选的报纸上的某个章节等);(2)就一些没有指向性的笼统问题进行提问——在协调者的指导下——逐渐转移到一些专门的焦点、话题和问题上。

根据研究的主题、想要达到的反应类型以及被访者的特性等,协调者的地位和作用也是不断发生变化的。协调者的作用不是主宰、控制或者过度地领导讨论的进行,而是促进、中和以及推动访谈的进行。协调者发挥的作用主要是:(1)访谈指南中列出的主题、话题和焦点问题在谈话的过程中都要涉及;(2)保持参与者之间的平衡;(3)按照进程来进行小组讨论,不要在一些细小的问题上投入时间过多,或者离题。

记录数据主要包括参与者的口头反应、论述、观点、争论以及相互之间的互动,附加的数据主要包括面部表情、手势以及肢体语言。

分析数据主要是根据研究框架以及访谈指南中列出的标题和特定的焦点对访谈记录进行检查归类,对各种反应、论述和争论进行标签,然后对访谈的记录文稿进行逐项替换。

分析报告中一般需要包括这些信息:参与者是谁,如何征集参与者,访谈地点以及主持者,"刺激物"的使用,探查的性质,记录以及分析访谈的方式。

3. 优点和缺点

安德斯·汉森(Anders Hansen)等著的《大众传播研究方法》一书中将焦点小组方法和个人深度访谈相比较,在很多方面,焦点小组访谈和个人深度采访所产生的数据都是相同的,采用焦点小组访谈法的原因有以下两条:

(1)小组访谈比个人访谈更加合算——在时间、资源和研究经费都有限的情况下,采用这种方法能采访到更为广泛的人群。

(2)小组访谈使研究者可以观察到:受众是如何通过谈话和相互之间的影响来理解媒介的。焦点小组更接近于一种"自然的"与媒介使用和媒介内容联系在一起的意义和观点的产生过程,通过群体内部的动力作用能够引起、刺激和进一步精确化、细化受众的理解和认知。

与问卷调查和实验法两种方法相比,焦点小组访谈法对于环境设定和结构设计的要求更低,克鲁格也注意到这种方法的若干缺点:专题小组比个人言谈更难由研究者控制;资料难以分析;主持人必须具有特殊的技巧;群体之间的差异比较难于处理;讨论必须在一个有利的环境中进行。

罗伯特·默顿曾经告诫媒体研究和文化研究这两个领域的研究者:焦点小组是一种不完整的方法,因此不能完成他们为它所设定的要达到的目标[1]。

随着信息技术的不断发展,社会学、传播学领域也大量地运用信息技术改进原有的研究方法,网络焦点小组(Online Focus Group, OFG)就是随着互联网技术的成熟而发展起来的。网络焦点小组又称虚拟的或电子焦点小组,或电子小组访谈,是焦点小组的一种新形式。它产生于20世纪90年代,虽然这方面的研究还没有完全形成科学体系,但近年来其相关研究已越来越多。

网络焦点小组即通过网络对某一问题进行讨论,研究者称这种新方法可以减少花费、容易实施、数据整理快。网络焦点小组在方法上的特点是:网络焦点小组需要专门的技术;通过电子邮件、网络调查等来进行;没有交通上的要求,也没有地理上的限制,即使有软件等的费用,花费仍较小;需要电脑硬件和会议软件;很容易记录数据。网络焦点小组在小组动力学和交流上的特点是:匿名可以使参与者表达观点时更真实和自然,可以很舒服地与他人分享自己的观点,通过反应时间和频率、拼写法、使用的正文格式等也可以获得一些非言语信息。

但其弱点是:主持者很难插入探测性语言和进一步的问题,不太容易获得较深的信息;即使有主持者干预也很难保持住焦点,很容易从一个话题跳到另一个话题;匿名更容易使那些没有诚意参与的用户表达不真实的观点,从而削弱了结果的可靠性;另外,由于符号等的限制,不能很好地进行情感表达。在被试的选择上,网络焦点小组更适合具有计算机经验的人,从而自动排除了那些不会使用电脑的参与者,这使样本产生了一定的偏差。

该方法可用来测量那些熟悉网络环境的年轻参与者的观点和感觉;它在处理敏感性问题上尤其有效,视频和音频成分可以支持虚拟焦点小

---

[1] 大卫·E·莫里森:《寻找方法:焦点小组和大众传播研究的发展》,柯惠新、王宁译,新华出版社2004年版,第11页。

组,使之保持面对面的和网络焦点小组的优点,而减少它们的缺点①。

目前很多学术研究机构和商业调查机构也纷纷建立了专门的焦点小组访谈的实验环境。以澳大利亚昆士兰大学新闻传播学院建立的焦点小组实验室②为例(见图1.2),该实验室于2005年11月正式启用,主要的硬件配置包括:音视频采录设备、投影仪、电视、网络接口、录像和DVD播放设备、打印机、电子白板、咖啡机、冰箱、审片室、食品饮料,可以供2位到10位参与人员的访谈活动的进行。其中最主要的软件配置包括:多路语音录入、识别系统(Multi Speaker Speech to Text Recognition Technology)和数据分析系统(Leximancer)。录入、识别系统可以将参与人员的讨论、谈话自动转换成word文本或者html文本,数据分析系统主要是根据与访谈指南中的标题和焦点相关性的大小产生一个摘要分析文本。

图1.2 澳大利亚昆士兰大学新闻传播学院建立的焦点小组实验室

在网络新闻编辑学研究的过程中,可以利用的研究方法有很多,而且这些研究方法都不是孤立的,应用过程中应该根据实际研究需要进行有效的组合,以期使我们的研究更加科学,更加有效。目前,网络新闻方面研究的案例较少,这也激励我们利用科学的研究方法开展针对

---

① 石庆馨、孙向红、张侃:《可用性评价的焦点小组法》,载《人类工效学》2005年9月第11卷第3期,第64—67页。

② 资料来源:http://www.uq.edu.au/journ-comm/index.html。

网络新闻编辑的研究工作。

第三节　网络新闻编辑学的研究意义

一门新学科的建立,不仅是应实践的需要而产生,而且将反过来给实践以理论的指导。网络新闻编辑学是一门既有学科创新的理论价值、又有实践指导意义的新学科,它对理论和实践的影响不仅局限于新闻学和编辑学,还远远扩展到传播以外的领域。网络新闻编辑学的学科意义表现在以下几个方面:

1. 有利于编辑学在信息社会环境下的创新和发展

一方面,网络新闻编辑学扩充了传统编辑学的内容。网络新闻编辑学的问世,显然是顺应现代科技和社会的发展,为一种新的传播媒体即网络的出现而创立的编辑学,它与其他编辑学的各分支一样,使编辑学的内涵和外延都更加丰富,更加适应时代的需要。新的传播媒体出现了,随之出现与之相对应的编辑学分支学科,这种发展是理所当然的。另一方面,网络编辑学更新了编辑学的理念和技能。由于网络传播的出现,传播业发生了根本性的变化,从而将导致编辑学一系列观念的变革。网络编辑学从编辑学的许多原理方面提出了值得重新思索的问题,例如,网络传播使信息的收集方式发生重大变化,使受众的接受方式发生了根本性的变革,使信息的传播介质和速度以及方式都发生了彻底的变革,这些都必须由网络编辑学进行系统的归纳和研究,使之成为编辑出版的新的理念和技能。因此,网络编辑学的问世,不仅从形式上扩充了编辑学,而且从深层次反映了编辑学发展的本质和规律。

2. 有利于拓宽网络媒介从业人员和政策制定部门的视野

由于早期的网络编辑人员大都是技术和美术设计出身,缺乏编辑学的理论和技能的训练;而传统媒体的编辑人员虽然有编辑学的知识,但又缺乏电脑和网络的知识,他们均需要有一门学科,使编辑学与网络技术结合起来,使上述两类人员进行知识互补有所依据且爱学易懂,这就是网络新闻编辑学应用部分的重要任务。学习网络新闻编辑学,可以帮助网络编辑全面提高综合素质,使之成为德才兼备、博专统一的编辑出版人才。开展编辑学理论研究,其最终目的就是指导编辑活动的具体实践,这一点是毫无疑问的。网络新闻编辑的从业人员需要从理论上清醒地认识自己所从事职业的社会作用和社会责任,从而自觉地按照科学的编辑活动原理,开展自己的社会活动,拓宽自己的活动领域,创新自己的活动形式,提高自己的工作效率。另一方面,开展网络新闻编辑学理论研究,有益于帮助相关政策制定部门的人士认清网络新闻编辑活动的本质属性和社会意义,从而在现在和未来的网络新闻实践中,在政策法规的制定上,避免盲目和麻木,服从科学和逻辑。

3. 有利于规范新闻网站的发展

目前,从网络媒体本身的问题来看,网络在信息传播方面的问题层出不穷,成为现代社会问题的主要矛盾焦点之一。许多学者都对此进行了深入的研究,段京肃教授在《传播学基础理论》一书中就总结出网络媒介在传播过程中的技术性污染、信息性污染、信息低量、信息超量等现实问题。如果说网络社会问题是社会矛盾的焦点之一,那么,其源头就在网络、网站本身,就在拥有和管理网站的网络编辑本身。

由于网络是一个对大众自由开放的领地,而且网络消费者的成分复杂,目的不一,因此,网络的管理要求政府、公安、工商、新闻出版等主管部门发挥职能作用,各司其职,形成合力,介入网络监管。但是,最为直接和有效的管理者是网络编辑本身,换句话说,没有网络编辑参与,网络管理是不可能实现的。网络的监管和控制有两个层面,一是广义的管理,即网络的社会控制,依靠政府、社会的力量对网络犯罪、网络越轨和失范行为进行预防、监视、阻止、惩戒,并采取相应的强制性措施。另一层面是网站的自我管理,这就要求每个网站的每个环节都要有控制的要求和措施。而网站的自我控制是靠人来实现的,这些肩负着网络自我控制责任的人就是网络编辑,他们是规范网络、网站发展的主体力量。目前,对于网络社会问题的控制的对策研究,往往只重视网络的社会控制或外部控制。

4. 有利于打造中文语境下的网络文化

网络是重要的思想文化宣传阵地,在现代社会愈来愈发挥着重要的作用。网络中英语信息占主导地位的状况十分突出。在因特网上,英语内容大约占90%,虽然全球华人占世界1/4的人口,但因特网上的中文信息比例很小。世界上许多国家都对这种英语垄断的局面表示担忧,并提出对策。一些人借用意大利共产党创始人葛兰西提出的社会批判理论,指出这实际上是一种"文化霸权"。从目前因特网上英语的强势垄断以及信息量呈爆炸性增长的趋势来看,任何非英语国家如果不能很好地解决网络的自主权和信息的本土化问题,无疑将遭遇到信息殖民化或文化渗透和侵略的危险。网络是一柄双刃剑,它一方面可以促进各民族文化的融合,另一方面,对于以信息接受为主的非英语和发展中国家,与英语占绝对主导地位的全球网络的互联有可能造成对本国文化的冲击。在目前,甚至在相当长的一段时期,英语文化在网络上将持续具有霸权的地位,我们还不得不接受英语作为互联网的主要语言,不得不使用美国领先的互联网技术,不得不让美国大赚信息技术和信息文化的钞票,只是我们对这种文化弱势不能等闲视之,必须通过我们自身的努力去改变。法国、日本和其他许多非英语国家和地区都在制定政策,增加具有本国文化特色的内容在因特网中的信息份额,不让英语和美国文化独霸网络世界。中国也应当制定我们的网络文化政策,使中华文化在网络世界中不至于被削弱,而是更加发扬光大,使之成为网络的主流文化之一,这就要靠网络工作者,特别是网络编辑的努力。网络编辑承载着传播文化的使命,网络新闻编辑学使网络编辑的文化使命上升到理性认识的高度,指导和激励着网络编辑肩负和完成这一神圣的历史使命。

开展网络新闻编辑学研究有着重大的现实意义和历史意义,通过这种研究去发现和掌握编辑活动之发生、发展及变化规律,必能极大地促进编辑活动,促进网络新闻传播乃至整个人类信息传播事业的发展,这对于加速社会进步、增进社会文明也有着重要的意义。

思 考 题

1. 网络新闻编辑学的含义有哪些?
2. 网络新闻编辑学的研究对象是什么?
3. 简要分析网络新闻编辑学的学科特点。
4. 网络新闻编辑学的研究方法有哪些,并对比分析各自的优缺点。
5. 陈述内容分析法的定义以及实施步骤。
6. 网络新闻编辑学的研究意义是什么?

第二章

网络新闻业的发展和特点

互联网的出现和发展是 20 世纪人类社会最令人瞩目的成就之一。互联网不断地渗透到社会生活各个层面的运转中来,潜移默化地改变着大众的生活,尤其是大众信息接受模式。可以说,借助互联网,人们开始打破时空的局限,努力构建一种全球性信息传播系统,这使得整个人类社会的传播格局发生了巨大变化,也催生了网络新闻媒体和网络新闻业。

本章在回顾网络新闻业的历程的基础上,总结网络新闻业的发展态势。同时,本章很大一部分内容侧重探讨网络新闻的特点及其对编辑人员工作的启示,以便从业人员在实际操作中遵循网络新闻的特点,遵照其传播规律进而达到良好的传播效果。

第一节 网络新闻媒体的发展史

如果把网络新闻业比作一个中国结,那么网络新闻媒体则是这个中国结上的结点。正是这些结点的环环相扣才使得中国结美感十足,如果离开这些结点,中国结将不复存在。正如通过对这些结点的认识可以看到中国结的全貌一样,通过对网络新闻媒体发展历程的梳理,就可以了解网络新闻业的发展概况。

美国是 Internet 的发源地,也是网络新闻业最早兴起的国家。在全球网络新闻业的发展过程中,美国网络新闻业的发展往往因其在世界上领先一步的优势而产生广泛影响①。所以在本节中,除了对我国网络新闻媒体发展的介绍外,还有以美国网络新闻媒体发展为代表的国外网络新闻媒体与中国网络新闻媒体横向的比较,通过对比分析各自发展特色,探讨其发展趋势。

一、网络新闻业与网络新闻媒体

纽约大学新闻和传播学教授米切尔·史蒂芬斯(Mitchell Stephens)在对人类文明史上的媒介更替进行梳理时提到,人类文明史上迄今共发生了三次媒体革命:文字的出现和普及;印刷术的普及和出版业的兴盛;以电视和网络为代表的图文和数字化传媒的出现和飞速发展②。本部分所关注的便是网络传媒。

1. 网络新闻业的定义

网络新闻业的核心组成部分是"新闻业"或者说是"新闻事业",而关键部分是"网络新闻",所以要对"网络新闻业"下定义,必须先了解对"新闻业"的概念界定。2000年版的《中国大百科全书》提到:新闻事业是"新闻机构及其各项业务活动的总称。新闻事业区别于人际传播活动,有如下特征:(1)有合法的新闻传播机构;(2)采用各种新闻传播手段;(3)拥有以新闻为职业的专业人员;(4)面向社会,具有广泛的社会影响"。其次,必须明确网络新闻的定义。网络新闻是指传受基于 Internet 的新闻信息——具体来说,它是任何传送者通过 Internet 发布或再发布,而任何接收者通过 Internet 视听、下载、交互或传播的新闻信息③。在这两个定义的基础上得出网络新闻业的概念:网络新闻业指网络新闻媒体及其运用网络进行的新闻传播(核心业务)及其他各项活动④。具体来说,网络新闻业是在合法的网络新闻机构中以新闻为职业的专业人员采用网络等新闻传播手段而进行的面向社会的各项业务活动的总称,其核心业务为新闻传播。

2. 网络新闻媒体

利用互联网发布新闻及进行其他各项相关活动的站点便是网络新

---

① 张咏华:《中外网络新闻业比较》,清华大学出版社2004年版,第68页。
② 李希光:《网络记者》,中国三峡出版社2000年版,第222页。
③ 杜骏飞:《网络新闻学》,中国广播电视出版社2001年版,第44页。
④ 张咏华:《中外网络新闻业比较》,清华大学出版社2004年版,第17页。

闻媒体,其活动形式为网络版新闻信息的发布。现存的网络新闻媒体主要可以分为:

(1) 由传统的传媒机构建立的媒体网站,其中包括以传媒机构为主,同信息业等相关产业的公司合作而建立的网站;

(2) 参与发布或者转发新闻的以门户网站为主的商业网站;

(3) 发布全面信息的个人网站;

(4) 新闻博客。

个人发布信息越来越普遍,但是鉴于对其信息的真伪、信息的时效性以及内容更新的持续性等方面因素的考虑,在分析网络新闻媒体的发展时特指前两者。

二、以美国为代表的国外网络新闻媒体的发展历程

随着互联网的快速发展,美国的通讯社、电视台和报纸纷纷登录互联网提供新闻和经济信息服务,其门户网站也逐渐成为主流,传媒机构间、不同产业间也不断地进行信息资源整合。

1. 网络新闻业的兴起

(1) 报纸网络版的兴起。通常所公认的第一家网络媒体是1987年创办的网络报纸 *San Jose Mercury News*(《圣何塞信使报》)。当时互联网还处在试验阶段,奈特-里德公司(Knight Ridder Corporation)旗下的这份报纸利用位于硅谷腹地的优势,试着把纸质报纸的内容搬上网络。1993年,《圣何塞信使报》在"美国在线"(AOL)上正式启动了一个名为"天使中心"的网上服务项目,成为全球第一家让传统报纸上网的报社[①]。1995年底,互联网上的电子报纸迅速增长到了1 000多家,此后美国报纸以每年60%左右的增长率上网[②]。2002年7月份美国Newslink.org网站上提供的数据表明:2002年6月,美国上网的报纸已达4 000多家[③]。

(2) 通讯社网络版的兴起。美联社、路透社等大型通讯社也登录互联网,在网上提供新闻和经济信息服务。它们是网络新闻传播核心力量的第一批媒体网站,因其出现于1994年,该年被称为网络新闻业真正兴起之年。

---

① 苏荣才:《对话美国报业总裁》,南方日报出版社2006年版,第60页。
② 蒋晓丽:《网络新闻编辑学》,高等教育出版社2004年版,第3页。
③ 数据来源:http://newslink.org/cgi/findcgi? 3 = &2 = &1 = news。

(3) 广电传媒网络版的兴起。1994 年,美国有线电视新闻网(CNN)在网上建立自己的网站。1995 年 8 月,美国 ABC 公司首先利用网络"进行全球播报"。1998 年底,美国大多数广播电视台设立了网站。1999 年,美国已有 800 多家电视台、1 000 多家广播电台提供网上信息服务①。此后美国因特网委员会的网站上提供的《2001 年因特网发展状况报告》中的数据表明,至 2001 年 4 月,世界上进行网上播出的广播电台已超过 5 000 家,其中一半以上在北美洲。

美国第一批报刊媒体上网的目的主要是拓展其竞争空间,就像奈特-里德公司董事长兼首席执行官托尼·里德曾说的,"在任何一个市场上,只要奈特-里德公司有一份主导性的报纸,有一个在当地影响很大的网站,那么,在可预见的将来,我们公司对广告商的吸引力就不会下降"。也正是基于此,该公司确立了"报"、"网"齐头并进的发展战略②。

第一批由传统传媒机构建立的网站在运行之初,通常是简单地将其原有的信息搬到互联网上。随着互联网的不断发展,传媒和网络的进一步融合以及网络空间的无限性和网络图文声像等多形式信息的融合,传播媒体的网络版除了在网上提供印刷版的内容外,还通过超链接提供新闻背景资料和相关报道,并且开辟电子论坛、聊天室、电子邮件列表等多种服务。

2. 门户网站的发展

(1) Boston.com。美国门户网站的发展经历了从被怀疑到被仿效的过程,以《波士顿环球报》的 Boston.com 为例,见图 2.1。

1995 年,《波士顿环球报》率先创建了地区性网站——Boston.

图 2.1 Boston.com 网站

---

① 胡正荣:《产业整合与跨世纪变革——美国广播电视业的发展方向》,载《国际新闻界》2000 年第 4 期,第 33—39 页。

② 苏荣才:《对话美国报业总裁》,南方日报出版社 2006 年版,第 60 页。

com。它不仅利用互联网发布自己报纸的所有信息,同时与波士顿地区的其他传媒合作:该网站可以链接波士顿地区的所有传媒公司网站,其中包括6家电视台、12家广播电台和8家报社。这一建网理念被证明是成功的。后来的尼尔森网站用户率调查和Media Metrix公司的调查表明,十家最受欢迎的网站都是门户网站①。

1999年,道·琼斯公司、华盛顿邮报公司和奈特-里德公司等,也分别宣布了其转变为新闻门户网站的意向,这也体现了媒体对网络受众特殊性的重视,因为网上用户不仅想获得新闻信息,还想获得更多其他方面的信息。

(2) nytimes.com。纽约时报网站(nytimes.com)是全世界公认的报纸所办网站中最成功的一家:它拥有1600万的注册用户,每日的访问量150万人次(见图2.2)。

图2.2 纽约时报网站

纽约时报公司因创办时报网站和"数字纽约时报"(New York Times Digital)被列为全球最具创造性的500家IT公司之一。纽约时报网站创办于1996年,与其他的报纸网站一样,创网之初它只是报纸的网络版,归《纽约时报》直接管理。1999年,时报公司将公司的网络

---

① 张咏华:《中外网络新闻业比较》,清华大学出版社2004年版,第70页。

和数字业务独立出来,成立了一个专门的部门——数字纽约时报。它突破了报纸网络版的概念,把传统纸质媒体的品牌优势和自身的技术特点结合起来,既与报纸共享高质量的新闻内容,同时又独立提供个性化的新闻、信息、广告等产品。例如,纽约时报网站利用该报书评的权威声望,开办了网上书店,开设了网上电影专题(movies.nytimes.com),见图2.3。它汇集了《纽约时报》上20年来著名影评家的评论,回放了1929年以来的精彩电影评论,设有电影资料库(所有电影资料)、电影票务网(订票服务)、尼尔森数据库(提供周末预定信息)以及相关的"时报版面"、"时报历史照片"装帧邮购服务,读者如果需要历史上任何一期时报的版面、任何一幅照片,都可以在网上订购,然后时报将原件装帧并邮寄到订购者手中①。

图2.3 纽约时报网站网上电影专题

时报网站在首页的显著位置开辟了"The Times Multimedia"("时报多媒体")栏目,这个栏目除了全文刊载报纸上的新闻报道外,还提供报纸上没有刊发的或无法刊登的内容,例如时报记者在采访中所拍摄的录像、谈话录音、记者对采访过程的感想等。同时这个栏目还开辟了"回音板",使得读者可以将读后感、观后感通过电子邮件等形式发给作者,参与作品评析等。

---

① 以上资料参考 NYTimes.com 网站的介绍。

3. 传媒机构的网络联盟

广告收入经常被称为媒体运转的机油,分类广告也常被称为美国报业的生命线。在报纸的广告中,分类广告所占的比重达40%—60%,许多年来,分类广告青睐的媒体就是报纸。随着美国互联网用户的普及,加上各个网站的制作水平和运作水平的提高,分类广告从报纸向互联网转移的速度越来越快。在分类广告中,招聘和求职、汽车租售、房地产租售这三种分类广告所占的比重最大,转移的幅度也最高。对这一趋势,美国报界也是比较警觉的。为了更好地吸引广告商,传媒机构之间、传媒机构同相关产业的公司之间也纷纷联合建立网站。

(1) 传媒机构相互合作建立网站。

● 传媒机构合作建立门户网站

1999年,A·H·Belo公司的《Dallas晨报》和奈特-里德公司的《沃思堡明星电讯报》宣布,它们努力地整合资源创建一家地域性/地方性门户网站 dfw.com,该网站将刊登这两家报纸的分类广告,提供通往6 000多家当地网站的链接,并提供网上购物服务(见图2.4)。

图2.4　dfw.com 网站

● 传媒机构合作建立专业网站

除了dfw.com网站,早在1995年10月,美国东西海岸六家著名报纸——《波士顿环球报》、《芝加哥论坛报》、《洛杉矶时报》、《纽约时报》、《圣何塞信使报》、《华盛顿邮报》就宣布联合创建一个全国性的求职招聘网站——"就业之路网"(CareerPath.com)。这个网站依托各报的职业介绍信息,将各报刊登的招聘、求职分类广告同时贴到网上,为求职者提供一个能覆盖全国各地的职介信息的平台,这个"就业之路网"就是今天美国三大报业巨头甘乃特、奈特-里德和论坛公司联手购买和控股的"职介网"(CareerBuilder)。目前,"职介网"已经发展为美国数一数二的职业介绍网,有130家地方报纸加盟,网站发布、推出的职位介绍达60万个,占职介行业的45%,美国3万多家大型的雇工单位都通过"职介网"来发布招聘信息。2003年的相关统计数据表明,"职介网"新增的访客量达8 016万人次,营业收入为1.6亿美元[①]。

● 地方报刊同全国性的新闻网站合作整理资源

地方报刊同全国性的新闻网站如MSNBC的网站、CNN的网站、美国在线的"数字城"等签约合作。例如,《西雅图邮报》同MSNBC的网站进行合作,在MSNBC网站上设有通向它们的链接。前者希望利用后者的品牌优势将地方性的信息内容推向全国,同时从全国性的新闻网站获取文本、音视频等信息资源。而作为全国性网站的后者,网站上本地新闻和信息都很少,这是它们吸引地方性广告的致命弱点。而美国每年约800亿美元的地方性广告总额这块大蛋糕也是很有吸引力的,令它们垂涎不已,所以与地方报刊的合作对它们来说也是有前景的选择。

(2) 传媒机构与信息产业公司适时合作。

早在1996年,美国全国广播公司就和微软公司联手创建了MSNBC.com网站(见图2.5)。1998年,奈特-里德公司成立了Real Cities Network,将公司在美国各地的29个网站连在一起,搭建了一个网络平台。同时这个平台是开放的,其他公司的报纸、电视台网站都可以加盟,成为其中一员。目前Real Cities Network除了奈特-里德公司的29个地方网站外,美国的先锋报业公司(Advance)、麦克拉奇公司(McClatchy)、媒介新闻集团(Media News)、媒介综合集团(Media General)、奥特维报业公司(Ottaway)、斯克利普斯公司(Scripps)等七家著名报业集团旗下的报纸网站都加盟进来。在全美国100多个市场上,Real Cities Network拥有地方网站,在全美最大的30个市场中,Real Cities Network覆盖了22个,每个月登录的访客量达2 290万人次,这样的客流量对广告商确实具有很大的吸引力。

[①] 苏荣才:《对话美国报业总裁》,南方日报出版社2006年版,第63—64页。

第二章 网络新闻业的发展和特点 33

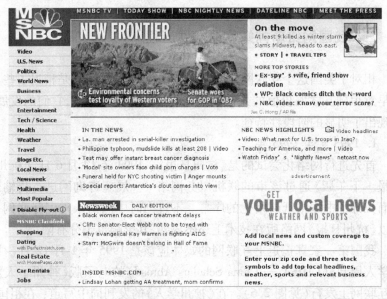

图 2.5 MSNBC.com 网站

4. 国际合作新动向

2003年以来,美国网络新闻业发展中显示出了积极推动国际合作的最新动态。例如,美国 RealNeworks 公司同英国 BBC 公司签署协议进行合作。根据协议,BBC 公司的 Worldwide 部将创制专门基于网络的多媒体节目编排,然后由 RealNeworks 将之传输出去,使这些内容通过因特网进入美国市场①。美国的商业刊物出版公司 VNU 2003年4月起,同英国路透社网站的媒介服务部(Reuters Media)合作创建了综合性的娱乐服务网点 Reuters/VNU Entertainment Service,这样就将路透社新闻报道的丰富资源同 VNU 公司的来自《好莱坞报道》、Billboard、《幕后》(Backstage)等业界新闻渠道的娱乐新闻中的最精彩部分结合起来。相关新闻报道指出,Reuters Media 同 VNU 公司新的伙伴关系将给娱乐新闻报道以及相关方面的服务带来种种改善:娱乐新闻报道和特稿的数量将会增多,内容涉及的范围将会拓展,娱乐服务也将扩展至更多的种类,同时,报道中穿插的图片、说明和著名的路透社照片将会使娱乐报道更具吸引力②。

---

① 资料来源:http://www.ejc.nl,载2003年4月11日 media news 栏目。
② 资料来源:http://about.reuters.com/media/products/on-vnu-us.html。

三、我国网络新闻媒体的发展历程

相对于美国这个互联网发源地来说,中国触网的时间是稍迟了些。较早意识到互联网价值的先行者便是中国网络新闻媒体,它们的发展呈现出了明显的阶段性特征。

1. 1993 年至 1995 年

首先进行网络化尝试的是《杭州日报》。1993 年 12 月 6 日,《杭州日报·下午版》通过该市的联机服务网络——展望咨询网进行传输,从而拉开了中国报纸网络化的序幕。不过当时中国尚未与国际联网,所以《杭州日报》网络版在技术上还不成熟,其影响也十分有限。

我国第一家真正走上互联网的媒体应该是 1995 年 1 月 12 日《神州学人周刊》(CHISA — China Scholars Abroad)的电子版《神州学人》在互联网上发行(见图 2.6)。在《神州学人》的发刊词中写道:在祖国和海外留学人员之间搭起一座电子桥,沟通信息,为留学生服务——这是本刊电子版的唯一宗旨。由此可以看出电子版保留了《神州学人》作为国内唯一的留学生刊物的特点,同时它以更丰富的信息、更方便的获取方式和更快的出版周期成为海外学人的朋友。

图 2.6　神州学人网站

1995年10月20日在人民大会堂举行开播演示的《中国贸易报》电子版更是引起了国内外新闻界同行的广泛关注。它的起点较高,一开播就通过国际互联网、中央电视台图文电视、全国电子信箱信息服务系统(Chinamail)三大渠道向国内外传播。

而同年12月份开通的《中国日报》网站则在国内开启了全国性日报办网站之先河。在中国媒体上网的先行者中,《中国日报》网站的发展显得更为迅速、稳健。1996年9月,《中国日报》在美国建立镜像站点。1997年,"美国在线"将《中国日报》网站列为全球领先的新闻网站。

2. 1996年至1999年

如果说1995年中国新闻媒体开始迈上网络之路,那么随后的三年里,中国新闻媒体则加紧了网络化步伐,这一阶段出现了中国媒体的第一次上网浪潮。虽然此时新闻媒体上网的形态比较简单,大多数新闻媒体网站的发展规划也不是很健全,但是以《人民日报》为代表的主流媒体的上网,已经表明中国媒体对互联网的发展充满信心。而新浪等商业网站对新闻传播的涉足,也为中国网络新闻媒体的发展注入了新鲜的血液。

(1)主流媒体的网络化发展。1997年1月1日正式运行的《人民日报》网络版预示着中国媒体的中坚力量开始出击互联网,国家确定的八大重点新闻网站也多与《人民日报》网络版在同一阶段起步。同日,国务院新闻办建立的"中国互联网新闻中心"开通,这便是日后国家八大重点新闻网站之一的"中国网"的前身。新华通讯社网站正式建立于1997年11月7日,适逢其建社66周年之际。该网站后来发展为新华网,它也是国家重点新闻网站之一,在中国网络新闻传播中一直起着主力军的作用。1996年底,中央电视台也开始上网,1999年1月它进行了全面改版并正式对外发布。1997年,中国国际广播电台设立了简单的网页,1998年12月26日,"国际在线"(CRI Online)正式对外发布信息,这也是第一批政府重点新闻网站队伍的成员之一。1997年底,《光明日报》成立了网络版编辑部,1998年1月1日,《光明日报》网站正式开通。该网站集成了《光明日报》集团下的《光明日报》、《生活时报》、《中华读书报》、《文摘报》和《书摘》、《博览群书》、《考试》等报刊的内容①。

(2)商业网站涉足网络新闻。在我国传统的传媒机构逐步向网络

---

① 彭兰:《中国网络媒体的第一个十年》,清华大学出版社2005年版,第41页。

进军之时,一批商业网站也纷纷加入到网络新闻传播中来。1998年12月1日,四通利方收购华渊后成立了新浪网。而新浪最大的对手搜狐也渐渐成长起来,1997年2月,张朝阳创办的埃特信公司正式推出ITC中国工商网络,1998年2月,推出中国人自己的搜索引擎——搜狐(Sohoo,后改为Sohu),搜狐网成立,它们开始同我国传统的新闻传媒机构一起涉入到网络新闻传播中来。因为商业网站没有采编权,只能发布、转载新闻媒体的新闻,所以商业网站的专长还是在于技术方面,它们要走的路应该是做门户或平台。正如新浪网的王志东说的那样,新浪只是发布平台,所起到的作用是发布信息和信息组合,在观点上没有加工。

(3)地方媒体探索网络发展模式。地方媒体也不断地探索网络发展模式,千龙新闻网和东方网所形成的千龙模式和东方模式便是其探索中比较成功的代表。

● 千龙新闻网

2000年3月7日,千龙新闻网正式启动(见图2.7)。时任中共北京市委宣传部部长的龙新民亲自将新网站命名为千龙新闻网,以合2000年新千年之始与传统龙年之祥,同年5月25日开通正式版。作为"国务院新闻办公室批准的全国第一家综合性新闻网站"的千龙新

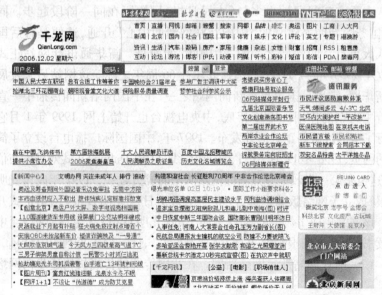

图2.7 千龙新闻网

闻网,它的"千龙模式"有两个显著的特点:政府背景的新闻网站和现代企业制度运作,因为千龙网站是实华开公司和《北京日报》、《北京晚报》、北京人民广播电台、北京电视台、北京有线广播电视台、《北京青年报》、《北京晨报》、《北京经济报》和《北京广播电视报》等九家媒体注资成立的,其中实华开公司持有45%的股份,九家媒体持有55%的股份。

● 东方网

在千龙新闻网酝酿之时,上海市委也筹划着建设一个综合性的国内一流的大型新闻网站"东方网",其定位是以上海为基础,辐射全国,在国际上形成一定知名度的播发权威性信息,全方位开发网络信息服务,并拓展相关领域电子商务的网站①。2000年5月28日,东方网正式开通(见图2.8)。第一天东方网的日访问量就达到了200万,注册用户超过3万。运行之初的东方网拥有"东方新闻"、"东方财经"、"东方体育"、"东方机会"、"东方文苑"、"东方生活"等10个频道、800个栏目,大型信息平台初显雏形。东方网也与《解放日报》、《文汇报》、上海电视台、东方电视台、上海电台、东方电台等上海14家主要新闻单

图2.8　东方网

---

① 彭兰:《中国网络媒体的第一个十年》,清华大学出版社2005年版,第78页。

位,就有关信息内容的利用和开发达成了资源共享的协议。根据协议,14家新闻单位以第一时间向东方网传送信源,经编辑后在东方网上即时刊发,而东方网也尽可能向对方提供广泛的宣传平台,包括链接、广告等。除了资源共享之外,东方网还与14家新闻单位在人力资源方面进行合作。14家新闻单位的编辑、记者可在第一时间为网站撰稿,东方网将依据首次发表、最新、最快等标准支付稿酬;14家新闻单位还定期派出3名记者到网站轮岗,担任东方网的独家采访任务,共同完成东方网的对外宣传报道工作[①]。

大部分传统媒体上网之初,都致力于以网络版的形式来扩大其影响,在新闻理念、新闻手段等方面,还明显受到传统形式的束缚。而1999年后,传统媒体网站已经开始认识和研究网络版的独特之处,开始尝试建立地方门户网站,如《浙江日报》网站除了提供网络版外,还建立了"浙江在线"这一地方门户网站,这在网站的经营方面已有所体现。此外,网站名称变动也能体现这一点,如《电脑报》网站改称为"天极网",《中国计算机报》网站改为"赛迪网",上海文汇新民联合报业集团网站改称"申网",《广州日报》网站改名"广州日报大洋网",《深圳商报》网站改名为"深圳新闻网"。

3. 2001年至今

此阶段是媒体网站在对已有经营经验总结学习的基础上进行调整和改革的时期,这阶段改革和提高是主旋律。而网站自我调适的目标是:一方面更好地提高其新闻传播的竞争力,另一方面找到新的发展空间。代表网站便是新华网、人民网,还有央视网站等。

(1) 各大网站纷纷改革。

在改革中新华网是引领者,2001年起它就不断对网站内容和呈现方式进行探索。2003年2月10日,新华网以"贴近实际、贴近群众、贴近生活"为主旨进行了第七次改版。改版后的新华网,新闻报道内容约占65%,其余35%为各种资料、数据和其他服务型内容。首页增加的集文字、图片和搜索功能为一体的"数据中心专区",为网民浏览信息和查询信息提供了方便。同年4月10日,新华网新闻中心增加了"本网主要栏目推荐"、"新华访谈"、"网友热评"等栏目以及"图文报道"、"音视频新闻"等精品板块。而6月17日新闻中心又一次改版,

---

① 彭兰:《中国网络媒体的第一个十年》,清华大学出版社2005年版,第78—82页。

其定位是第一时间直达新闻,全程传达来龙去脉,深入透析幕后外延,深切关注经济社会生活,传播各类专业新闻资讯(见图2.9)。

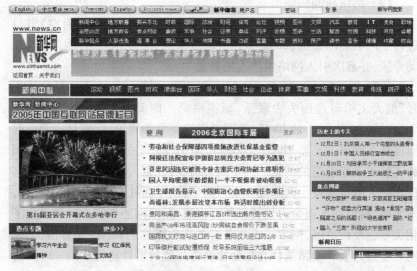

图2.9 新华网

新华网视频频道也进行改版,以体现网络视频技术的科技含量和时尚感,设置了"中国"、"国际"、"财经"、"电视集萃"、"网上直播"、"上周回放"等12个栏目。而在不到一年的时间里,新华网于2003年9月19日再次全面改版。此次改版进一步突出了新闻的时效性和内容的贴近性,中英文报道快捷,互动性更强,网民想看、爱看的新闻与服务内容大幅增加,英文版全新域名 www.chinaview.cn 也同时启动。新华网第八次改版集中体现了新华社在中英文报道和新闻信息方面的整体优势,为政府、企业、开发区招商引资、信息发布、商务拓展提供了强大的中英文发布平台。

2003年6月,人民网也以全新的面貌亮相。在突出新闻网站特性、加强重大新闻分量、突出头条新闻的同时,进一步凸显自己的个性。已经具有较高知名度的"强国社区"越来越受到网友的认可,同时加强商务、增强服务也是人民网改版时所关注的。

中央调整重点媒体网站布局的一项重大举措则是中国经济网的开通,至此第八家国家重点网站问世。2003年8月6日,由《经济日报》主办的中国经济网(www.ce.cn)在京举行开通仪式。中国经济网从一开始就是以经济报道和经济信息传播为主的新型网络媒体,这对进一步完善网络新闻的宣传体系、扩大中央重点新闻网站在经济领域的覆盖面和影响力有着十分重要的意义。

（2）网络新闻频频出彩。

在中国加入世贸组织的特别报道中，央视国际与《东方时空》节目进行了网上互动直播；2002年春节联欢晚会，央视国际设置了现场互动专区，并首次引入网络主持人的概念。

2003年新闻大事颇多。中国农历新年的第一天，美国"哥伦比亚号"航天飞机与地面失去联系，新浪网第一时间将此消息放在网上。北京时间2003年3月20日，美国对伊拉克发动战争，此消息也第一时间出现在网络上。新华网于2003年10月15日在网上率先播报中国载人航天飞船发射的消息。同年两会前夕，北京大学、清华大学两所高校在一天内接连发生两起爆炸案。新华社、中新社立即发出相关报道，千龙网、新浪网不遗余力地转载所有报道，新浪网还在第一时间设立了相关专题及讨论区，网罗了十几条有关这次爆炸的新闻。3月份，千龙网对盛福大厦6楼路透社北京分社受爆炸威胁事件进行了第一时间的现场报道。负责该新闻报道的5个新闻编辑记者几乎是大楼里最后一批撤走的，而撤离现场之前他们已经发布了14篇文字、16幅图片。撤离后，千龙网的一部分记者继续关注事情的发展，并对前方记者用手机发回的最新消息进行编辑、筛查，再利用网站的论坛发布出去。

网络媒体从业人员面对面地与突发事件相遇时的表现向我们展示了职业新闻人的风范，对"非典"疫情快速而准确的报道更是让网络媒体的公信度得到提升。在搜狐揭晓的"2003年推动中国进步十大新闻事件"中，第五位事件是"网络媒体对突发事件的报道，对民间声音的表达，对高层决策的影响，标志着网媒已迈入主流媒体行列"，这是对网络新闻的积极肯定。

（3）网络媒体的社会责任认同。

八家国家重点网站中的最后一家中国经济网成立后，除了强调新闻的专业性，努力做成国内最好的经济新闻网站外，中国经济网还提出以提高网络媒体的公信力来与商业网站竞争。中国经济网总裁王玉玲说，和商业门户网站不同，中国经济网这样的重点新闻网站有自己的采编队伍，有丰富的新闻来源，他们强调客观、公正、权威，不热衷于炒作和浮夸。

此外，商业网站对新闻的定位开始发生转变，把网站仅当作新闻的

"发布平台"、多关注新闻数量等低层面的竞争转移到挖掘新闻事件、对新闻内容负责等高层面上来。他们都做出了承担社会责任的姿态,例如新浪网的陈彤曾表示,"负责任的媒体应该崇尚冷静和理智,与成熟的传统媒体相比,年轻的网络媒体更需要防止滥用媒体权利","现阶段中国网络媒体需要更多地展示它的建设作用而不是破坏能力"①。现已辞职的搜狐高级副总裁兼总编辑李善友也曾说过:"事件背后的深刻意义和传达出的理念是我们要求编辑拿到消息后必须思考的问题,要把过去海量的、平面的网络新闻变成结构化的、有针对性的新闻,在追求客观报道的同时,表达搜狐新闻独特的观点和声音,从而改变网络新闻的纯报摘形象,增强网络媒体的公信度。"②

四、网络新闻业的发展特点

在对中外网络新闻媒体的发展历程的梳理基础之上,进行对比分析,各自的网络新闻业的发展呈现出不同的特点。

1. "快"与"稳"

作为网络媒体业公认的"领头羊"的美国,其网络新闻业的发展首要特点是"快",并且呈现"百花齐放"的景象。中国的网络新闻业,因其在社会生活中的企事业双重身份的影响,在发展中便打上了"按部就班"——"稳"的烙印。

(1) 美国网络新闻业发展的"快"。美国是互联网的发源地,也是第一个提出建设信息高速公路的国家,所以其在信息基础设施的建设方面也处于领先地位,而这些恰恰为网络新闻业的快速发展提供了硬件设施。此外,在信息产业的发展方面美国采用新自由主义政策,传媒建立网站不需要申请新闻许可证③,如此宽松的外部环境使美国网络新闻媒体能够很迅速地上马,所以自1994年美国出现第一批报刊网站后,传媒上网很快席卷美国。

(2) 我国网络新闻业发展的"稳"。我国网络新闻业的发展与美国等发达国家相比略晚一些,在信息基础建设方面也因国内经济等各方面因素的制约而受到一定影响。虽然"可以吸取他国的经验,实现

---

① 徐志斌:《门户擦出新闻火花 网媒迈入主流媒体行列》,http://www.erpworld.net。
② 林木:《张朝阳反思:感慨网络媒体责任》,载《经济观察报》2004年1月5日。
③ 张咏华:《中外网络新闻业比较》,清华大学出版社2004年版,第74页。

跳跃式的发展"，但是在发展方面还是不可避免会受到他国的排挤。我国网络新闻业发展的外部环境中政府起着重要的作用，换句话说，我国传媒网站是在基层的积极努力和政府的大力鼓励、推动下成长起来的。我国新闻媒体的网络化过程，从起步以来就受到政府的支持和鼓励。以1997年《人民日报》网站的诞生为标志，我国新闻传媒上网速度逐步加快，政府的支持力度也越来越大。人民网负责人蒋亚平曾指出，从2000年开始，政府在经济上的支持使新闻媒体网站的投入状况和工作环境发生了决定性的变化①。我国网络媒体发展正是在党和国家的全局发展、持续发展方针政策的指引下进行的，所以体现出了"稳"。

2. "新"与"迎"

（1）美国网络新闻业发展的"新"。美国新闻传媒业间的竞争同其他行业的竞争一样激烈，在高度发达且又竞争激烈的传媒业中能够胜出的策略是什么？那便是"内容为王"——积极创新，追求新颖。"内容为王"是美国媒体长期以来在竞争中求生存和发展的重要策略。创建地方性新闻门户网站、设立与受众互动的讨论平台、以手机短信形式发送最新信息、开设博客空间、在报道中"图文音像"并用等举措，最初都是美国网络媒体的创新之举。

美国网络新闻媒体也始终努力在其传播活动中形成不同于传统新闻传播服务的新颖的服务，最显著的体现便是对美国电子数据库的应用。因为美国在电子数据库的建设等方面走在前沿，使得传媒网站在提供丰富的信息检索、网点链接等传统传媒所没有的服务中具有得天独厚的优势。《华尔街日报》在线模式便是成功的例子。作为美国著名的全国性日报、经济信息的权威媒体，《华尔街日报》建网后，利用网络的快速传播、容量无限的优势，更好地打出经济信息服务的王牌，以迅速快捷的经济信息、股市行情和有助于研究经济态势的内容（如政府的经济报告、某些特殊行业的经营预算等），为自己赢得了大量登记付费用户。

（2）我国网络新闻业发展的"迎"。作为后起之秀的中国网络媒体，在发展时虚心吸收国外的创新成果，把握和迎合网络传媒发展的特点，走出自己的新颖之路，这样的发展心态是好的，使我国网络新闻业可以进一步融入全球化的国际社会中来。对创新成果的果断利用也为

---

① 蒋亚平：《中国网络媒体现状分析和展望》，http://www.chuanmeinet.net。

我国网络新闻业的发展争取了时间,缩短了与外国网络新闻业发展的差距:从网站内容的拓展到网络版相对独立;从创建网络信息传播平台模式到传媒网站参与到电子商务等方面的尝试。在具体的业务开设方面,中国网络新闻媒体的出手也很快,例如手机短信新闻的订阅、新闻讨论版面的建设和维护、新闻信息上传的鼓励政策、MPEG 或 AVI 视频信息和三维动画表现及全程播放的应用等。

3. "特"与"鲜"

(1)美国网络新闻业发展的"特"。特,即特色,这与"新"有一定的联系,各网站在追求新颖、创新的过程中,必然会形成各自的发展特色。第一节对美国网络媒体的介绍中所提到的网站,几乎都有自己独特的发展模式。

● 内容的专业性、权威性

"华尔街日报在线"(Wall Street Journal Online,见图 2.10)在保持其纸质版《华尔街日报》的基础上,增加了互动式特写稿、编辑与专栏作家同网站访问者的讨论区,同时还设有 Wall Street Journal Podcasts,即华尔街日报播客①,使得网页访问者可以更直观地获得权威人士关于个人财经、科技、经济等各方面的信息分析。同时,此类权威专家们的"现身说法"使得信息分析更具参考价值。

图 2.10　华尔街日报在线网站

---

① 从广义上讲,播客是博客的一个门类,是"有声博客"。

- 信息的全面性、即时性

美国另一报业巨头《华盛顿邮报》的网站也逐步形成了自己的在线模式。该网站于 1999 年—2001 年连续获得数项 Eppy 奖①，这些成就与网站精心设计的板块和内容分不开：该网站提供"新闻"(News)、"我的邮报"(Mywashingtonpost.com)、"直播在线"(Live Online)、"论政治"(On Politics)、"娱乐指南"(Entertainment Guide)、"工作"(Jobs)、"市场"(Marketplace)、"摄影作品"(Camera Works)、"车行天下"(Cars)、"房屋咨询"(Real Estate)等板块(见图 2.11)，每个板块都会以其即时更新、报道迅捷可靠而给人留下深刻的印象。

图 2.11 华盛顿邮报网站

- 服务功能的多样性

上文提到的都是有著名传统媒体背景的传媒网站，其发展多少都得益于其母体媒体的品牌。而曾获得过网络服务供应和网页设计奖的 Sunline 网站(www.sunline.com，见图 2.12)则没有上述优势，但该网站定位于"社区第一、新闻第二"，把主要精力放在该传媒公司熟悉的社区服务上，根据网络传播的特点和自身服务对象的特点，提供特色内容服务。该网站大量开发地方性特色的内容，鼓励用户参与网站，撰写书评、组建网上俱乐部等。

---

① 该奖旨在鼓励报刊在网上传播中的成就。

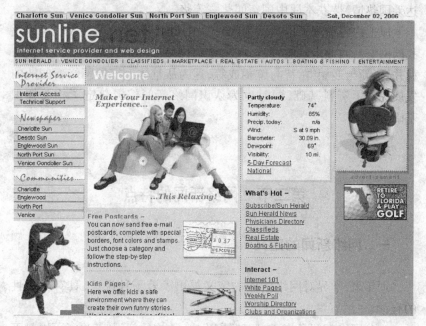

图 2.12　Sunline 网站

（2）我国网络新闻业发展的"鲜"。我国网络新闻业的发展中虽然带有向先进国家学习模仿的痕迹,但是也不乏"鲜"(取新鲜、稀有之义)这一特点,大有"八仙过海,各显神通"的景观。

中国人对字有一种特殊的情结,一些颇有影响力的新闻网站的名称便是很好的说明。在十大中央新闻单位网站中,虽然基本上都有传统媒体的背景,但是其网站名称都在不同程度上进行了变动,诸如人民网、光明网、新华网、中青网等,虽然只是把"日报"两字去掉,但是显示出来的网上发展士气和雄心却不同。其定位也是各有千秋:新华网的权威新闻、人民网的服务为民、中青网的定位青春等。地方网站中江苏的龙虎网、湖南的红网等也都是颇具匠心的命名。

当然,我国的网络媒体不只是把工夫花在表面上,在内容方面也是颇费苦心。以新华网为例,在第十六届中国新闻奖评选活动中,网络新闻首次参加了这一全国优秀新闻作品最高奖的评选,新华网制作的专题《网民感动总理,总理感动网民——总理记者招待会网上答问》获得一等奖,网评《"房地产就该暴利"——任志强叫嚣有理还是叫板和谐社会》获三等奖。人民网也凭其原创评论作品《人民时评:我们怎样表达爱国热情》荣获本届中国新闻奖一等奖。

以上内容梳理了以美国为代表的国外网络新闻业的发展状况以及我国网络新闻业走过的历程,并总结出网络新闻业发展的特点:快与稳并行,新与迎相继,特与鲜相成等,这为从整体上把握网络新闻业的发展提供了资料基础,同时也为认识网络新闻编辑奠定了相关知识基础。

第二节 网络新闻的特点

一、网络新闻的定义

近年来,学界对网络新闻的定义提出了若干种说法,具有代表性的有:

——网络新闻是指通过互联网发布、传播的新闻,其途径可以是万维网网站、新闻组、邮件列表、公告板、网络寻呼等手段的单一使用或复合使用,发布者(指首发)、转发者可以是任何机构,也可以是任何人[①]。

——网络新闻是指在互联网上传播的新近发生的、为受众所关注的信息[②]。

——网络新闻是指新闻的发布途径是网络,但它的报道对象仍然是客观世界的对象,从对新闻规律的运用方面来看,它与传统新闻是一致的[③]。

——网络新闻是指传受基于互联网的新闻信息。具体来说,它是任何传送者通过互联网发布或再发布,而任何接收者通过互联网视听、下载、交互或传播的新闻信息[④]。

——网络新闻有广义和狭义之分。广义的网络新闻指的是互联网上的综合性门户网站和各类专业性网站所发布出来的各种有传播价值的新信息,而狭义的网络新闻则专指互联网上新闻类的信息,包括传统

[①] 闵大洪:《网络新闻之我见——兼与郭乐天先生商榷》,http://gaokao.zjonline.com.cn。
[②] 钟瑛:《论网络新闻的伦理与法制建设》,载《新闻与传播研究》2000 年第 4 期,第 20 页。
[③] 彭兰:《网络传播概论》,中国人民大学出版社 2001 年版,第 139 页。
[④] 杜骏飞:《网络新闻学》,中国广播电视出版社 2001 年版,第 44 页。

媒体设立的网站发布的新闻信息、其他网站设立的新闻中心在新闻板块发布的新闻信息、国家有关部门设立的专门网站所发布的新闻信息、个人主页和站点所发布的新闻信息等①。

这些定义的阐释角度不同,但也有其共性的地方:

(1)强调从传播媒介的角度来区分这种新闻形态。通过互联网传播,这是网络新闻与报纸、广播、电视新闻最根本的区别,也是网络新闻存在的根基。

(2)认识到这种新闻形态的传播主体和以往不同。任何组织机构、任何个人都可以在网上发布新闻信息,这使得新闻传播主体多样化。

还有些学者认为,网络新闻不仅指在网上传播的新闻信息,而且还包括对新闻信息的评论,这便涉及"信息与新闻在边界上的模糊及其相互转化"②问题。本书倾向于采用杜骏飞教授给网络新闻作出的定义。

二、网络新闻的优势

1. 时效性

时效性既表现为信息传播的瞬时性,又表现为全时传播。

(1)瞬时传播。互联网络的传输载体是光纤通讯线路,其传递速度可达每秒30万公里,这就意味着信息瞬间可以传遍世界的角落。所以,利用互联网络进行传播的新闻可以以最快的速度显现事实,对于跨越空间障碍的信息传播来说,这一特点就更明显。例如,2006年7月12日,黎巴嫩真主党游击队对以色列发动了越境袭击,爆发了黎以冲突。各国驻当地的新闻媒体几乎在新闻事件发生的同时将军事冲突进展、当地居民生活等图片和报道传递到网上,使全球各地关注该事件的网民能及时地了解战争的进展。

(2)全时传播。网络新闻速度的保真性还体现在网络新闻滚动式的发布方式上,即"全时性"③。网络新闻可以随时报道事实的进展,更新新闻内容,不必像报纸那样受截稿时间的限制,也不用像广播、电视一样等待相应的节目播出时段,这样就可以让网上用户全面及时地了解事态发展的整个过程。例如,关于2006年"碧利斯"台风的报道,自7月14日

---

① 余义勇:《关于网络新闻的思考》,http://www.chuanmei.net。
② 董天策:《网络新闻传播学》,福建人民出版2003年版,第26页。
③ 通常指全天候24小时播报信息。

至7月27日,搜狐网上相关的滚动新闻共213条,人民网滚动播出的最新相关新闻200条。新浪网在其滚动新闻栏目中也打出"本页面每五分钟自动刷新一次",借助滚动新闻如此快的更新频率,网络新闻就会技高一筹,特别是在对重大突发新闻的报道中。全时新闻倡导以人为本的服务①,每个新闻信息的受众都有自己对信息的特殊要求,网络新闻的全时性则能够"一视同仁、无论先后"地为受众提供新闻服务。

2. 交互性

这是网络新闻的另一显著特点。交互性的字面意思便是交流、互换信息,在网络新闻中它的表现形式有以下几种:

(1)网上通讯方式的应用。新闻制作者和新闻接收者之间通过E-mail、MSN、QQ等网上通讯方式进行交流。最近两年火热的博客风潮,使得新闻制作者和新闻接收者之间又多了一个交流场所和平台。这种互动从本质上来说与报纸的读者来信、电台的热线电话性质一样,不过它更快捷。

(2)"公告栏"和"论坛"的应用。新闻接收者把自己获得的新闻信息,或者自己对某则新闻的意见、看法贴在或转到"公告栏"(BBS)上,或者在某个"论坛"上发表,以便与其他的网民进行交流和讨论。如2006年7月25日晚7时30分(北京时间26日凌晨零时30分),以军对黎南部希亚姆镇进行了空袭,造成了包括中国军事观察员杜照宇在内的四名联合国观察员不幸身亡。搜狐网对该事件进行报道的同时,组织了论坛讨论,各地的网友对此事发表意见,27日晚上8点为止跟帖达405条之多,这种快捷、方便的交流方式是任何一种传统媒体都不能提供的。

(3)直播"聊天室"的应用。报道新闻的记者、编辑在"聊天室"里与网民座谈,交流对新闻报道的看法,网民也可以及时向记者、编辑提出自己关心的问题。这种交流不受地域和场所限制,任何地方的任何人都可以参与其中,这样新闻制作者和新闻接收者之间、新闻接收者相互之间、有时候甚至是新闻报道对象与新闻接收者之间就建立起一对一、一对多、多对多、多对一等各种形式的多元互动交流关系。

传统媒体的新闻信息传播者通常只有在新闻报道结束后才能获得反馈,而在网络环境下,互动也发生在新闻报道的过程中。此时的受众不仅仅是被动的新闻接收者,他和记者、编辑一起成了新闻报道的参与

---

① 杜骏飞:《网络新闻学》,中国广播电视出版社2001年版,第139页。

者，这使得网络新闻在内容上呈现出一种积极的互动。

3. 丰富性

因为网络媒体具有网络信息"海量"的特点，所以新闻报道可以大容量地呈现在受众面前。

（1）网络新闻的"厚实"报道。网络新闻实际上是新闻和信息资料的一个组合体。因为任何一个新闻事件的发生都不是偶然的，都有其宏观、微观背景，也正是这些背景因素相互作用产生了新闻，而这些背景因素时间跨度可能是几周、几个月，有的可能会更长，所以网络新闻除了报道新闻事实以外，还链接着比新闻本体大得多的新闻信息资料库。例如，2006年6月10日，企图在印古什共和国制造恐怖袭击的车臣匪首巴萨耶夫被俄特工引爆炸药车身亡。新浪网的新闻中心就此事件的前前后后进行了包括文字、图片等在内的详尽报道，并推出了"车臣战争爆发以来大事记"、"巴萨耶夫其人"以及其一手策划的轰动2004年的"别斯兰事件"回顾，包括事件回顾、各方反应、分析评论、背景资料等。同时还有当时唯一一位在别斯兰的华人记者卢宇光的前方报道的回顾、卢宇光其人的介绍及事件后的战地记忆等的链接。如此多的信息量，这对于任何传统媒体来说都是不可想象的（见图2.13）。

图2.13 新浪网对车臣匪首被击毙的专题报道

(2) 网络新闻的"花哨"表现。内容的丰富性不仅体现在信息容量方面,同时还体现在信息呈现形式上。根据具体内容不同,可以用文字、图片、图表来呈现新闻,也可以用动画、音频、视频或者图文音像并用等方式呈现,以便受众可以多方位、多角度地了解新闻事实。例如,在2006年德国世界杯的报道中,网络媒体打了一场漂亮的"世界战争"。文字报道自然是每天必不可少的内容,即便是在休整期间,报道也未间断过;图表式的积分榜、射手榜、转播表等给大家带来了不少的方便;图片资源也源源不断地出现在版面上,滚动图库、图吧相继开设;而模拟现场的Flash进球对未能观看现场比赛的观众来说则是一份不小的惊奇;"实况联播"、"每球必映"、"每日最佳"、"比赛集锦"、"胡侃世界杯"等更是让网上看球的人过足了瘾。

4. 包容性

(1) 新闻理念的包容趋势。在网上海量的新闻信息当中,有严肃的,有活泼的;有正面的,有负面的;有中立的,有偏激的;有善意的,有恶意的,人们似乎从一开始就对网络新闻这一点没有太多的敌意和抱怨,这放在报纸版面、电视节目上面是不可想象的事情,并且即便是能接受纷繁复杂的网络新闻的受众,在其他的传媒介质下可能也不会接受。

(2) 对网络多媒体的充分吸收和应用,也可以理解为全息性。由于互联网是一种可以集文字、声音和图像为一体的多媒体平台,所以通过互联网发布的网络新闻也容纳了文本信息、图像信息、语音信息及视频信息等多种形式,网络新闻的这种图文并茂、声像兼备的表达方式比传统新闻更有感染力和影响力。例如,美国的《休斯敦记者报》在网络版上开设了多媒体特写(Multimedia Feature)。该报记者经常随身携带数码相机和摄像机以及其他电子采编设备外出采访,专门为网络版采编第一手的多媒体报道。在一个名为"虚拟旅行者"(Virtual Voyager)的栏目中,记者们将自己外出采访的旅行经历制作成有声有色的多媒体报道,使网站访问者有一种如临其境、如闻其声的感觉,这种多媒体化的新闻打破了传统的报刊新闻、广播新闻、电视新闻之间的界限(见图2.14)。

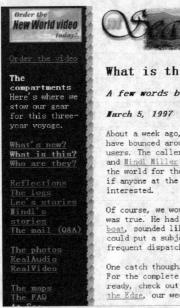

图2.14　休斯敦记者报网站的"虚拟旅行者"栏目

三、网络新闻的劣势

1. 虚假性问题

互联网技术造就了信息传播自由的特点,但信息发布和传输没有严格的检查和核实系统,操作方式(如个人网站、论坛、聊天室、新闻组、即时通讯等)越来越简便,信息发布匿名性等等,这些在另一方面就影响了网络新闻的真实性和权威性,近年来频频出现的网络假新闻(见表2.1)严重扰乱了新闻传播的秩序。

表2.1　近年来网络媒体中假新闻一览表

年　份	假　新　闻　事　件
2003年	比尔·盖茨遇刺
	百万美金义还失主
	卡梅隆决定执导《9·11生死婚礼》
	"小"百万富翁抱得美人归

续表

年份	假新闻事件
2003年	警察鸣枪八次镇住百人群殴
	施拉格是不折不扣的中国姑爷
	中央督察组上海明察暗访84%项目有违规之嫌
	《背影》落选新教材
	曾参与"神五"设计的中科院院士周鼎新海口遇害
	"中国印"设计专利被抢注
2004年	"国资委"阻击中国足球
	李连杰重返青海修佛法
	金钱激出张国政奥运冠军
	第二代身份证将由日本企业造
	女排姑娘20年奥运冠军梦惜未能圆
	克林顿今秋"追"莱妹到蓉城签售自传
	北京孔庙将竖历届高考状元碑
	新闻从业人员平均寿命45.7岁
	大批"毒面粉"流入黄石
	180万买辆宝马砸着玩
2005年	女大学生捡剩馒头充饥近两年
	中科院资深院士陈家镛两度"逝世"
	越洋电话采访郎平
	北京人可喝上贝加尔湖高山矿泉水
	布什要卖掉夏威夷
	南开大学欲破格录取10龄童
	18岁少年作家因情自杀 生前高考作文获得满分
	左权县投资3亿元兴建中国"新闻烈士陵园"
	秦始皇兵马俑腐蚀严重 专家担忧百年后变煤坑
	王小丫陈章良携手入围城

在网络传播的作用下,在链接、转帖、再转帖等接力棒式的传递下,任何一条新闻的精确度都会大打折扣,而虚假新闻则会更快地蔓延。2006年4月份,有人以周涛大学同学的身份,在自己的博客上大曝央视名主持周涛的"校园往事"和"两段婚史"等隐私。4月11日,武汉晨报发表了《名嘴周涛:再婚是我最正确的选择》的文章,各大网站纷纷转载。4月12日,周涛委托新浪娱乐发表声明:"前段时间某博客上发表的所谓揭露我个人隐私的文章,引起众多网友的关注并有全国多家媒体转载……随后,又有多家网站转载某报文章《名嘴周涛:再婚是我最正确的选择》,文章内容更是与实际情况渐行渐远,故郑重声明:一、某博客文章以揭露我个人隐私为名,有多处失实。根据最高人民法院《关于贯彻执行〈民法通则〉若干问题的意见》第一百四十条规定,该文章侵害了我的隐私权和名誉权。二、此前我从未委托任何媒体发表过任何形式的声明及说明。三、目前多家网站转载的某报文章《名嘴周涛:再婚是我最正确的选择》未经采访我本人,未经本人授权刊载,任意编造,属虚假文章。"她还称对于以上侵权行为,将保留诉诸法律的权利。这条关于央视主持人周涛的虚假新闻从网络一路传播到传统媒体——报纸上,网络对报上刊登的这条假新闻又纷纷转载,使其越传越广,可见在传播环节上,网络媒体乃至传统新闻媒体很容易"中招",一不小心就会被虚假信息利用,通过它们具有权威性、公信力的传播平台以新闻形态进行再传播,虚假新闻造成的恶劣影响就越来越大。

2. 媚俗化问题

网络新闻的内容和报道手段都存在媚俗化问题。虽然每次重大事件的发生都会给网络新闻的发展带来生机,但是在海量的网络信息空间里,仅仅靠这些不定期的重头戏报道来吸引网民的注意力显然是不够的。每天24小时更新的网页需要用几千条新闻信息来填满,这样一来,社会新闻、娱乐新闻等原来处于边缘的媚俗化内容日益增多。

网络新闻的表现手法也趋向媚俗化:刺激、煽情的字眼频频出现在标题中。网络新闻是分层呈现出来的,标题先于正文内容,这样便强化了标题的导读功能,而它对注意力的吸引和刺激又直接影响到该新闻的点击率。以2006年7月28日新浪网首页的几个新闻标题为例,"饮料内发现避孕套包装纸"、"农民奸女生将其活埋"、"少年网恋有数十老婆"等媚俗的标题不在少数。

3. 低俗化问题

媚俗化问题继续恶化下去不免会走向低俗化。网络新闻的交互性使每个受众都可以就阅读的新闻发表自己的看法，或者在论坛上与其他受众一起讨论交流该话题。但是，这种"交互式"的对话通常是在匿名情况下进行的，这种匿名交互性一方面可以使人不必顾忌地把自己的观点和盘托出，另一方面也可以让人肆意使用"污言秽语"。尤其是在博客、论坛里，有些人利用匿名发言的天然便利，将人性中最肆无忌惮的本性发挥得淋漓尽致：戴着面具骂人，甚至用极其下流的语言侮辱他人的人格。

2006年3月16日，文学评论家白烨发布了《我的告别辞》，而后关闭了自己开了将近半年的博客，而关闭的原因来自"韩寒对我的骂式批评和他的拥戴者对我的跟踪谩骂"。"面对诸如韩寒尤其是他的拥戴者那种非文雅又非理性的恶语，我即便能够容忍，但却不知怎么面对。这样一个一明一暗、一实一虚的交流平台，他们可以随便骂你，而你只能正面应对。这种先天的不平等性，无形中就使得恶毒占了上风。"这样一种明显的情绪化占上风的表达方式借助互联网提供的这样一个平等交流的平台会增势不少。同时，当这些情绪化的发泄有一定的回应者时，会使非理性更加肆无忌惮地扩散。对此，中国人民大学彭兰教授提到："个体参与网络意见表达的动机是多样的，虽然大多数网民参与公共事务的交流是出于积极的、良好的愿望，但是也不排除一些人恶意和非理性的动机。""作为公共话语空间，网络给予网民足够的话语权，但是这并没有顺理成章地带来理性和建设性的交流。由于交流环境的限制，平等的深层次的交流在网络中相对有限。相反，有些时候，非理性观点和情绪会占上风，而它们在网络中的传播也可能如同病毒一样势不可挡。"

思 考 题

1. 梳理国外网络新闻业的发展历程。
2. 梳理中国网络新闻业的发展历程。
3. 网络新闻的优势与劣势各有哪些？
4. 什么是全时传播？

第三章

网络新闻编辑的主体

网络新闻编辑的主体指的是网络新闻编辑活动中的专业人员,他们在编辑活动中,能够自觉地、创造性地运用编辑符号及各种手段,对网络新闻信息进行选择、组合,使之能够与受众见面,并产生应有的传播效果。网络新闻编辑主体正如其他的编辑主体一样,他们的目的规定了编辑活动的内容及方向,所以对编辑主体的研究有利于我们从整体上把握编辑活动以及有目的地开展编辑活动。

本章从网络新闻编辑主体的能力结构、知识结构和法律、道德素养方面来论述,探讨开展编辑活动对编辑主体的要求,主要包括能力结构的完善、知识结构的健全、法律素养的提高以及伦理道德素养的培养等。

第一节 编辑的能力结构

一、编辑的职责

从新闻策划到新闻稿件出世的每个环节都需要编辑的参与。具体到网络新闻编辑,则要求编辑人员精通网络技术,了解传播环境,更重要的是具有新闻敏感性,能够开发原创作品,最大限度地优化、组合新闻信息。

1. 编辑的职责和第一要务

编辑的职责的基本内涵始终是开发(选择)原创作品,加以最大限度地组合、优化,通过一定媒介载体,使之成为可向公众传播的成品。无论是在传统传播媒介的生产过程中,还是与网络融合产生网络版新产品的过程中,这个基本内涵都不会变。

编辑的第一要务则是确定自己所在新闻媒体的编辑方针,并以此对媒体的结构、规模和风格进行定位。接下来便是对各个版面和专栏进行分配和设置,使得媒体的编辑方针和风格能够在各个版面及整体效果上得以体现。

2. 编辑过程

为了履行自己的职责,编辑所进行的活动是有序的,而不是杂乱无章的。它是一种按照客观的文化生产规律而形成的可操作的工作过程,一般被称为编辑过程。该过程包括若干环节,按一定顺序和规范,一环扣一环地相互联系又相互约束,构成一个系统,以完成编辑职责基本内涵规定的各项任务。虽然不同传播媒介的编辑过程不尽相同,但都有其基本的环节,即"编辑六艺":选题、组稿、审稿、加工、发稿、读样[①]。在整个编辑过程中,策划选题和审读编稿(或审查)是最重要的基本环节,前者起到导向、创新的作用,后者则起到把关、优化的关键作用。

(1) 新闻报道选题策划。

这是新闻编辑通过对新闻资源的开发和整合以努力实现最佳传播效果的能动性活动。具体说来,可以分解为以下步骤:

第一,权衡客观存在的新闻事实、读者对新闻信息的需求、媒介进行报道的条件等各方面的因素来做出选题决策;

第二,制订出报道方案,包括新闻报道的范围和重点、新闻报道的规模和进程;

第三,制定出发稿的计划以及新闻报道的方式;

第四,在报道实施过程中接受反馈,并不断修正设计方案直至报道进行完毕。这里提到的反馈具体是指,报道者本人的信息反馈、报道对象的信息反馈、相关部门的信息反馈和读者的信息反馈等。

(2) 编辑审读编稿工作。

编辑们将自己的工作实践进行总结,记下了很多符合生产规律的经验。以编辑加工歌为例:编辑加工,关键过程。首先通读,仔细研究。逐段推敲,精益求精。标题贴切,简洁醒目。摘要精炼,独立完整。

[①] 潘树广:《编辑学》,苏州大学出版社1997年版,第79页。

正文部分,核心内容。数据准确,事例典型。图表合理,与文对应。材料运用,灵活机动。网络新闻编辑应将这些基本要诀和网络新闻的具体特点结合起来,这样才能更好地完成编辑工作。

(3) 版面编辑和校对。

网络新闻编辑要具有较高的文字把握能力和较强的版面编辑处理能力。要善于挑选新闻、整合新闻、设计新闻专题,并根据网络新闻的特点,拟定新闻标题、进行新闻剪裁等。要根据实际情况把握刊登的网络新闻的数量、规模,对刊登后将产生的社会反响要有预见力。

3. 网络新闻对编辑的新要求

随着网络技术的飞速发展,大量的网站不断涌现,报纸、广播、电视等传统媒体与互联网这一"第四媒体"融合,并且各自又不断完善和升华,从而促使了对编辑人员数量的需求增加和对编辑人员的要求的提高(见图 3.1)。

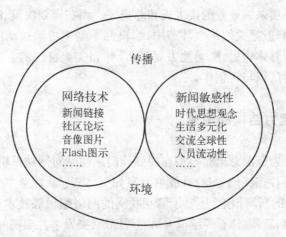

图 3.1 网络新闻对编辑的要求

(1) 精通网络技术。网络编辑不但要具备良好的编辑素质,能够以独到的思维和慧眼,抓取到具有独家新闻价值的信息,同时网络编辑还要有能力选取对增强人们正确认识社会、推动社会进步有较大力度和深度的题材,以受众喜闻乐见的形式加以表现,因此就需要熟悉网络技术的发展并能够熟练应用,并且可以根据网络媒体的特性——容积无穷,链接方便,声音、图片、图像既可以动态,也可以静态等,制作出让读者觉得与传统媒体不同的让人耳目一新的新闻信息。

(2) 新闻敏感性。在当今新经济、高科技的大背景下,人们的生活方式、思想观念、精神状态都在发生巨大的变化,社会生活越来越多元化,新的事物不断出现,人与人之间的交流越来越全球化,人们的流动性也快到以前不可想象的地步。这就对编辑的新闻敏感性和想象力以及社会交往和资源利用的广泛性,提出了更高、更快、更强的要求。对网络编辑来说,对时代的敏感程度要求更高,对时代文化和思想前沿的知识关注要求更多,对综合知识的把握要求更广,如果没有足够量、足够新的知识储备和新闻敏感性,显然在选择新闻、挖掘新闻方面就会陷于被动。

(3)了解具体的传播环境。虽然互联网方便我们在第一时间知道地球的另一端发生的新闻事件,但是任何新闻自由都是相对的,并不是所有发生的新闻事件都会出现在新闻媒体上,互联网上也是如此。这里便涉及新闻与报道禁区和底线,尤其是突发新闻和报道,作为新闻从业人员,特别是新闻信息的把关人编辑对这些禁区和底线更应该心中有数。

编辑在新闻传播活动中发挥着核心作用:从对新闻素材的把握、定位到对各项采编业务的集大成和总把关。而在谋划决策、联系协调、组织调度、修正把关的每个环节中,编辑都不是消极地被动应对,而是积极地进行总体构思,能动地去规划、设计和实施自己的方案,对新闻素材进行再认识与再创作。

二、能力结构的组成

搜狐人力资源总监张雪梅在提到该门户网站对网站编辑的应聘要求时曾说,网站编辑工作的挑战主要有如下体现:从职业本身来说,除了懂得传统的新闻报道,还要了解互联网的网络编辑等技术手段;网络24小时运营,新闻、体育等编辑人员需要倒班,突发事件要随时报道和跟进,比较辛苦;网络新闻是实时的,对人员的判断力、突发事件处理能力等综合素质要求较高;网络新闻互动性较强,经常会有网友跟帖讨论,如何与网友互动,把握媒体的舆论导向,对网站编辑是很大的挑战。这些应聘要求概括出了网络编辑应具备的基本能力(见图3.2)。

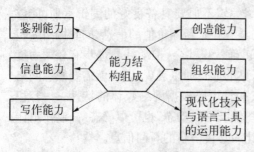

图3.2 网络编辑能力结构的组成

1. 鉴别能力

鉴别能力指新闻编辑迅速、准确地判断新闻事实的报道价值的能力。以 2006 年 9 月 11 日新浪网首页和搜狐网首页的新闻中心重点内容为例，见表 3.1。

表 3.1　2006 年 9 月 11 日新浪网、搜狐网新闻中心内容

网　站	新　闻　标　题
新　浪	质检总局要求 10 月起酒类包装标示警示语 ● 专题：温家宝建议亚欧加强对话应对安全威胁　全文 ● 未成年人思想道德教育　长征 70 周年　文明办网 ● 布什悼念"9·11"遇难者（图）　基地老二号召继续抗美 ● 三部门整治房地产交易秩序　严查恶意炒作及违规 ● 河南公路收费不够还利息　投资热后遗症显现 ● 安徽巢湖四名学生遭刑讯逼供　被连续审问四天四夜 ● 施明德拒绝与民进党谈判　龙应台献玫瑰致意（图） ● 教育部回应教师节改期至孔子诞辰日建议 ● 权威机构最新审核认定博士伦润明为安全品质
搜　狐	八城生活调查　北京虽好但活着不易 ● 长征 70 周年　未成年人道德教育　文明办网 ● 博客　韩寒嘲笑周笔畅的照片太土了　胡兵 ● 亚欧峰会小泉主动向温家宝示好　外电称罕见 ● 郭伯雄强调要从严处理解放军失职渎职干部 ● 青铁豪华列车图亮相　卧房配独立卫生间（图） ● 中国渔网缠住澳间谍潜艇　老兵捅出惊天内幕 ● 台湾倒扁 15 日围城游行　包围阿扁住所　flash ● 香港传奇总警司自杀　系三陪女艳照逼死（图） ● 高学历家庭暴力现象严重　多为冷暴力性暴力 ● 谷垣受困北京买春事件　几乎无望任首相（图） ● 初中生与老师起争执　怀揣遗书跳楼（附遗书） ● 科级干部下流短信骚扰女教师　内容不离性爱 ● 女员工账户显示两月工资 98 亿　余额尚有 11 亿

无论是温家宝、郭伯雄，还是布什、小泉，都是很有分量的政治人物，有关他们的新闻信息读者会非常关注；房产问题、交通问题，则关系到我们每个人的生活，所以大家对此类新闻的关注程度也较高；而家庭暴力、教育冲突等也是牵动着每个社会成员的问题，故点击率也不会很低。可以说，这两个门户网站在对新闻事件进行价值判断和选择性报道中还是比较成功的。

同时，编辑也要能对所选新闻报道的影响力做预见式的推测。在

对新闻报道的社会效果做预见式分析时,要全面考虑稿件内容在政治、经济、军事、法律、文化、道德等各方面的影响,尤其是政治影响。

2. 信息能力

信息能力指新闻编辑主动积极地选择新闻稿件和处理新闻稿件的能力。

(1) 积极选择新闻稿件。认清形势和掌握政策,发现线索、分析问题,这是每个新闻工作者都应具备的素质。而编辑处在一个中介的位置上,所以发现有用信息的素质就更为重要。在报道方向、报道计划、宣传策略、稿件取舍、稿件编排等方面,编辑都要能迅速而准确地发现问题、抓住问题。同时,编辑需要多谋善断,能够及时了解各种社会动向和思想倾向,熟悉政策,一旦遇到有价值的新闻信息,便能触发其敏感神经,根据自己所在媒体的定位和该媒体的受众组成来判断稿件是否适用以及判断稿件意义的大小,进而确定该稿件如何利用。此外,新闻编辑要参考已有的相同或相关选题的报道,根据报道的总量和版面来选择相应的稿件,以期达到信息的"平衡"。

(2) 处理新闻稿件。虽然并不是每篇新闻稿件都是可以用的,但是每篇新闻稿件都是记者辛勤劳动的结果,所以如何充分地利用这些信息,对编辑来说也是不可忽视的一个问题。首先要检查稿件有何缺陷,这不仅是刊发前所必须进行的,同时对记者采写也具有重要意义;其次要能发现稿件的潜在价值,这需要对新闻稿件分类建立一个微型的数据库:可用稿、备用稿、内参稿、线索稿和转交稿等,以便充分发挥每一篇新闻稿件的价值(见图3.3)。

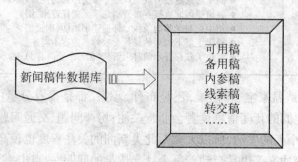

图 3.3　新闻稿件数据库

3. 创造能力

创造能力指的便是新闻编辑突破传统思维、创新编辑业务的能力。

这种求异思维和创新思想应该贯穿于编辑工作的全过程。

2006年3月9日,网易教育开辟了"网易黑板爆",整个栏目充分体现了创新思想。"黑板爆"的宗旨是:"网易'黑板爆'以敏锐的观察力以及对于中国教育的一片热诚,积极号召全国各族人民以及各色人等粉墨登场,在这块小小的黑板上,演绎出我们中国教育的辉煌和骄傲!请关注我们的教育,请关注网易黑板爆!哦耶!我们的口号:网易黑板爆,就是有点搞。"(见图3.4)。

图3.4 "网易黑板爆"

第一期"娱乐明星谈教育,中国教育就是一座断臂山?"出炉之后就因其创意而受到好评,而一周后的第二期"杨振宁再获'诺贝儿教育奖'"则更受关注,并有757条评论紧跟该帖之后。到目前为止,该"黑板爆"已出了12期,每一期都因其想象力、创造力和对现实的把握而赢得大家的好评,也越来越多地受到网民的关注。

以第二期"杨振宁再获'诺贝儿教育奖'"①为例。正如"黑板爆"取"黑板报"的谐音一样,这个版面上会出现许多大家认识而又新鲜的东西,诸如总部位于火星的"诺贝儿奖"、"新花社"、"火星时间4月1

---

① 资料来源:http://education.163.com/special/002910UD/yangzhenning.html。

日电"、"中羊电视台"等,而整个"黑板爆"的排版则是纸质媒体的翻版,整个的报道框架让人就像是在阅读"号外"。但是同时,公众人物在一个虚设的环境中,进行着让人很难分辨真假的活动,给人一种新鲜感,而这种新鲜感又和现实生活很贴近(见图3.5)。

图3.5 "网易黑板爆"第二期"杨振宁再获'诺贝儿教育奖'"

4. 组织能力

(1) 优化组合能力。新闻编辑要对所在媒体进行新闻报道的硬件和软件条件以及人力资源了如指掌,并且了解如何优化组合能使这些资源充分发挥其作用。具体来说,在稿件的选题、内容、体裁、篇幅、版面位置和刊出时间等都确定之后,编辑需要找到合适的新闻工作者来完成这些任务。

(2) 总体协调能力。新闻编辑需要能够让新闻工作者围绕着他选择的新闻报道课题来采写相关的稿件。也就是说,新闻编辑能够根据报道的内容和进程安排来组织采编力量,此时要尽量使不同新闻采写人员的优势达到互补。

(3) 公关能力。编辑还需要有社会活动与交往能力,因为新闻传播活动牵扯的范围极广,它在一定程度上可以看作是一种社会性极强的文化活动,所以编辑必须能扮演社会活动家这个角色:了解所处时代的脉搏,了解社会习惯和文化背景,洞察风土人情,广交各行各业的朋友,为自己正确地把握和进行新闻报道拓宽视野和资源圈。同时编辑还要善于与形形色色的受众进行沟通,不断提高新闻的组织、策划水平。

5. 写作能力

(1) 内容编辑。特稿专栏作家、《写作者的艺术》(The Writer's Art)一书的作者詹姆斯·吉尔帕特里克(James J. Kilpatrick)在 20 世纪 80 年代末的时候曾说过:编辑的工作是神圣的、不可缺少的。而编辑工作便是成天与文字打交道,所以必须加强语言文字修养。通俗地说,便是提高文字表达和运用能力。

(2) 标题拟写。写标题是编辑工作的一部分。标题必须要符合准确、公正、清楚、有冲击力、有内涵、急促可读等要求,要做到这些,没有技巧和驾驭语言的能力是不可能的。同时编辑人员还要注意提高自己的文学修养,因为文字承载的精华体现便是文学作品,通过对这些作品的阅读和吸收,编辑人员在文字表达的时候可能会因为一个词或者一个典故的引用而使得整篇稿件熠熠生辉,进而让读者有一种阅读美感的收获。

6. 现代化技术与语言工具的运用能力

(1) 现代通讯手段的运用。首先,网络新闻编辑要熟练运用电脑和互联网。互联网上的数据库和数不清的网页给编辑提供了丰富的信息和新闻报道的线索,网络上的搜索引擎为编辑证实新闻稿件的真实性提供了方便。其次,随着手机的应用越来越普遍,手机功能越来越智能化,在新闻报道中它扮演的角色也不容忽视,尤其是在突发事件的报道中手机拍摄的第一现场的照片,在战争事件的采写中手机短信的应用等。这对编辑提出了新的要求:编辑要能够将手机上的图片和短信传到网上并对其进行必要的修改。

(2) 语言工具的运用。网络新闻编辑需要懂得一门或几门外语。互联网上的英文网站、法文网站、俄文网站等外文网站的数量非常多,当我们不懂某种语言的时候,可能会丧失很多对我们有用的资源。虽然我们已经努力地对外国的网站信息进行介绍,但是全部翻译过来是不现实的,而如果掌握一门外语或几门外语,便能够直接阅读外文资料,从中找到自己需要的内容。也只有直接接触外国的网页内容,才能在比较中认识到国外优秀新闻媒体在新闻报道中的成功所在,并进行学习和借鉴。

第二节 编辑的知识结构

主体与其所处环境相互作用时所获得的信息便是知识,而它是以一种网络或图示的方式储存在个体内,这便是知识结构。不同的工作对个体知识结构的要求不同,而个体知识结构又具有可塑性,本节根据网络新闻编辑工作自身的特点来分析其知识结构的特殊性。对于网络新闻编辑来说,主要包括以下几个方面。

1. 政治理论知识

网络新闻编辑需要学习马克思主义政治理论,熟悉新闻、宣传的方针、政策,也要做到与时俱进,对于党在不同阶段提出的发展方针和政策要认真地学习和消化,比如"三贴近——贴近实际、贴近生活、贴近群众"、"八荣八耻"等,以便在进行新闻报道的时候,能够抓住社会关注话题,触摸到时代思想跳动的脉搏,积极营造维护稳定改革发展的舆论氛围,为构建和谐社会贡献力量。

2. 广博的知识

网络新闻编辑要做"杂家",首先"杂"在通历史、晓古今,懂文学、明科学上。也就是说,文史哲知识和必不可少的自然科学知识是编辑成为"杂家"要具备的。

(1)要通中外、晓古今。对我们国家和外国的历史,对中外历史上的重大事件,特别是对中国历史发生过影响的重大事件、重要人物,要有一个基本的了解,这样可以在编辑过程中增强报道的知识性和趣味性。

(2)注重文学修养。中国可以称得上是一个文学的国度,在中国历史上,文学与社会科学的其他学科都结伴而行,难解难分。从诸子百家到司马迁、班固、朱熹等人,他们的文章都极富文采,具有很高的文学价值。实践表明,没有文采的东西,难以永久地流传。一个没有文采的编辑,很难选出真正能吸引读者的上乘稿子,也很难对稿件进行确切精当的加工,所以编辑不能因为业务繁忙就忽视了文学修养的培养和文学知识的积累。

(3) 学习哲学知识。哲学研究的对象领域都是远离经验的,抽象度高,具有形而上的特性。在哲学研究中人们运用概念和逻辑进行理论推理,这便使人们的理论思维能力日益提高。学习哲学,正是要学习这种集人类知识与智慧之精华的理论思维能力,这种能力有助于编辑在工作中充分利用并合理安排已有资源,对提高工作效率大有裨益。

(4) 涉猎相关学科知识。与网络新闻编辑工作密切相关的一些新兴学科,如信息科学、思维科学、系统工程理论、现代管理科学等,编辑更应有所了解,并且尽可能地在工作中充分利用这些新兴学科的成果,以达到事半功倍的效果。

3. 精深的专业知识

所谓专,应包括两个方面:一是要求编辑人员要学有所长,专于某一门学科;二是对编辑工作有专业的把握。

(1) 编辑人员要专于某一学科领域的知识。按照编辑内容的专业划分,可以分为政治新闻编辑、经济新闻编辑、文教新闻编辑、科技新闻编辑、国际新闻编辑等,各编辑应对自己所负责的专业领域有系统的把握和研究。例如,军事新闻编辑应努力学习军事专业知识,对部队政治工作、军事工作、后勤工作、军事人物、军事思想、世界军事动向等,都要了然于胸。

(2) 编辑人员要专于编辑学,专于出版学。扎实的编辑业务知识是编辑知识结构的核心,包括编辑学基础理论知识和编辑业务技能知识。编辑人员既要研究编辑工作、出版工作的具体实践,也要研究编辑、出版理论,将编辑、出版工作实践的经验加以理论性的概括、升华,同时以科学的编辑学、出版学理论指导、发展编辑出版工作。

4. 编辑知识结构的形成

编辑人员的知识结构总的来说应是博与专的有机结合,即既专又博。阙道隆等在《书籍编辑学概论》中将这种结构形象地比作T形知识结构,T的一横代表横通,即博学;T的一竖代表纵深,即专而精。其最基本的是对专业知识方面的素质要求,但是与此同时,知识结构的搭建必须建立在广博的基础上,编辑人员要注意在专业知识中糅入政治、经济、时事、文化等各类知识,使知识活化、融会并互相衔接。

如何形成编辑的知识结构？简要说来，编辑要博闻强记、要多问、要多思，要时刻保持一颗好奇心。除了具有基本的理论修养、扎实的专业训练、开阔的知识视野之外，编辑还应具有良好的思维习惯、广泛的阅读兴趣和科学的学习方法，注意培养开阔敏锐的思路，善于捕捉新颖、闪光的思想和论点，并使之与自己的日常工作有机融合。

第三节 编辑的法律、道德素养

随着我国法制体系的不断健全，人们利用法律来保护自己合法权益的意识不断增强，作为影响力和覆盖率很高的大众传媒的工作人员，更需要学习和了解法律知识，以便更好地保护大众和自己的合法权益。下面从基础的权利和义务谈起，并对编辑和新闻侵权做具体分析。法律和自律是一对矛盾的命题，分析社会活动时通常将两者放在一起，对网络新闻编辑来说也是如此，仅具有法律素养是不够的，还需要加强自身的道德素养。

一、编辑的权利和义务

编辑在从事新闻信息服务时，应当遵守宪法、法律和法规，坚持正确的舆论导向，维护国家利益和公共利益。国家鼓励互联网新闻信息服务单位传播有益于提高民族素质、推动经济发展、促进社会进步的健康、文明的新闻信息[①]，为繁荣社会主义建设、提高中华民族的科学文化水平贡献力量。

1. 编辑的权利

编辑有权利制定编辑方针、报道方向，有权利组稿、编稿、配发评论。在组稿的时候，编辑有权利选择稿件，哪篇稿件可以用，哪篇稿件可以不用；在编稿的时候，编辑有权利合理地对稿件做内容上的修改和调整；编辑有权利在稿件的开头添加"编者按"和必要的评论，以及制定和修改稿件题目。

---

① 参见《互联网新闻信息服务管理规定》，http://www.dyzw.gov.cn/200509.htm。

2. 编辑的义务

(1) 秉公办事,遵纪守法。网络新闻编辑要认真学习《互联网新闻信息服务管理规定》,严格按照规定办事。在登载、发送新闻信息或者提供时政类电子公告时,不得含有下列内容:

(一)违反宪法确定的基本原则的;(二)危害国家安全,泄露国家秘密,颠覆国家政权,破坏国家统一的;(三)损害国家荣誉和利益的;(四)煽动民族仇恨、民族歧视,破坏民族团结的;(五)破坏国家宗教政策,宣扬邪教和封建迷信的;(六)散布谣言,扰乱社会秩序,破坏社会稳定的;(七)散布淫秽、色情、赌博、暴力、恐怖或者教唆犯罪的;(八)侮辱或者诽谤他人,侵害他人合法权益的;(九)煽动非法集会、结社、游行、示威、聚众扰乱社会秩序的;(十)以非法民间组织名义活动的;(十一)含有法律、行政法规禁止的其他内容的。自觉遵守国家有关保密工作的规定,决不为了"抢新闻"、"抢头条"和追求"轰动效应"而泄露国家机密。

(2) 实事求是。编辑要确保稿件的科学性和真实性,报实情,讲真话。有的稿件是通过某种渠道从上面压下来的,有的是本部门炮制的,有的是作者杜撰的,这些都要坚决抵制。不搞"人情稿"、"关系稿",不搞"以稿谋私",不搞"有偿新闻"之类违反国家新闻出版法规的事[①]。对于自己工作中出现的差错,一经发现,立即改正,不文过饰非,这也是实事求是的表现。同时还要一视同仁,编辑在选稿的时候不应根据稿件作者的名气大小或权力大小办事,而应根据稿件质量和选题计划的需要办事。任何名记者都不是与生俱来的,编辑有责任在编辑稿件的时候发现和培养人才。

(3) 坚守专业理念。真实、全面、客观、公正是新闻专业理念对新闻报道提出的基本要求,任何新技术和写作技巧的运用都是为了更好地达到这个基本的要求。

● 真实、全面地报道

网络新闻编辑面对的是在网络上纷繁复杂的新闻消息来源和一些新闻转载稿件,如何达到真实,除了做到上面提到的不搞"人情稿"、

[①] 潘树广:《编辑学》,苏州大学出版社1997年版,第26页。

"关系稿"之外,还要对稿件多元求证,证明该稿件的真实性,对新闻的五要素都核实清楚,使该新闻报道能够揭示事实的真相。

此外,编辑必须清楚一点,每个事实都是由许多要素构成的,都有来龙去脉,所以编辑在组织同一主题的新闻报道时,要照顾到报道的全面性。只有完整的报道读者才能明白,才能不被误导。

● 客观、公正地报道

客观事物总是复杂的,为了避免记者因主观意识而有意无意地在选择、表现事实时歪曲真相,或因时间所限而有所疏漏,编辑要尽量在自己掌握的稿件中合理地选择出多种不同的甚至是相反的解释,使它们相互印证、相互补充、相互纠正,这样既遵循了平衡、公正原则,也尊重了公众的表达权和知情权。只要是在法律允许的范围内,应该允许有不同见解甚至相反意见或者错误意见公开表达。对于记者和编辑来说,"我可以不同意你的意见,但我不能剥夺你公开发表意见的权利"。

新闻专业理念中的"公正",除了指公开表达意见之外,还包括公开更正新闻报道中的错误或失实之处,就像美国在1923年《新闻规约》第六条"公正"条款中所规定的:报纸对自己严重的事实错误或意见错误,不管来源如何,应作迅速完全的改正。这是它的特权,也是它的责任。网络媒体尤其要注意这一点。虽然许多网络媒体都有免责声明,但这不能完全保证它们没有任何责任。

二、编辑与新闻侵权

大众传媒在信息传播中以其覆盖面广、影响力大等来博取优势,而另一方面,正是这些特点会放大传媒在信息传播时的失误,进而造成很大的负面影响,新闻侵权便是如此。在新闻报道中,由于主客观的原因,往往会造成失实的报道,进而对报道对象造成错误的评价等。此外,新闻报道不可避免地会涉及他人的生活甚至是隐私,一旦超出一定的范围,便会给报道对象带来巨大的压力,甚至会使其遭受巨大的经济损失。

1. 新闻侵权定义

法律上对侵权行为通常是这样界定的:行为人由于过错侵害他人的财产和人身,依法应承担民事责任的行为,以及依法律特别规定应承担民事责任的其他损害行为。新闻侵权指的便是新闻单位、自然人或者其他法人在以大众传播媒介的方式传播信息的过程中,因过错侵害他人的合法权利,依法应承担民事责任的行为①。随着网络的发展,网络新闻侵权案件屡见不鲜,作为大众传媒信息传播把关人的编辑要尽量避免新闻侵权,所以有必要了解新闻侵权的案例,并引以为戒。

2. 新闻侵权案例

网络新闻侵权主要表现为侵犯名誉权、隐私权、著作权等方面,下面结合近几年的事例予以说明。

(1) 侵犯名誉权。

在现实生活中,每个公民或者法人组织都享有名誉权,即享有对自己人格的社会评价不受他人干涉的权利。名誉权保护的是独立社会个体的人格尊严,保护其在社会生活中应受到公正评价和对待。下面是一起转载失实新闻导致的名誉侵权案②。文章《去年状告汽车春运票价上涨的律师因违法进看守所》曾于2002年2月初在人民网上刊登。

新浪网持有北京市通信管理局核发的《电信与信息服务业务经营许可证》,是有权从事登载新闻业务的综合性互联网站,新浪转载新闻的行为是完全合法的行为。所以根据合作伙伴人民网所提供的信息,新浪网于2002年2月9日转载刊登了上文。文章以"借款不还,名律师做了被告"、"判决不履行,名律师成了被执行人"、"股权汇款房子,名律师申报全都造假"等为小标题,对李劲松"违法进看守所"的过程进行了详细描述。李劲松看到这篇报道后,认为该报道有13条与事实不符,于是愤然起诉,要求新浪互联公司在新浪网首页登文消除影响、恢复名誉、赔礼道歉,并一次性赔偿精神损害抚慰金5万元。

受理该案的海淀区法院法官马军认为,互联网影响范围广泛、传播速度快捷,信息发布要客观、真实,评论要适当、公正。如果对民事主体的报道建立在失实的基础上,则可能构成对民事主体名誉权的侵犯。正是基于上述法律规范和媒体所负有的特定注意义务,互联网对其发布信息内容的真实性负有核实的义务,在诉讼中则负有证明信息内容真实的举证责任。而新浪互联公司提出其系转载行为,并不能排除自

---

① 王利明:《新闻侵权法律辞典》,吉林人民出版社1994年版,第257页。
② 资料来源:http://www.jcrb.com/n1/jcrb99/ca57038.htm。

己的责任。

法人是现代社会的重要组织。根据我国《民法通则》规定,法人与自然人一样,依法享有名称权、名誉权和商誉权,如果新闻在报道法人时,未经许可擅自使用法人名称或损害了法人良好的信誉,即构成新闻侵权,应承担法律责任。下面便是一例网站发布的信息影响了法人形象和信誉的案件[①]。

2002年9月,苏州蓝天科技公司的董事长王爱民来到苏州开办了公司,半年后,公司业务量突然直线下滑。一位客户提醒王爱民:搜狐网站上有一则关于蓝天公司的负面信息。他上网一查,果然在搜狐的商务平台"搜狐黄页"上,发现了一则题为"揭穿骗子集团蓝天科技丑恶嘴脸"的信息,声称苏州蓝天科技是苏州最大的一家骗子集团,并称蓝天业务经理徐芹等人到沭阳县新河镇以跑业务之名行骗。这则消息自2003年6月22日发布,已经在搜狐网站上保留了8个多月。

王爱民认为该文捏造和歪曲事实,恶意丑化公司形象,并在社会上造成了严重的不良影响,侵犯了原告的名誉权,也跟公司业务量的下滑有直接关系,于是,在和搜狐公司沟通未果的情况下,王爱民把搜狐公司告上了法院。判决认定搜狐网公司在"商机"栏目(注:一种电子公告性质的服务)刊登"骗子公司"一文的行为,构成了对苏州蓝天科技公司商业信誉的侵权,并未尽到法定的信息审查和保存相应记录的义务,应当承担法律责任。一审法院认为,"骗子集团"一文的标题带有明显的批评导向,内容极有可能属于《互联网信息管理办法》禁止发布的信息,搜狐却未进行必要的控制传播措施,未履行审慎的注意义务,也未履行法定的监管义务,故判决被告在搜狐网"商机"栏目的首页刊登声明,向原告公开赔礼道歉,并赔偿损失5万元。

由这两个案例可以看出,在网络传播中,网络媒体对每个公民或者法人组织都享有的名誉权负有特定的注意义务,并对其发布的涉及道德品质、能力和其他品质评价的信息内容的真实性负有核实的义务。

---

① 资料来源:http://www.flzixun.com/xs/jingdian/11.html。

(2) 侵犯隐私权。

尽管隐私权至今没有一个统一的定义,但从众多的研究成果中不难看出,隐私权的基本内容应包括以下三个方面:个人生活安宁不受侵扰的权利;私人信息保密不被公开的权利;个人私事自由决定的权利。随着人类文明程度的提高,人们要求支配的私有空间日益扩大,从而自觉不自觉地意识到应尊重他人的私生活方式,维护自己的私人生活秘密不受侵犯。尤其是在电子、通讯和网络技术迅猛发展的现代社会,公民私人生活面临的威胁与侵害变得愈加严重,人们迫切需要运用法律的手段保护公民的隐私权。

在当下这个读图时代,许多网站都努力地用图片来提高点击率,很多网络编辑都会或多或少地从摄影论坛等网站转载一些图片,这便对公民的隐私权造成一定的有意无意的侵害,下面便是这样一则案例①。

上海《青年报》曾报道过"城市走光"照片。在夏日炎炎之时,走在熙熙攘攘的街头,很多女孩没有防备周遭不善的眼睛。一位女孩俯身在买东西,她怎么也没想到,在另一个角落里,有一架相机将她走光的瞬间悄悄偷拍了下来。站在天桥上一阵风吹来,在超市弯腰去拿货架底层的巧克力,从商场的旋转楼梯走下来时被扶梯勾住了裙子……这些让女孩脸红尴尬的瞬间,偏偏被角落里的数码相机偷拍下来,并且这些走光照片频频出现在网络上,有的照片零星地出现在 BBS 上,有的照片则以邮件群发形式一传十、十传百。

上海市律师协会副会长吕红兵律师说,这样的照片在网络上公布,无疑对主体产生极为不良的影响,侵犯了主体的肖像权。吕红兵提出一个"不特定多数人"的概念,摄影爱好者在街头捕捉景象,做成照片,可以在家里欣赏,可以私下和其他摄影爱好者个别交流,这都无可非议;可一旦把照片搬到网上就另当别论。因为网络面对的是"不特定多数人",既然是不确定的公众,就可能在客观上对主体造成不利影响,哪怕不是故意的。在这样的状况下,被拍摄者同样有权要求撤像、道歉,造成严重后果的可要求赔偿。"当然其中涉及一个群像和个体图像的概念",吕红兵补充说,"但凡突出个人形象的,必须征得个人同意;而群像则不在此范围之内"。

---

① 资料来源:http://www.hnol.net/content/2003-07/18/content_2059568.html。

(3) 侵犯著作权。

在我国,"著作权"与"版权"为同一法律概念,它指作者依法对自己在文学、艺术、自然科学、社会科学和工程技术领域创作的作品所享有的专有权利。这种权利是通过国家法律予以强制保护的专有权利,其最大特点就是只有它的所有人可以使用其财产或决定财产的使用方式,而其他任何人未经他的许可不得使用其财产,否则就是违法行为,应依法制裁。对著作权的侵犯在网络上是屡见不鲜的事,作为编辑更要注意这一点。

2001年11月8日,e龙公司诉搜狐公司侵犯著作权一案在京终审审结。从1999年8月开始,e龙公司即组织人员对上海、成都、杭州等城市的饭店、咖啡店和酒吧的有关情况进行了调查,将得到的资料编辑整理登载于网上。后发现搜狐公司的网站上出现了与e龙公司网站内容相同的网页,于是请求法院判令被告停止侵权,公开道歉及对此进行经济赔偿。原告艺龙(即e龙——新浪科注)网信息技术(北京)有限公司的网页内容具有独创性,受著作权法保护,而被告搜狐公司称该网页内容是由其自行收集完成的证据不足。北京市第一中级人民法院认定,搜狐网上所登载的6万余字的文字作品和6张照片属侵权内容。为此,法院判定搜狐公司向e龙赔款6 000元人民币,并连续10天全天24小时在其网站主页上刊登致歉声明①。

三、编辑的伦理道德素养

曾经有学者把"生态环境"概念引入编辑出版行为中,指出不道德的编辑行为、不注重"生态效益"的出版行为,将严重污染人类生存的精神环境,而精神环境被污染的后果比自然环境污染更严重,影响更久远②。所以,不能忽视编辑伦理道德素养的培养。

1. 伦理道德素养的体现

新闻伦理道德即"由新闻界制定的或者由新闻主管机关颁布并为

---

① 资料来源:http://www.people.com.cn/GB/paper 447/4680/515350.html。
② 杨伦增:《论伦理道德在出版业发展中的作用》,载《编辑学报》2002年第5期,第332页。

新闻界所认同的新闻从业人员必须奉行的新闻伦理道德原则、新闻伦理道德规范和新闻传播行为准则"[1]。新闻伦理道德主要是通过新闻自律表现出来的,自律是新闻伦理中的核心和关键问题,通常是建立一定的自律组织和制定自律原则。在西方新闻界影响最为广泛、最为深远的是美国新闻道德伦理的原则规范,而美国新闻团体指定的伦理道德准则中最著名的是美国报纸主编协会在1923年首届年会上通过的《新闻规约》(Canons of Journalism),主要执笔人是《纽约环球报》的创办人 H·J·赖特,其主要内容有:责任、新闻自由、独立性、诚信、公正无私、公平对待各方、作风正派等[2]。其他国家新闻团体的新闻伦理道德方面的准则也多是对自由与责任、正确与公正、独立与宽容、尊重人权等方面的规定。

我国的新闻伦理道德借鉴了西方伦理道德思想中的合理因素,同时吸收了马克思、恩格斯朴素的新闻伦理道德思想,还有很重要的一部分便是我国古代社会的道德伦理思想中蕴含的新闻伦理道德思想,即诚、信、实、公等。细分起来可以概括为五个方面:第一,新闻工作者应具有坚定的政治立场;第二,为广大人民群众的利益服务,乃是新闻伦理道德规范的核心;第三,尊重事实、维护新闻真实性是新闻工作者起码的职业道德;第四,新闻工作者应具有高尚的情操和健康的思想品德,报刊要注意思想性;第五,保持廉洁自律的记者形象,反对新闻报道受金钱的奴役和左右[3]。

2. 伦理道德素养的培养

(1) 网络新闻编辑要注意对新闻当事人的影响。《迈阿密先驱报》前总编大卫·劳伦斯(David Laurence)曾说,"我认为每个记者或编辑都应当设身处地,把自己视为报道中的当事人"。这里牵扯到的更多的是对犯罪当事人或者受害人的报道,不能因为个人的好恶或正义感而对某人行为进行媒体判定,进而影响到大众对该当事人的舆论态度。如美国记者工会在1934年制定的《记者道德律》中明确地提到,新闻记者报道犯罪新闻时,对于有犯罪嫌疑的人,在法庭判决其有罪之前,只能当他无罪看待[4]。对犯罪消息应避免详细报道。唯有涉及公

---

[1] 潘青山:《中西新闻伦理道德比较》,载《声屏世界》2003年第10期,第52页。
[2] 蓝鸿文:《新闻伦理学简明教程》,中国人民大学出版社2001年版,第250—251页。
[3] 雷跃捷:《新闻理论》,北京广播学院出版社1997年版,第211—214页。
[4] 蓝鸿文:《新闻伦理学简明教程》,中国人民大学出版社2001年版,第252页。

共安全或其他特殊情况下,对强暴妇女新闻始得报道,但仍须注意保护受害者。除非有特殊重要性,或与重大犯罪案件有关,不报道自杀或企图自杀的新闻。法院未判决前,最好不刊登嫌疑犯的姓名。同时对于少年犯罪也不刊登姓名,少年犯罪新闻也不应刊登照片。对嫌疑犯的调查报告,最多限于摘要。如与案情无关,在新闻标题写作上,不强调嫌疑犯或被判罪者的种族、国籍、职责、政治主张和宗教信仰[①]。

(2) 编辑应该注意新闻报道对当事人相关人员的影响。如新闻报道对事件牵扯人员、当事人的亲人、家属等的影响。

(3) 编辑应该注意新闻报道对整个社会风气的影响。这里强调的是对"良风宜俗"和"伤风败俗"新闻报道的均衡。只对"良风宜俗"现象进行报道,看不到社会上存在的"伤风败俗"现象,对我们社会的发展不会起到任何鞭策作用;反之,只有负面报道则会让人们生活中增加很多的精神压力,以至于使人们丧失对社会关系和社会风气发展的信心。

(4) 编辑应该注意社会伦理道德观的变化。编辑在培养和提升自己的伦理道德素养时要注意到,社会伦理道德观本身不是一成不变的,"它不是超历史的,具有历史性;它不是超地域的,具有地域性;它不是超民族的,具有民族性;它不是超阶级的,具有阶级性"[②]。在现实中,因互联网不受地域的制约而形成全球性互联之势,信息的流通逐渐打破了国家和地区界限的影响,人们不再受时间、空间、种族、肤色的限制而自由交往,进而使信息资源成为一种超地域、超民族等共享的资源。但在一定程度上,各信息所承载的人们之间不同的思想观念、价值取向、宗教信仰、风俗习惯和生活方式等会产生一定的冲撞和融合,进而对伦理道德也会产生一定的冲击。这就对编辑人员提出更高的要求,对现实社会中各种各样的社会伦理道德观要具有鉴别能力,"不搞全盘'西化',也不搞全盘'中化',坚持'洋为中用'、'古为今用'的方针,对一切健康、积极向上的东西兼收并蓄"[③]。

本章从新闻报道策划、审读编稿、版面编辑、校对等编辑的职责和具体工作事务入手,进而探讨其对编辑能力结构的要求。同时也对编辑主体知识结构的优化组合提供了依据,编辑主体的知识结构既要包

---

① 蓝鸿文:《新闻伦理学简明教程》,中国人民大学出版社 2001 年版,第 254 页。
② 浦星光:《社会伦理道德观的多重性》,载《科学社会主义》2005 年第 5 期,第 52 页。
③ 同上文。

括政治理论知识,又要有广博的相关知识和精深的专业知识。而编辑活动的开展离不开整个社会生活大环境,编辑活动在传播新闻信息的同时,也影响和改变着人们的生活,所以编辑还要特别注意法律意识和道德素养的提高。编辑主体要明了自己的权利和义务,在新闻策划报道中特别注意不要侵犯报道对象的名誉权、隐私权、著作权等。与此同时,伦理道德素养的培养对编辑主体也很重要。

思 考 题

1. 网络新闻对编辑提出了哪些新要求?
2. 网络编辑应该具备哪些基本能力?
3. 简要分析网络新闻编辑应该具备的知识结构。
4. 编辑有哪些权利和义务?
5. 网络新闻编辑应该如何培养道德素养?

第四章

网络新闻编辑的客体

网络新闻编辑的客体指网络传播中承载信息的载体,也是编辑进行选择与加工的对象。网络新闻稿件是网络新闻编辑的主要形式,网络的开放性特征使得在网络中传播信息不再是专职传播者的特权,每个网民都可以参与到网络新闻传播中,网络信息来源呈现出多样化的趋势。网络编辑在对新闻稿件进行选择加工时,要对稿件的新闻价值和社会价值进行判断,传播受众需要的信息。此外,网络新闻专题、网络新闻评论、网络新闻论坛,这些既是网络编辑的客体,也是受众参与到网络传播中的方式。网络新闻编辑的客体体现了网络传播的快捷性、交互性、多媒体和整合性等特征,因此,网络新闻编辑在对客体进行加工时,要综合考虑网络传播的特征。

第一节 网络新闻稿件

在网站提供的各项服务中,浏览新闻是网民的首选,占网民使用服务总数的66.3%,其次为搜索引擎、收发邮件和论坛、BBS与讨论组,可见新闻信息的传播与交流仍然是网络首要的功能。新闻信息是新闻网站的主要组成部分,新闻网站的新闻质量是衡量这个网站优劣的重要指标。在信息竞争激烈的今天,网络新闻是否能够吸引网民成为网站成败的关键,所以网络新闻稿件的选择和发布对网站有至关重要的作用。网络新闻稿件的来源、新闻价值判断标准、选择程序与传统媒体既有共性,又有其独到之处。

一、网络新闻稿件的来源

信源的情况对信息的接收者具有重要意义,它关系到信息的可信度、权威性问题,一般来说,网民更容易信赖那些来自权威信源的信息。网络的开放性使得各种各样的信息都可以进入,信息来源比较混杂,呈多样化趋势,网民受到时间和固有观念的限制,他们只会去选择那些自己认为真实或者准确的信息去接受。稿件的来源也是信息发布者进行自我定位的一个重要因素,网站的信息是原创的还是对其他媒体信息的整合,新闻稿件的来源是权威媒体还是一般性的媒体,这些都可以成为网站体现其品牌和竞争力的重要因素,因此,稿源对网站和网民而言有重要的意义。网络新闻稿件的来源包括以下几种。

1. 职业新闻工作者的稿件

在目前的社会发展状况下,职业新闻传播从业者的稿件仍是新闻稿件的主要来源,其稿件具有形式专业、来源可靠等优点。这其中,网络媒体采用比较多的是传统媒体的稿件和通讯社的稿件。现在很多新闻网站都依附于传统媒体,如中青在线、CCTV 网站、人民网等,这类稿件真实性比较高,容易得到网民的信任。许多商业网站也采用了传统媒体的稿件来报道新闻事实,需要注意的是,这类新闻报道本来是为传统媒体采写的,网络媒体在转载时,要对稿件进行一定的选择与修改,并注明报道来源。通讯社也是网络新闻稿件的一个重要来源,通讯社的稿件有速度快、内容针对性强、可信度高等特点。现在许多依附于传统媒体的网络媒体具有采编权,网站也可以派出自己的记者对新闻进行采访,独立撰写新闻稿件。

2. 网站的约稿

许多新闻网站有自己固定的自由撰稿人,一般是专家学者或者对某一个领域比较熟悉的人,当有重大新闻事件发生时,自由撰稿人的稿件能及时地出现在网站上。自由撰稿人的稿件对事件的分析一般比较透彻,因此能帮助网站赢得比较高的点击率。

3. 网民的稿件

网民的稿件分为两种情况:一种是团体或者个人采写的稿件及其他形式的来稿,如网民通过电子邮件发来的稿件,这类稿件的针对性强、时效性较强、语言比较通俗易懂,但是编辑在采用这种稿件时要对它的真实性进行核实;网民稿件的另一种形式就是网民在论坛、BBS、新闻组及个人博客等地方发表的稿件。网络新闻编辑可以通过网民发表的信息发现新闻线索,进行进一步的整理挖掘,或者对网民的文章进行整理,形成新闻稿件。

4. 网站的"粘贴"稿件

网站的"粘贴"稿件是指网络新闻编辑通过搜索引擎,在其他网站搜索到适合自己传播的稿件,通过"粘贴"等方式,在自己的网站上进行传播。编辑在传播这一类信息时要注意注明稿件的来源。

以上四种情况是网站稿件来源的主要形式,网络编辑在选择稿件时既要注意到对新闻真实性的把握,又要重视网民意见的表达,在选稿的过程中采用多种稿源的信息。

二、网络新闻稿件的新闻价值

新闻价值是用来判断新闻意义的重要标准。网络新闻稿件来源的多样性,使得它的稿件呈现出丰富性的特征,但是编辑并不能把所有的稿件都在网站上传播,新闻稿件能否被编辑采用,主要取决于其新闻价值的大小。一般而言,网络新闻稿件既要符合传统新闻价值的评价标准,也要符合网络新闻所特有的标准。网络新闻编辑判断一篇新闻稿件的价值大小应从以下几个方面入手。

1. 真实性

真实是新闻的生命,不论是传统媒体还是网络媒体,都必须遵循新闻的真实性标准。网络传播的全球性、快捷性、匿名性对真实性提出了更高的要求,不真实新闻的传播可能会造成严重的后果。从2003年的盖茨被杀事件到2005年的高露洁事件,网络假新闻的传播严重影响了网络媒体的公信力。网络全时性的写作特征,使得新闻发生与传播所间隔的时间非常短,信息传播加速的同时也使编辑几乎没有时间来核对新闻的真实性。网络新闻编辑在采用稿件时一定要高度重视新闻的真实性,对新闻进行严格把关。

2. 新鲜性

一则新鲜的新闻才能吸引受众,有价值的新闻事件体现在时间新鲜和事件新鲜上。在时间方面,及时性的价值观已经走向"全时性"的价值观。新闻事件的发生与报道时间的同步性已经成为网民的要求,现在中国各大网站在对可预测的重大事件的报道中,已经实现了同步的图文直播,网民可以从网上看到事件最新的发展。例如在重大体育赛事中,网民可以从网上直播看到最新赛况,真正做到了新闻的同步性。在不可预测的新闻事件中,网站的反应速度也越来越快,为网民及时了解信息提供了便利。网络新闻在追求新闻及时性的同时,也要追求事件的新鲜性,每天看到相类似的报道很难激起受众的兴趣,对性质新鲜的事件进行报道才能激起网民的好奇心。

3. 亲近性

在网络时代,网络的传播特性使新闻的亲近性成为可能。(1)网络上个性化的阅读,使新闻与受众心理的亲近性得到前所未有的增强。(2)新闻链接和搜索功能增强,网民可以很容易找到与自己的心理距离和物理距离相接近或者是相同的信息。(3)网民在 BBS、新闻组和博客等形式中,可以自由地参与到自己感兴趣的项目中,实现了心理上的亲近性。2006 年 7 月,门户网站新浪推出了新浪博客 3.0 业务,网友可以自建博客圈子,如 80 年代生人等,也可以在博客文章分类排行榜与博客搜索中找到与自己兴趣相近的题目,与其他人交流。因此,新闻编辑在对新闻稿件进行选择和处理时,要针对不同受众的心理和趣味,编辑不同的新闻。

4. 趣味性

由于网络的普及和大众生活节奏的加快,人们在信息中寻求娱乐、放松思想的要求也逐步增强,新闻的趣味性日益受到人们的重视。趣味性较强的软新闻、文体明星的生活问题等都得到了很高的点击率,下面的例子是从 2006 年 7 月 29 日新浪网的社会新闻截取出来的一部分,由此可以看出网络新闻趣味性的增强(见图 4.1)。

网络新闻趣味性的增强在某种程度上满足了受众的要求,但是趣味性并不意味着低俗性。很多网站为了单纯地追求点击率,刊登一些低级的,甚至是黄色的新闻图片在网上,破坏了网络环境,不利于网络的健康成长。2006 年 4 月,千龙网等北京地区 14 家网站向全国互联网界发出《文明办网倡议书》,倡导建立健康、文明的网络,得到了全国的响应。网络新闻编辑在刊登趣味性新闻时,一定要把握好尺度。

- 外地女子公共绿地产下婴儿（14：52）
- 车牌拍出 166 万天价（12：27）
- 斑点狗一胎产下 13 只纯黑色拉布拉多狗宝宝（12：27）
- 自来水管道爆裂　600 米路面变黄河（组图）（06：36）
- 男子在家中被百米外飞来铁块砸断腿骨（05：40）
- 男婴心脏长体外续：从肚脐上搬进腹腔（组图）（03：42）
- 呼和浩特奶牛选美大赛选出青城第一牛（组图）（03：01）
- 男子牵狗占两个座位　女售票员劝阻遭拳脚相加（01：53）
- 两名男子骑摩托车撞上飞机（图）（06：54）
- 村民携狗同时被雷击中奇迹生还（05：17）
- 包头少女身长 20 斤巨瘤（图）（12：02）
- 四岁女孩经常抚摸私处　母亲担心其性早熟（10：28）
- 组图：六岁儿童少林拜师　三小时做一万俯卧撑（10：23）

图 4.1　新浪网社会新闻

5. 显著性

新闻报道客体在社会上产生的影响力越大，新闻价值越大。由于网络传播的全球性和快捷性，现实生活中名人的信息更多地在网络中传播，受众对关于名人和著名机构等的信息比较关注，这类新闻也容易获得较高的点击率。

6. 实用性

网民越来越重视信息的实用性。比如网络上的股市行情信息可以帮助人们投资，计算机动态可以帮助人们了解最新的计算机硬件和软件知识，女性频道的新闻可以帮助女性了解最新的流行趋势。人们通过网络获得日常生活的有用信息，在这个层面上，新闻成为个人化的、被需要的、有用的信息，网络新闻呈现出泛信息化的趋向。

三、网络新闻稿件的选择程序

网络新闻稿件的来源是多元的，每时每刻都有信息不断地涌入，因此编辑对网络新闻稿件的选择是一个动态的过程。网络新闻稿件的选择与传统媒体是不同的，传统媒体选择稿件的路径是编辑——责任编辑——总编的垂直式选择，网络新闻编辑对稿件的选择是立体式的。网络传播的时效性使得信息不可能像传统媒体那样经过重重把关，网络新闻编辑在对稿件进行选择和修改之后，就会直接上传到页面上。

网络新闻编辑对稿件的选择有以下几道程序：

1. 粗选

粗选是编辑根据稿件的新闻标准、社会标准、网站自身的标准及法律、道德标准等对稿件进行初步选择的过程。在这个程序中，编辑对稿件的选择是很粗糙的。

2. 精选

精选是编辑选择稿件的关键，是对稿件进行较为精细的选择的过程。在这一选择过程中，编辑的重点是对每一篇稿件的新闻价值进行判断。此外，编辑还要对稿件的表达方式进行选择，因为网络新闻稿件并非全部来自专业传播者，而且传统媒体的稿件并不一定适合在网络中传播。在进行选择的过程中，编辑还要决定新闻上传的位置，是把它放在新闻的首页还是放在内页，哪一篇新闻作为头条等。一般的新闻稿件经过精选就可以直接上网了。

3. 更新

网站的新闻如果在一段时间内得不到更新，就容易让受众产生厌烦心理，而且随着信息量不断地增加，如果不对信息进行删减和重组，积累到一定程度也会造成信息的庞杂和失控。编辑要在尽量短的时间内对新闻信息进行更新，尤其是首页新闻。网络新闻即时性的特点使得一些虚假或者错误的新闻出现在网上，及时地更新新闻信息可以避免让更多网民看到，实现了对新闻的再一次筛选。

第二节 网络新闻专题

单一的新闻消息并不能满足受众的新闻需求，受众希望对新闻信息的前因后果有更深入的了解，传统媒体采用深度报道、新闻专题报道等形式来满足受众在这方面的需求，网络媒体中则出现了网络新闻专题这一形式。网络传播的全时化、非地域性等特点使得每当有重大事件发生时，受众可以很快通过浏览网上的最新消息、一句话新闻等了解最新动态，但这些消息的零碎化、瞬时化不能保证人们对事件有整体的把握，网络新闻专题充分发挥了网络超链接的形式，弥补了这一缺点。1999年网络新闻专题开始出现在各大新闻网站上，之后很多网站都采用了这种形式,目前网络新闻报道已经出现了专题化的趋势,特别是当热点事件与突发事件发生时,各大网站都会抢先推出自己策划编辑的网络新闻专题来增加点击率。网络新闻专题的整合性、资料性和互动性特征使它不同于一般的网络新闻传播形式,因此,网络新闻专题的前期策划格外重要,从选题到页面的策划,每个环节都关系到网络新闻专题的成败。

一、网络新闻专题的分类

关于网络新闻专题的含义,许多专家和学者发表了自己的见解。中国人民大学教授彭兰认为,"专题新闻报道是一种由编辑根据自己的主观意愿与价值判断进行的稿件的组织"[①]。季桂林在《网络新闻专题探析》一文中写道:"网络新闻专题是以'集装箱'的形式对社会政治、经济、文化等方面的某一主题或某一事件进行快速、立体扫描与透视的一种新的表现方式。"[②]不同人对网络新闻专题的定义是不同的,但是有一点是一致的,网络新闻专题是网络媒体对某一重要事件进行整合性发布与传播的形式。它既是对网络信息资源进行重新包装的形式,也是体现网站思想和方针的一种重要手段。目前,网络新闻专题常见的类型主要有以下几种。

1. 人物类专题

人物类专题是网络新闻专题的重要组成部分。一般而言,网站选取当时比较具有新闻性的人物做成专题,对人物的个人经历、主要贡献、他人评价做详细介绍,特别是对人物资料丰富的超链接,可以让受众对人物有一个立体、全面的理解。2005年中国演员傅彪去世时,各大网站都做了人物专题,我们在专题中可以看到傅彪的个人简介,他人对他的评价,他演出过的影视剧等。在专题中我们还可以点击他最后时光的新闻链接、其他近期去世的演艺界人士的人物专题等。人物类专题在网络新闻专题中比较受欢迎,这类专题也是我们查阅个人资料和详细了解新闻人物的一个丰富资源。编辑在做人物类新闻专题时一定要把握好新闻客观性的尺度,把多方面的观点呈现出来,以免因为个

---

① 彭兰:《网络传播概论》,中国人民大学出版社2001年版,第161页。
② 季桂林:《网络新闻专题探析》,载《军事记者》2001年第3期,第20页。

人的爱好而造成偏颇。

2. 事件类专题

事件类专题也是网站新闻的重要组成部分,特别是突发事件或者热点事件发生时,很多受众都在事件类专题中详细了解事件的前因后果。传统媒体中,报纸的版面是有限的,而广播电视受时间和传播条件的限制使得传统媒体发布的信息量是有限的。网络新闻专题对事件的详细报道,对事件中人物的叙述,甚至能很快发掘出与此类事件相关联的其他历史事件,为网民全面了解事件提供了契机。一般来说,事件类专题的事件都是突发事件,策划性不强,新闻事件发生之后,事件的最新进展、事件的背景等都要以最快、最翔实的方式呈现在受众的面前,而且报道信息要不断更新,"9·11"事件、"非典"报道、印度洋海啸、松花江水污染事件报道等都是成功的案例。在突发性新闻事件专题的制作中,编辑和网站事前没有任何准备,这就对网站应变能力和编辑能力提出了更高的要求,编辑要注意新闻的条理性和版面的合理性,做到有条不紊。

3. 主题类专题

主题类专题一般是对可预见的事件所做的新闻专题栏目。如我国的人民代表大会,每年的春节、十一长假,奥运会等都是可预见的,网站在此前应该做好充分的准备工作。主题类专题的制作也是发挥各大网站的实力,争夺点击率的一个好机会,因此各大网站对此都特别重视。如在 1998 年世界杯之际,新浪的前身四通利方推出的"法国'98 足球风暴"站点对世界杯的快速报道,使其一举成名。新浪网总编辑陈彤在《新浪之道——门户网站新闻频道的运营》一书中认为,"从 1998 年世界杯到 2004 年的奥运会,每一次都是新浪提高品牌、流量及盈利的最好机会"[1]。主题类专题的可预见性要求网站对事件的相关背景和人物要有充分的资料介绍,做到对新闻广度和深度的充分挖掘。

4. 新闻栏目专题

新闻栏目专题是围绕着特定主题而进行的网络新闻专题,持续时间比较长,比如像一般网站的女性专题、汽车专题等。新闻栏目专题更侧重栏目的知识性和服务性。网站新闻专题体现了网站的能动性,根

---

[1] 陈彤、曾祥雪:《新浪之道——门户网站新闻频道的运营》,福建人民出版社 2005 年版,第 188 页。

据不同的新闻价值观,网络新闻专题可以分为两类,它们分别以我国的两大门户网站新浪和搜狐为代表。一类是以新浪为代表的客观性专题。新浪在新闻专题中更强调的是新闻的客观性和全面性,在专题中为受众提供多角度和多信源的信息,这是目前新闻专题的主流。另一类是以搜狐为代表的主观性专题。主观性专题追求的是具有针对性的主观评价。不管是客观性专题还是主观性专题,都体现了新闻从业者对新闻的思考[①]。现在一些门户网站每年年末都有年终盘点,还有很多网站推出以"视点"为主题的深度报道栏目,如人民网的"人民视点"、新华网的"新华视点"等,都是网络新闻专题的一种。

二、网络新闻专题的特征

网络新闻专题是以网络技术为基础的,以数字的形式来储存、传递信息,因此,时效性、超链接、互动性与信息的全面性成为它的重要特征。网络新闻专题不同于一般的网络新闻,它对新闻信息的整合与集纳拓展了新闻报道的广度与深度,在某种层面上,网络新闻专题结合了网络传播和深度报道的优势。网络新闻专题的特征主要表现在以下几个方面。

1. 多种传播技术的应用

网络传播技术的应用使得网络新闻专题可以采用多种形式来传播信息。在一则新闻中对人名、地名、关键词等使用超链接,受众只需轻轻点击一下鼠标便可对自己感兴趣的部分做深入的了解。随着视觉时代的到来,大众越来越注重视觉享受。网络海量性的容量可以大量使用图片来说明问题,使新闻信息更加直观、更具说服力。网络新闻专题中音频技术的使用使得网民可以倾听事件发生时当事人的声音或是当时的场景,增强了说服力。而视频技术的使用,使网民有亲临现场的感觉,特别是在重大事件中更有吸引力。动画 flash 的使用,对现场的模拟和描述事件的生动性也吸引了大批网民。但是,视频文件的使用对硬件的要求很高,此外,过多视频文件的使用不利于网民的思考和新闻信息的传播,因此,网络新闻编辑应把握好图片、音频和视频文件的使用比例。以 2006 年德国世界杯为例,早在世界杯开幕前,搜狐网就争

---

① 彭兰:《中国网络媒体的第一个十年》,清华大学出版社 2005 年版,第 205 页。

得了世界杯的视频转播权,为网站提供 24 小时的世界杯视频,每天播出四五段最新的比赛视频,同时还制作了 FIFA 战报、娱乐世界杯等五档视频节目,充分运用 P2P 技术,实现了高质量的传播(见图 4.2)。

图 4.2　搜狐网世界杯视频报道

2. 多角度的阐释

网络新闻专题提供的多样传播形式可以使受众从多个角度来理解问题,受众不但可以看到最新的滚动消息,还可以看到专家评论、网站评论、网民评论。不同人物从不同的角度对新闻信息进行解读,网民可以根据自己的兴趣随意点击。2006 年 12 月 11 日是中国加入世界贸易组织五周年,新华网做了题为《入世五周年·中国进入全面开放格局》的专题(见图 4.3),充分运用了网络专题的整合性与多媒体特征,从外贸、政府职能、知识产权、汽车、制造、农业等多个方面展示中国入世后的变化,并用视频、图片等多种形式,从多个角度说明了不同职业、不同背景的人对中国入世的观点和态度。

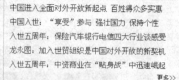

图4.3　新华网入世五周年新闻专题

3. 信息的资料性和易检索性

网络新闻专题向网民提供了一部新闻信息资料的汇编。网络新闻专题对事件前因后果的报道，对相关信息的链接，为网民提供了一个巨大的资料库，网民如果需要即可通过检索获得相关的网络新闻专题报道，得到全面的信息。

4. 互动性

网民可以在网络新闻专题的页面上做问卷调查，也可以在下面的论坛中发帖或者就别人的评论跟帖，发表自己的看法，与别人交流想法。网络新闻专题大大增强了网站和网民，以及网民之间的互动性，提高了网民的积极性。以2006年德国世界杯为例，在世界杯专题中，新浪网评论留言系统的负责人证实，在7月1日凌晨阿根廷队被淘汰的比赛后的一分钟，新浪的世界杯留言瞬间增加了2 900多条，导致留言系统瘫痪，可见网民高涨的参与热情。

三、网络新闻专题的策划

网络新闻专题的策划是网络新闻专题的前提。所谓策划，就是网络传播过程中所做的决策和设计工作，以及对网络传播所做的准备工作。互联网专题的策划对网络传播的效果起着至关重要的作用，好的策划不但可以吸引受众，还能提高网站的声誉。网络新闻专题的策划一般包括以下几个方面：

1. 选题

"凡事预则立，不预则废"，选题是网络新闻专题策划的前提。热点事件和突发性事件应成为编辑在选题时考虑的重点，但是并非每天都有重要的突发事件被做成网络新闻专题，网站在这时要考虑自己做原创性主题的策划和编辑，这种主题虽然不是热点事件，但是非常有意思、有意义，而且容易引起网友的关注和讨论。网络新闻选题是新闻专题成败的关键，它是对一个编辑的新闻敏感度、对受众的了解程度和思想阅历的考验。在实际操作中，网络新闻编辑可以通过多种方法来获得新闻专题的选题，如与传统媒体合作，利用传统媒体的资源发现新闻点；在网络上进行受众调查，查看网民的即时留言；在网络新闻论坛等形式中启发自己发现好的选题；近年来，新闻博客与微博也成为网络编辑获取选题线索的重要来源。图4.4是新浪网新闻专题的页面，从中可以看出其选题的成功之处。

图 4.4 新浪网新闻专题

2. 栏目的策划

好的形式与好的内容进行配合才能产生好的效果。选题确定之后,网络新闻编辑必须策划如何对信息进行安排,准备哪些栏目,安排栏目在网页上的什么位置等。栏目的策划首先要确定不同栏目的形式与名称,一般的新闻专题栏目包括最新报道、分析评论、网友调查、图片库等,不同的栏目有不同的侧重点和作用。其次是栏目位置的确定,不同的栏目应放在不同的位置上,让受众一目了然。

3. 背景资料的准备和信息的更新

网络新闻专题的背景资料包括新闻发生的社会背景,新闻事件涉及的人物的背景资料,同时编辑还要对新闻事件的发展做一些具有预测性的前景资料分析,但是前景资料分析要慎重,避免误导网民。新闻专题的策划也是一个动态的过程,网络新闻编辑要随时刷新信息来丰富专题内容,灵活调整新闻报道的策略。

四、热点事件和突发事件的报道编辑

除了网站原创性新闻专题外,热点事件和突发性事件的报道编辑也是网站争取网民的一个大好机会。热点事件和突发性事件是各大网站都比较关注的,在起点相同的情况下,只有在编辑报道中更胜一筹才能赢得网民的点击率和网站的声誉。

1. 热点事件

热点事件是指在一段时间内受到社会公众普遍关注的事件,如青藏铁路通车事件、奥运会等。热点事件的形成和发展是一个动态的过程,不同性质的网站对热点事件的报道重点可能会存在差异。在热点事件的报道编辑中,编辑除了做好前期的策划工作以外还应该把握好以下几点:

(1) 专题角度的选择。同样的新闻事件,不同人看信息的侧重点是不一样的,编辑要在相同中求得不同,就要从好的角度来报道新闻。一个好的报道角度的选取能让新闻脱颖而出,使其不落俗套。在热点事件报道中,网络新闻编辑一定要保持清醒的头脑和创新精神,巧妙选取角度来报道新闻,尤其是在正面报道的网络新闻专题中,老套的角度容易让网民反感,应该选取创新且易让网民接受的角度,才能取得好的效果。

(2) 专题深度的挖掘。在网络新闻专题中,新闻事件的表层报道是每个网站都能做到的,困难的是深层次的报道。编辑对热点新闻事件的意义、内涵或独特的细节进行深层次的挖掘,能够为新闻专题增添色彩。

(3) 专题信息的更新。事件的不断发展要求编辑不断地更新信息,现在各大网站一般都采取图文直播的方式来报道热点新闻事件。

(4) 网民积极性的调动。网络专题中的网络调查、网络论坛、留言

版的设立,不仅可以调动网民的积极性,让他们参与到网络新闻中来,网络编辑还可以从中得到启发或者发现新线索。由于热点事件的特殊性,网络编辑一定要把握好主动性,做好对网民的引导工作。

2. 突发事件

突发事件的最大特点就是它的不可预测性,因而其专题的报道编辑对网络新闻编辑是一个巨大的考验。突发事件发生之后,网络新闻编辑要做出快速的反应,以最快的速度作出新闻专题。可以说,突发事件在某种意义上促进了网络媒体的崛起,科索沃战争、"9·11"事件的报道在一定程度上成就了新浪、雅虎等门户网站,而中美撞机事件与广西南丹矿难的报道则促进了新华网、人民网等网站的发展。

突发事件发生之后,网站一般采用滚动报道的形式对新闻信息进行报道,如以快讯、简讯、详讯等形式对事件作快速报道,再通过综述形式跟进报道。在事件发生一段时间后,编辑应整理事件的背景材料,并帮助受众分析其中的意义。突发事件的专题报道一般包括以下几种形式:

(1) 快讯。快讯在网络新闻中常常以标题的形式出现。快讯并不要求对新闻事件作详细描述,只要用最简练的语言把新闻事件表达清楚就可以了。

(2) 简讯。简讯的篇幅仍然比较简短,但比快讯详细,通常会把事件发生的时间、地点、人物等要素都摆出来。

(3) 详讯。详讯更注重对新闻事件进行全景性的交代,它对简讯的内容进行了补充。

(4) 评论。网站的评论往往对突发新闻事件起到解释作用。新闻事件发生之后,网站邀请专家评论或者网站自己发表评论,同时网民也会在新闻留言后面跟进评论。

(5) 背景资料的准备。突发事件的报道中对背景资料的介绍是必不可少的,背景资料一般包括人名、地名、专有名词、以前的相关报道等,帮助网民了解事件发生的历史背景。

一个网站对突发事件的报道情况可以显示其实力和个性,因此,各大网站都十分注重突发事件的报道,许多网站就针对突发事件制定了非常详细的规则和具体办法。编辑在对突发事件进行报道时要注意以下几点:

(1) 快速反应,把握规律。突发事件发生之后的报道工作是最能体现编辑应变能力的一项工作,网络新闻编辑要快速认识到它的新闻价值,并着手做新闻专题。目前来看,突发性事件发生后,网站一般用快讯向网民发布消息,然后简讯、详细综述、新闻评论、背景资料就会被陆续推出来丰满新闻,进而制作成新闻专题。在此过程中,网络新闻编辑不能仅仅满足于新闻的堆砌,而应该把握新闻专题报道的规律。编辑通过把握客观事物之间的本质联系,迅速找到新闻报道的侧重点,并确立报道的方针,让网民在看新闻专题时,感觉到这个专题是有条理的,而不是随便叠加新闻而成的。编辑在分析问题时要充分运用辩证性思维和逆向思维。辩证性思维的运用使编辑在组织报道时,可以在战略的高度上看问题和把握问题,而由果到因的逆向思维则帮助编辑深化对问题的认识。

(2)多种报道手法的运用。突发性事件发生之后,网民在了解基本信息的基础上会产生更多的要求。编辑除了做好信息的更新工作之外,还要对信息区分主次,将众多新闻素材分层处理,做到简繁有度。网民的信息和审美需求是网站做新闻专题的根本出发点,因此,新闻事件发生之后,网站的编辑必须认真研究网民最需要了解哪方面的信息,希望了解到什么程度,与这些事件相关的还有哪些事件,有没有必要对网民说明事件发生背后的意义等,这些问题都需要网站超链接技术的应用。超链接的应用可以实现多个栏目联动的优势,最大限度地提供给网民信息。网络新闻编辑在应用超链接时要注意设置的关键词,以免过多的超链接偏离了原来的阅读路线。随着新闻事件的发展,网站图片的上传、音频和视频技术的使用,则让网民可以更直观地了解新闻。

(3)网民留言与评论。当突发性事件发生时,很多网民都希望发泄自己的感情或者是发表自己的意见并与其他网民交流,因此编辑在制作专题时要为网民之间的信息交流留出空间,保证他们互动性的参与。此外,网站还可以迅速根据事件的性质和发展做新闻调查栏目,让网民参与调查,了解网民的意见。

第三节 网络新闻评论

网络新闻评论是以互联网为载体,就新近发生的事件表达自己观点和意见的一种文体。在网络时代信息海量性和雷同化的情况下,网民希望对新闻进行解读,发表自己的意见和观点,需要与他人交流自己的看法,也需要查看专家或者权威的解读,于是网络新闻评论应运而生,而且成为许多网站吸引网民的一个重要看点。网络评论在网站中越来越普及,新闻评论的方式也日趋完善,由最初单纯的文字评论发展到现在的文字、声音、视频或者是几种形式相结合的评论。

一、网络新闻评论的分类

1. 按照评论主体划分

(1) 网站评论,即代表网站的立场对新闻事件发表的评论。这种评论一般是由网站编辑、特约记者或者网站所依附的传统媒体发表的评论。评论员文章、编者按、述评等都属于网站评论,网站评论代表的是网站的立场和观点。在几种评论中,网站评论的视野是最开阔的,在新闻事件发生之后,网站评论应该有更高的立意,在宏观上对新闻事件进行评论。此外,网站评论不仅要反映热点现象,还要关注那些少数群体、弱势群体所关注的现象。网站的新闻评论有时还能起到开启新闻话题、引导舆论方向的作用,如人民网的"人民时评"在网民中就比较受欢迎。

(2) 专家评论,指新闻事件发生后网站邀请某个领域的专家对新闻事件发表的评论。网站的专家评论具有专业性、系统性的特点,对一些事件可以提出比较有前瞻性的看法,可以指导网民认识问题。现在网站中的专家评论已经比较普及,部分网站在财经、体育、政治等板块有固定的专家频道。专家评论又可以分为两种情况:一种是专家在网站开设专栏,专家自由选择议题,将评论文章交给网站。这种评论方式是由专家自己选择题目,因此题目比较开放,但是缺少与网民的互动。另一种情况就是通过网站、网民和专家三方的互动来完成的评论,以嘉宾访谈最有代表性。这种形式的评论更有针对性和现实性,有利于专家和网民的沟通和交流,当然也存在一定的弊端,如专家思考时间过少、问题的不系统性等,都容易引起专家回答不准确。

(3) 网民评论,即网民在网络中任何形式的自由意见的表达,它充分体现了网络传播互动性的特点。网民评论具有较大的随意性和开放性,最能反映网民的思想和意见,深受网民欢迎,网民评论也是网站形成自己原创性信息的重要源泉。但是网民并不是受过专业训练的传播者,很多网民的意见仅仅停留在感性的层次,网站在认识到网民评论的价值的同时,也要对它进行积极的引导。

在网络新闻评论中,这几种形式的评论是相互交融、相互补充的,共同形成了网络专题中的网络评论圈。不同的评论在视野和角度方面会有所不同,正是因为多种评论的共同作用,受众才得以从不同的角度全面地认识新闻事件和社会问题。一个网站的评论频道通常都是这几种形式的组合,如"新华网"的"新华网评"(见图4.5)就包括"观点集纳"、"原创评论"、"媒体时评"、"正方反方"、"观点争鸣"、"留言排行"、"专栏作者"等多个栏目,它们之间起到了相互补充的作用。

图4.5 新华网评

2. 按照评论的载体划分

(1)网络新闻评论专栏。网络新闻评论专栏是新闻网站开辟的专门评论新闻的栏目,如人民网的"人民时评"(见图4.6),就被誉为"网上第一评"。这种新闻专栏是就网民关注的焦点和热点发表评论,一般有固定的评论专家队伍。在新闻评论专栏中评论还按照类型划分为政治、经济等,网民可以清楚地找到自己感兴趣的方面。这一类时评因为栏目的固定性和权威性,容易获得较高的点击率。

图4.6 人民时评

（2）网民即时评论，即网民在新闻报道之后发表的评论。一些网站在新闻报道后都有发表评论的链接，以"我要说两句"或者"我要评论"的形式出现，网民即可点击，匿名进行评论。网民既可以反映自己的态度、意见，也可以对自己了解的新闻进行补充叙述。这种形式因为其匿名性和方便性而深受网民欢迎，也充分体现了网络的互动性特征，留言的数量在一定程度上也反映了新闻事件受关注的程度，但是由于它的开放性，容易造成互相谩骂等情况。

（3）网络新闻论坛。有关网络新闻论坛的形式、人员构成、管理等将专列一节进行介绍。

（4）博客评论。随着博客的普及，越来越多的网民在自己的博客中发表新闻评论，并有其他网民跟帖发表观点，博客评论成为网络新闻评论的一种重要形式。由于博客的私人性质和公共性质的结合，很多具有较高见解的网民存在其中，并且只有写得精彩才能赢得较高点击率，网民博客评论也比其他评论方式更多地采用图片、音频和视频等表现方式。据统计，在 2006 年德国世界杯期间，仅新浪就有 25 万人在写博客，博客文章数量超过了 110 万，在此期间作家郑渊洁的博客曾有超过 70 万的访问量记录。但是，随着现在名人开博客的兴起，一般的博客很难获得较高的点击率，网民的交流受到了限制，不利于信息的交流和观点的集合。

二、网络新闻评论的特点

1. 评论的及时性

在新闻事件发生之后,即刻就有网站在网上发表评论,或者是网民第一时间到网上发表自己的观点和看法,因此,网络新闻评论的时效性较一般的新闻形式更强。特别是在一些重大事件发生时,甚至在事件发生过程中,就有网民开始评论。如奥斯卡颁奖典礼,从直播开始,网民就在网上发表评论,在整个直播过程中,都有网民广泛参与。

2. 评论的交互性

在网络新闻评论中,一则新闻或者一则评论发出之后,后面接着有人跟帖,提出自己的意见,对别人的意见表示赞成或者反对,有时可以提供一些信息或细节,通过网上交互性的交流可以让网民丰富自己的知识。在网站或者专家发表自己的观点和看法之后也是如此,网站编辑、专家、网民三者之间的相互交流和互动,体现了网络新闻评论的优点,也调动了网民参与评论的积极性。

3. 评论题目的开放性和丰富性

网络新闻评论的题目不再是传统媒体所规定或者所发起的几个议题,网民可以就自己所关注或者感兴趣的问题发起评论或者讨论,那些被传统媒体忽略掉的问题可以继续在网络中得到较好的议论和解决。

4. 多元观点的集合

在网络新闻评论中,评论主体不再限于几个人,网站的编辑部、专家和普通网民都可以参与其中。由于人们的文化水平、生活经历和利益诉求不同,网络新闻评论的观点呈现多元化的趋势,多样的观点汇集其中,网民可以从更广的角度来理解问题。

5. 语言的口语化

参与评论的很多网民只是对某件事情有看法,表达一下自己的感情或者观点,并未在事前做充分的准备工作,仅是即兴的评论,相互讨论时也是以聊天的方式进行,因此,评论呈现了口语化的特点。

6. 评论的匿名性

发表评论的普通网民通常是匿名的,在网上使用网名或昵称,不知道彼此的真实身份,在这种情况下网民可以抛却各种因素的影响,更大胆地发表自己的观点。但这种匿名性也会带来一些问题,如转载信息而不注明出处,随意发表违法、低俗的评论等。

三、网络新闻评论与流言

流言即不真实的信息。从传播学角度看,流言是指通过非正式和非官方的信道大量传播的某种不确切的消息[①]。现在的流言一般都借助于网络媒体与手机等现代化的工具在社会中传播,危害社会的稳定。

1. 网络新闻流言的分类

根据南京大学杜骏飞教授主编的《中国网络新闻事业管理》一书,网络流言可以分为三种类型。

(1) 闲话型流言。这类流言大部分是虚假信息,其主要特征是无聊,它的来源比较多元化,有的是以讹传讹,有的则是故意炒作。

(2) 侵权型流言。这类流言主要是以散布谣言、恶意评论、丑化形象等方式来破坏公民或者组织的形象,在某种程度上已经触犯了法律。

(3) 恐慌型流言。恐慌型流言是指当重大事件发生时,传播未经证实的消息。这类流言对社会安定造成了一定的影响。

网络新闻评论因其交互性和多元的观点而受到网民欢迎,但是网络新闻评论的传播者和受众界限模糊的特点,使其与网络流言保持了千丝万缕的联系,可以说,网络新闻评论既可以滋生流言,也可以在多种观点的交锋中消灭流言。

2. 网络新闻评论与流言的产生、消灭

(1) 网络新闻评论与流言的产生。网络新闻评论的参与人数众多、门槛较低,它的开放性导致媒体议程设置功能的减弱,网站可以对网站编辑评论与专家评论做一定的控制,却对网民的评论缺乏有效的管理。由于网民的水平参差不齐,有些人对一些事情的看法过于偏激,容易出现过激的言语,使评论限于无聊的口水战中,甚至可能造成流言的泛滥。网络流言的后果非常严重,它剥夺了网民的知情权,欺骗了网民,对网站的声誉也是一个极大的破坏。

(2) 网络新闻评论与流言的消灭。网络新闻评论还能够消灭流言。流言出现之后,网站发表网站评论来驳斥流言,或者邀请有关方面

---

① 杜骏飞:《中国网络新闻事业管理》,中国人民大学出版社2004年版,第184页。

的专家、学者对流言发表观点,指出流言的问题,并与网民进行交流,解答网民有关流言的问题。在网络新闻评论中,那些比较了解情况或者掌握一定知识的网民也会出来进行评论与说明。如现在一些网站会就一个问题设立正方和反方,让网民自己展开评论和辩论。在网站、专家和网民的共同作用下,网民会在众多的评论与说明中逐步认识到流言的错误,流言也会被消灭。典型的例子就是我国"非典"时期流言的处理,"非典"时期民间的流言很广,各个网站利用网络新闻评论等形式对这些问题进行驳斥和说明,对保障社会安定起到了很大的作用。图4.7就揭示了网络流言在网络中传播与消灭的过程①。

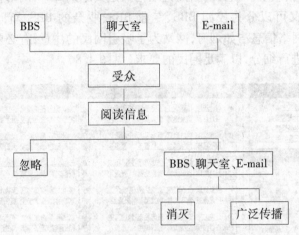

图4.7　流言在网络中的传播与消灭

网络新闻评论是网络传播的传播者与受众互动的最好形式。受众的意见与观点在新闻评论中得到了良好的表达,体现了社会民主进程的发展,但网络新闻编辑要在评论中发挥监督与引导的作用,加强对网络新闻评论的管理,使其健康地发展。

第四节　网络新闻论坛

上节讲过,网络新闻论坛是网络新闻评论的一种形式,它是网民

---

① 此图部分参照了巢乃鹏老师的研究成果。

发表个人意见、评论社会事件的主要阵地，同时它也是了解民情、民意的主要地方。因此，网络新闻论坛对一个网站的生存发展具有重要意义。

一、网络新闻论坛的形式

随着网络技术和传播方式的改进，网络论坛的形式呈现多样化的趋势。广义的新闻论坛是指网上众多形式和名称的通讯组，像 BBS、新闻组、邮件列表等。狭义的新闻论坛指的是其中的 BBS，网络新闻论坛中的 BBS 又可以分为校园 BBS、专业 BBS、业余的 BBS、新闻媒体的 BBS 等。网络信息浩如烟海，网站为了吸引网民的注意，有必要对网络新闻论坛进行细分，以满足网民的要求（见图 4.8）。

图 4.8　新浪网论坛地图

从组织方式上看，新闻论坛又可以分为不同的种类：

1. 专题式的新闻论坛

专题式新闻论坛一般是就某个事件或话题而设的新闻论坛。当某个新闻事件发生之后，网站设立一个新闻论坛来供人们发表意见，互相交流思想，网民只要感兴趣即可参与讨论。专题式新闻论坛的要求不高，网民不感兴趣可以随时退出。这种论坛一般存在都不长久，当新闻

第四章　网络新闻编辑的客体　99

事件发生之后,或者过了一段时间,人们自然不会再关心,这种论坛也就不会存在了。专题式新闻论坛对了解民意和信息的传递有非常大的作用,不过这种论坛也往往最容易发生流言。

2. 专业的新闻论坛

专业的新闻论坛一般集中在专业性比较强的领域,如计算机、医学、法律等,不具备专业知识的人很难加入到讨论中。这类论坛的组成人员一般是比较稳定的。

3. 分类论坛

这是目前在网站中存在最多的一种论坛形式,这种论坛一般分为时政、军事、海外、体育、娱乐等。现在的论坛也根据网民不同的兴趣、爱好等进行了更明确的细分,比如在太平洋网上的笔记本电脑的论坛部分,就根据不同的品牌划分了不同的分论坛,网民可以很明确地在自己喜欢或者需要的部分寻找信息,与其他人展开交流。

4. 综合式的论坛

综合式的论坛是很多新闻网站和门户网站都采取的形式,在我国比较著名的有人民网的"强国论坛"(见图4.9)、新华网的"新华论坛"、中青网的"中青在线"等。这些论坛按照讨论的主题进行区分,可以分为多个小的论坛,如军事、城市、体育、生活等,网民可以根据自己的兴趣加入论坛的讨论中。这种论坛都是作为网站建设的一部分甚至是吸引网民的特别部分存在的,因此,这种论坛比较稳定,也会吸引一批稳定忠实的网民。

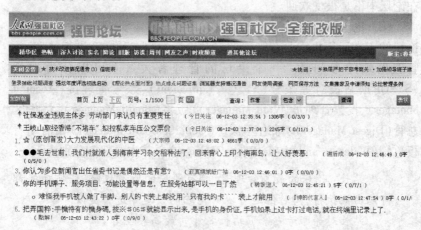

图4.9　人民网"强国论坛"

5. 嘉宾论坛

网站邀请各行的精英人士、政府官员等来和网民聊天,交流感情,解答疑问。精英人士可以就自己对问题的看法发表意见,网民可以提问嘉宾,并与嘉宾展开探讨。这种方式的信息沟通和交流更加真实,网民根据嘉宾的专业,所问的问题也更有针对性。

二、网络新闻论坛的人员构成

从组织分工来看,网络新闻论坛的人员由两个部分组成:论坛的参与者与论坛的管理者。

(1) 论坛的参与者,即参与论坛讨论的广大网民。这部分参与者一般对新闻论坛的内容比较感兴趣或者是论坛内容与自己的专业相同,网民一般要经过注册、登录,就可以成为论坛中的一员,参与到论坛的建设中,浏览与交流信息。论坛的参与者又分为两类,一类是活跃的参与者,是指在论坛活动的时间比较长,经常发表帖子的那部分参与者。这种参与者在论坛中有很大的影响力,一般活跃的参与者在发表了有一定见解或者影响力的文章之后,就会在论坛中成为一个小的权威,其帖子也容易获得较高的点击率和回复率。如果活跃的参与者长时间表现较好,可能会被吸收为论坛的管理者。论坛的另一类参与者为不活跃的参与者,这类参与者在注册之后,很少逛论坛,或者仅是浏览论坛的内容而不发表自己的见解,这种情况叫做潜水。这类参与者在论坛中不是很受欢迎。

(2) 论坛的管理者。一个组织的维持必然需要管理者,网络新闻论坛的正常运行也需要有管理者来对论坛的观点和文章进行整理,并管理论坛的参与者。一个论坛的管理者大致上可以分为站长(SYSOP)、站长对等账号(SYSOP Equivalent)、账号管理员(Account Manager)、投票管理员(Vote Manager)、版主(Board Manager)、精华区总管(Digest Manager)、讨论区总管(General Board Manager)和活动看板总管(Welcome and Movie Board Manager)。其主要任务分别为——

站长:论坛的最高管理者,拥有论坛的所有权限,任何功能都可以由他执行,同时他还可以对论坛的设定等进行更改。

站长对等账号:除了站长之外的最高管理者。

账号管理员:论坛账号的管理者,主要负责审核注册者的账号,还可以删除使用者的账号。

投票管理员:开办或者取消投票系统。

版主:在网上又可写成"斑竹",负责版上内容的审查、选择、删节来稿,版主要对论坛上的帖子起到监督、管理与引导的职责。论坛对版主的要求比较高,要求他们要有一定的知识,善于沟通,在版内讨论的时候,要善于就势发言,反应要快,果断地处理稿件和发言。

精华区总管:负责整理精华区的文章。

讨论区总管:所有讨论区的管理者。

活动看板总管:论坛的美工人员,负责编辑站上的活动看板。

三、网络新闻论坛的管理

世界上不存在绝对的自由,网络新闻论坛的开放性、交互性特征使它在网民中大受欢迎,但是这种自由的滥用导致了一些问题的出现,如虚假信息、违法违规的文章、攻击性帖文、不文明的帖文、不文明网名的存在等,针对这些问题,网络新闻论坛的管理人员采取了一些措施。

(1)技术过滤。许多网站都使用了技术软件对 BBS 进行相当严格的控制和管理。有些 BBS 的过滤器可以对夹杂有过激或者不文明词汇的言论进行自动过滤,使这些言论无法上传到 BBS 上。但是,很多人都采用相应办法来逃脱这种惩罚,比如他们把这些词汇用英文或者拼音字母代替。而且目前什么是不可通过的词汇在网络上也没有统一的标准。在实践中,互联网需要对网络上的侮辱性语言统一标准,便于网络人员对论坛进行管理。

(2)修改帖文。在不改动或者不曲解原文意思的情况下,版主对帖文进行修改,把不文明或者带有攻击性的词汇修改或去掉,但是这种做法引起了很多原文作者的不满。修改帖文只适用于那些在局部有问题的文章,而且版主在修改帖文时要注意尊重原文思想,一些论坛会在修改的帖文后面注明被修改的时间和修改人。

(3)扣帖。在一些网站的论坛,所有帖子都会事前经过管理员的审查,对于不适合发表的帖子,管理员有权进行扣除,以后再决定发表或者不发表。

(4)删帖。我国在 2000 年就已经颁布了《互联网电子公告管理规定》,对于违反此规定的帖文,或者是与本论坛无关的帖文,管理员有权进行删除。

(5) 警告。对偶有失误的用户,版主可以对其进行公开或者不公开的"提醒"或"警告"。

(6) 封 ID。封 ID 是针对一些行为恶劣、严重违反论坛管理条例的论坛成员而采取的措施。ID 在网络中又称马甲,是论坛成员的一种自我表现形态,网民通常通过 ID 来塑造自己在网络中的形象,人们一般都避免发表威胁到自己 ID 的言论。

(7) 关坛。这是万不得已的办法,比如遇到黑客攻击等情况可以关闭,等技术人员做好防范工作后再开坛。

思 考 题

1. 网络新闻稿件的来源有哪些?
2. 新闻稿件的选择要经过哪些程序?
3. 试析网络新闻稿件的新闻价值。
4. 试说明网络新闻专题的类型和特征?
5. 在进行热点事件报道时,应该注意哪些方面?
6. 概述网络新闻评论的分类及其特点。

第五章

网络新闻受众

传统媒体中传播者与受众有较严格的区分,信息从传播者那里出发到达受众,传播者一般都是经过专门训练的职业传播者。在网络信息传播活动中,传播者与受众之间的界限比较模糊,受众这一称呼在网络传播中是否恰当这个问题也引起了争议,但现在仍然找不到更好的词汇来代替,所以受众这个词仍然在网络传播环境下使用。受众并不是完全被动的信息接受者,他们以自己的方式来影响媒体传播的内容、形式、效果。本章探讨的内容包括受众信息需求的层次、特点、受众的心理及编辑与受众的关系。

第一节 受众的信息需求

无论是传统媒介还是网络媒介,受众接触媒介的根本目的都是为了获取自己所需要的信息,满足自己的需求。满足受众的信息需求既是媒介的责任,也是媒介争取受众的最好方式,因此,了解受众的信息需求是进行网络传播活动的前提。很多因素都影响着人们的信息需求,例如人们信息水平的高低、人们所处的社会环境、人们的个性、受教育水平等,编辑对这些影响因素也要有所了解。

1968年,马斯洛提出了需要层次理论,这个理论认为个体在成长的过程中是由多种不同性质的需求所组成的,而各种需求之间有先后顺序与高低层次之分,每一个层次的满足程度都会对个体的发展产生影响。

按照他的理论,人的需求一般分为五个层次。第一个层次:生理需求;第二个层次:安全需求;第三个层次:爱和归属的需求;第四个层次:自尊需求;第五个层次:自我实现需求。只有当人的低层次的需求得到满足之后,高层次的需求才会变得重要。这五个层次也体现了人们对网络新闻需求的层次[①]。威尔逊(T. D. Wilson)认为,"人为了满足自己的理想、感情和认知的需求,就可能需求信息"[②]。沃特(M. J. Voigt)通过对信息需求的研究,将信息需求具体分为以下三种形式[③]:保持不落伍;需要特定的资料;需要所有相关的资料。

在网络传播环境下,受众信息需求的层次与传统媒体信息需求的层次有所不同,大体可分为以下几个层次:

(1)第一时间。受众青睐网络的一个很大因素就是网络传播的快捷性,因为第一时间知道自己周围或者自己所处的社会发生了什么,是网民对网络信息最基本的要求,而在时效性上,任何传统媒体由于自身条件的限制都不能与网络媒介相媲美。

(2)事件发生的过程。除了在第一时间知晓事件外,受众更希望知道新闻事件是如何发生的,了解事件的最新进展情况。因此,各大网站在第一时间报道了新闻事件的发生之后,就会对事件的发生过程作补充报道,并进行跟踪报道来满足网络新闻受众的需求。

(3)事件发生的相关信息。在了解了事件的最新进展后,网民就会有了解事件发生的相关信息的要求,比如新闻事件涉及的人物背景是什么,历史上有没有此类新闻事件发生等。网络编辑把新闻事件的相关信息制作成超链接,网民可以随时点击详细了解。

(4)如何看待事件。单纯的新闻事件的罗列有时也不能满足网民的需求,受众希望网站能够为他们提供一个评论、分析事件的途径,许多网站采用了新闻评论、网络新闻专题等形式来满足受众需求。

(5)发表意见。网络受众不是单纯的接受者,他们的信息知情权得到满足之后就会产生参与到信息传播中去的需要,他们希望能够在网络上面看到自己和别人的观点,并就这些观点展开讨论。网络新闻

---

① 陈彤、曾祥雪:《新浪之道——门户网站新闻频道的运营》,福建人民出版社2005年版,第212页。

② T. D. Wilson, "On User Studies and Information Needs", *Journal of Documentation*, 1981 (37):3.

③ M. J. Vogit, *The Researchers and His Sources of Scienific Information*, Libri,1959,9(3):177-193.

论坛、网络新闻调查及网络新闻后面的"我要说两句"以及现在的博客与微博跟帖都是网络新闻受众参与性要求的体现。

受众的信息需求是多层次的,从需求的人数上来分还可以分为受众个人的信息需求和团体的信息需求。团体的信息需求就是整个受众团体对信息的共性的需求,这是一般受众的共同需求,比如说一些共性的信息如天气预报等是受众团体所共同需要的。还有一些信息是受众个人所需要的,这些信息需求带有明显的个人喜好,这要求网络新闻编辑针对不同受众来组织新闻。网站的分类新闻、各新闻频道等都是针对网络新闻受众的个性化需求所设立的。从时间上来看,受众的信息需求还分为短期的信息需求和长期的信息需求。从新闻类别上来看,受众的信息需求又可以分为获取信息、寻求娱乐、学习需要、情感需要、交友需要、对外联络的需要等。图5.1为2006年8月中国网络信息中

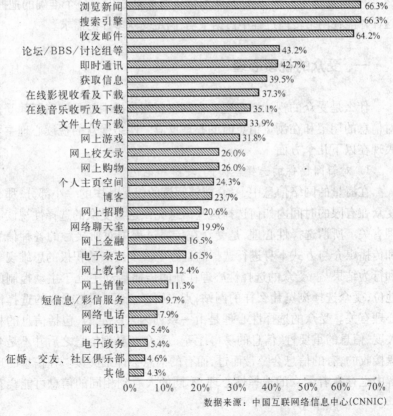

图5.1 2006年网民使用网络状况统计

心对网民使用网络情况的统计,体现了受众需求的多层次性。网络编辑应仔细分析受众的各类需求,并提供细分化的服务以满足受众需求。

第二节 受众的心理分析

与在接触传统大众媒体时的心理行为相比,受众在网络这种虚拟环境下有着更高的主动性和能动性。目前,许多学者已经结合心理学的知识来对网络环境下的受众心理进行分析。受众对媒介的使用过程从某种程度上说就是心理需要的满足过程,不同信息满足了受众不同的心理需要。受众在寻求和阅读信息时存在着哪些心理,受众的心理表现是什么,如何满足这些心理,网络新闻编辑应对受众心理有一个准确的把握,这样才能在网络传播过程中占据主动,满足受众多样的需求。

一、受众的视读心理

什么是受众的视读心理呢?在网络新闻传播中就是网络新闻受众对信息的期望和在浏览信息时的心理反应。网络受众的视读心理主要表现在以下几个方面:

1. 对新闻稿件的选择性阅读、理解和记忆

在海量的网络信息中,受众能够阅读的仅是其中的一小部分,那么受众在有限的时间内如何选择这些信息呢?这与受众的选择性视读心理有关。所谓选择性心理,是受众在传播过程中对所接触的各种信息和传播媒介与方式本身进行选择的过程中表现出来的积极的思维现象和行为结果[①]。受众的选择性心理在新闻传播活动中处于主动控制的地位,受众选择浏览什么样的网站,点击哪条新闻,都与受众的选择性心理有关。受众的选择性心理是由一系列因素决定的,包括信息的相关度、信息的重要性、信息的易得性等。受众在看到信息之后并不是全盘接收的,有的信息会一带而过,而有的信息会详细阅读。在信息的理解中也存在着受众的选择性心理,不同的人看到相同的信息可能会有

---

① 段京肃:《传播学基础理论》,新华出版社2003年版,第161页。

不同的理解。受众理解信息之后,也会采取选择性的方式对信息进行记忆。受众的选择性心理是在任何媒介中都存在的。

2. 受众对网络新闻的扫描式阅读

网络受众在阅读方面具有跳跃性和检索性的特征。"据美国相关研究机构所做的严格的定量研究分析发现:79%的网络读者对内容是一扫而过,只有16%的人在网上逐字逐句地阅读。"①网络新闻受众这种扫描式的阅读心理,造成很多新闻难以吸引受众的眼光。网络新闻编辑在对新闻信息进行编辑时,要针对网民的这种阅读心理采取措施,首先要把最重要的新闻和内容放在页面最突出的位置,并通过颜色、字体等的变化引起受众注意;其次,在对新闻事实进行表达时,要尽量简洁,对较长的新闻信息要注意分段。

3. 非线性阅读带来的主题偏离

网络新闻中的超链接为受众全面了解新闻带来了极大的方便,同时也带来了某些问题。网络新闻的超链接与非线性阅读的特点及受众的好奇心理导致受众不断地点击超链接,带来了受众对原先新闻主题的偏离,把注意力放到了别的地方,从而减弱了新闻的传播效果。

4. 受众对网站内容的视觉注意

美国斯坦福大学和佛罗里达大学波依特(Poynter)中心的研究成果表明,网络读者首先看的是文本,他们对图片和形象视而不见。此项研究历时4年,共有67名被试者参加了试验。所有被试者都是在线新闻消费者,他们可以自由浏览想看的任何内容,时间不限。此项研究采用一个头戴摄像机,记录被试者的视线移动和正在阅读的计算机屏幕。被试者共浏览了211个不同的新闻网站,约6 000页,总计40个小时,平均新闻浏览的时间为34分钟,每人平均访问6个新闻网站,其中一个被试者访问了19个不同的网站。这项研究最重要的度量是视觉注意,即被试眼睛注视1/10秒以上的目标——1/10秒足以使大脑理解信息。研究者总共记录了608 063次视线停留。从研究结果来看,一般而言,被试者登录页面立即开始看标题和提要,然后才看图片,有时候从其他页面回来才看页面。研究者认为这是因为屏幕上的图片小,加上一般的图片分辨率为72 dpi,没有印刷媒介那样的冲击力。整个

---

① 高钢:《提高网络新闻传播影响力的策略探讨》,中国网络传播研究网2004年4月27日。

测试的结果是,新闻提要的注目率为82%,文章本身是92%。网页上出现的图片64%受到注意,平均注目时间为1秒钟,而图表只有22%,旗帜广告注目率达到45%,平均注目时间为1秒钟①。这项研究的准确率还有待检验,但是它提醒我们,在进行网络新闻编辑时,要注意图片与文字的比例、版面的编排、色彩等因素,使整个网页既有视觉中心,又显得和谐、井井有条,最大限度地符合网络受众的阅读习惯。

二、受众的逆反心理

逆反心理是新闻传播的内容与受众原先的期望相反而产生的一种抵抗心理,受众逆反心理的产生使得新闻传播产生零效果,或者是负效果。受众的逆反心理广泛地存在于网络传播与其他传播形式中。

1. 受众逆反心理的三种表现

(1) 相反的评价。对新闻信息作出相反的评价是受众逆反心理的表现之一。在一则新闻报道中,传播者对信息会有一个预期的评价或者是希望受众对这则信息有一个什么样的评价,受众的逆反心理往往产生截然相反的评价。

(2) 相反的情感。相反的情感是指传播者想要传播的情感,与受众所感受到的是截然相反的。例如在新闻传播中,传播者想要表达的是褒扬的态度,但是由于手法不对等原因,受众就会对这件事情产生反感,产生负面的传播效果。

(3) 行为的逆反。受众行为的逆反使受众在看到新闻报道之后,改变原有心理,做出与传播者期望相反的选择。

2. 受众逆反心理产生的原因

受众的逆反心理并不是因为受众单纯的个人原因造成的,它是传播者、受众和传播内容、方式等相互作用而产生的一种受众心理状态。

(1) 传播者方面的原因。传播者是传播行为中信息的主动发出者,传播者的地位、名声、行为等对受众的心理会产生重要影响。传播者品格的低下、态度的偏激、浓重的说教味道等都会引起受众的逆反心理。很多传播者没有把握好新闻的客观性标准,特别是在网络环境下,信息传播的自由度提高,传播者在传播信息时表现出自己个人的倾向,

---

① 彭兰:《网络传播概论》,中国人民大学出版社2001年版,第317页。

这种倾向表现得过分明显时,特别是与传播者观点不一致的受众会对传播者的这种倾向产生反感,进而产生逆反心理。此外,传播者的信誉也会影响到受众的心理。为什么每当有重大事件发生时,受众会点击为数不多的几个网站？因为它们拥有较好的信誉。信誉不好的传播者发出的信息,受众会在本能上产生一种排斥心理。

（2）受众方面的原因。由于生存环境和教育背景等多方面的原因,受众会形成自己固有的观念与心理定势,当受众在网上发现与自己的观念不相符合的信息时,就会产生逆反心理。此外,对网络传播者的反感、得不到期待的信息,也会使受众对网络信息产生逆反心理。

（3）传播内容、方式的原因。大部分受众上网的目的是为了获取信息,受众的逆反心理归根结底是对信息的不满意与反感。传播内容虚假、陈旧或片面,传播方式不当,都会使受众产生逆反心理。

3. 对编辑人员的启示

受众的逆反心理具有对抗性、广泛性和持续性的特征,传播者不能对受众的逆反心理坐视不管,而应当积极采取措施来应对受众的逆反心理,实现传播效果的最大化。首先要恪守新闻的真实性原则。新闻的真实性是新闻的生命,也是媒体赢得受众的根本因素。网站编辑在对新闻信息进行传播时应该力求新闻报道的真实、全面、客观,不应为了追求点击率而把一些新闻极端化、夸大化。其次要注意不断改进报道内容和手法,通过增加信息来源、信息量等让受众有更多选择。

三、受众的相符行为

"相符"(conformity)也称为遵从或从众,是群体对个体施加压力的一种形式[1],是指通过向社会压力让步以使自己的认知及行为符合群体的、社会的标准和规范[2]。实验心理学者奥尔波特(Allport,1934)最早提出相符行为这一概念,许多心理学家都对此做了不少研究,其中比较有代表性的有：海德的平衡理论、纽科姆的对称理论、奥斯古德的调和理论等。

1. 相符行为的表现

网络是一种由全新的互动和沟通方式构成的社会,它并未改变人

---

[1] 吴江霖、戴健林等：《社会心理学》,广东高等教育出版社2000年版,第250页。
[2] 全国13所高等院校《社会心理学》编写组：《社会心理学》,南开大学出版社1990年版,第244页。

际互动的实质。网络传播的匿名性特征使受众有了更大的自由度,社会规范带来的压力也相对较小,网络受众也不会在所有情况下都表现出从众心理和行为,但是网络受众的相符行为仍然存在,只是作用的程度与范围减小了。

(1) 对规范的遵守。群体通常拥有某些规则或标准,而这些规则或标准可能被视为规范(norm)①。网络社会也是一个虚拟的群体,处在其中的人们必然要遵循一定的规范,像网络中的谈话、交往规范等。以网络语言为例,人们在网络交往中形成了一套独有的语言规范,网民在上网时便会使用异于日常生活的语言进行对话,如果单个网民没有遵循这一语言规范,就可能不受欢迎。因此,网络受众的相符行为表现在他们对网络中的某些语言、行为规范的遵守。

(2) 群体极化。所谓"群体极化"现象,是指"团体成员一开始即有某些偏向,在商议后,人们朝着偏向的方向继续移动,最后形成极端的观点"②。群体极化既能使群体的意见更一致,也能使错误的观点走向极端。特别是在网络论坛中,受众因为匿名性与当时情绪的感染,以点击、跟帖等形式来附和舆论,2006年中国网络新闻中的铜须事件、虐猫事件,就是群体极化心理在网络中引发的。

2. 对编辑人员的启示

网络受众的相符行为是一把双刃剑,它既能促进网络的法制化进程,也能引发网络的道德失范,网络新闻编辑人员在网络中应该当好"守门人"的角色,引导网络健康的发展。首先,受众相符行为包括对社会制度的遵守,网站要建立相应的规章制度,把网民的行为纳入法制规范中。其次,要积极地引导舆论。群体对个体的压力也会让个体改变原有的行为,在网络社会中,编辑要做好舆论引导工作,形成良好的舆论氛围。再次,应建立良好的信誉。网站的信誉会对网民的行为产生一定的影响,网民会趋向于那些信誉良好的网站。

网络受众心理是与网络传播的特征紧密相连的。网络新闻编辑只有在对受众的心理比较了解的基础上,才能在新闻编辑中传播符合受众信息需求的信息,并采用符合受众视读心理的形式,达到传播效果的

---

① 〔美〕沃纳·赛弗林、小詹姆斯·坦卡德:《传播理论:起源、方法与应用》,郭镇之译,华夏出版社2000年版,第214页。
② 〔美〕凯斯·桑斯坦:《网络共和国:网络社会中的民主问题》,黄维明译,上海人民出版社2003年版,第47页。

最大化,使受众的行为与传播目的相符。

第三节 编辑与受众的关系

在新闻传播活动中,编辑是新闻传播的中介,受众是编辑成果的最终接受者,新闻编辑的目标就是为受众服务。新闻编辑应该准确地把握传播活动的规律,对传播中心和传播的着眼点有一个准确的了解,树立为受众服务的意识。编辑要以受众的要求为根本出发点,传达受众欲知、未知而应知的消息。事实证明,真正从受众利益出发的媒介才能受到受众的欢迎。

一、编辑的受众意识

大部分受众在信息传播活动过程中并不是十分有主见,在信息传播的初期,他们需要新闻编辑对新闻传播的内容进行挑选和过滤,对他们进行引导。网络新闻编辑如何挑选新闻,如何组织版面,最根本的原则就是以受众为中心,树立受众意识。编辑的受众意识具体表现在以下几个方面:

1. 深入了解受众

在高度分众化的网络环境下,信息与网络新闻受众的契合度决定了网络新闻传播的效果,因此,网络新闻编辑只有深入了解受众,才能在传播过程中取得主动。

(1)了解受众的自然属性。受众的自然属性包括性别、年龄等。受众的性别不同对信息的选择方面会存在着差异,例如女性一般青睐于服饰、化妆类的信息,而男性则倾向于选择体育类的报道。年龄不同、社会阅历不同的受众对信息的喜好情况也不同,在网络传播中,青少年的爱好比较广泛,而中年人则倾向于专业性和实用性的信息。受众的自然属性影响着受众对不同类别的信息的选择,现在很多网站都是根据受众的自然属性进行分类调查和传播新闻信息的。

(2)了解受众的社会属性。社会属性包括受众的地位、职业、教育背景等。职业是影响信息选择的一个重要因素,很多人都热衷于选择与自己职业相关的信息来看。社会地位不同,受众信息选择的种类也会有所不同。此外,不同教育背景的受众所属的受众群体也会存在一定的差异。

(3) 了解受众的个性倾向。即使是年龄、性别、教育背景、社会地位相似或者相同的人,在个人兴趣、价值观方面也不是相同的,编辑对细分的受众个性倾向也要有所了解。

(4) 了解受众的信息需求。本章第一节已经详细介绍了受众的信息需求,受众所需要的就应该是编辑所关心的,当然,编辑要满足的是受众的正当需求。

2. 真正尊重受众

在网络新闻传播中,编辑对受众的尊重表现在对受众信息需求的尊重、对受众视读心理的尊重、对受众意见的尊重、对受众信息接受心理的尊重等。具体来说,编辑要传播受众需要的信息,而不是自己认为重要的信息;在安排信息传播的版面时要尊重受众的视读心理;编辑应通过查看新闻留言等方式来了解受众的需要和意见倾向,并据此对传播活动进行改进;编辑还要根据受众的心理特点对新闻信息的"软"与"硬"、"深"与"浅"、"新"与"旧"等作适当比例的组合处理。

3. 积极引导受众

编辑对受众的引导主要体现在编辑对信息的选择上。在海量的信息中选择哪些信息,放弃哪些信息,哪些信息放在主页面上,哪些信息加入链接中,合理的安排可以对受众起到很好的引导作用。另外,由于部分受众对信息的判断能力不是很强,在一些容易引起争论的问题上,编辑要引导舆论的健康发展。编辑在引导舆论的过程中,要注意方法与策略,以理服人,巧妙引导,以免引起受众的逆反心理。

二、受众参与网络新闻生产

网络的互动性使得受众扮演了越来越重要的角色,他们逐步成为信息传播活动的主动参与者,受众参与网络新闻传播的方式也呈现出制度化、专业化和原创性等特点。

1. 受众参与网络新闻生产的方式

根据中国人民大学教授彭兰的观点,网民参与新闻生产主要有以下几种方式:

（1）启动式网络新闻生产。启动式网络新闻生产是网民有意或者无意地向网站提供新闻线索的一种方式,由于网络传播的便捷性,网民可以快速、准确地向网站提供新闻线索,而受众掌握的一些新闻线索也会在 BBS 或者论坛中显现,传播者通过浏览网民的这些线索可以掌握一部分信息。

（2）增值式新闻生产。增值式新闻生产是指网民对新闻的转发,使网络新闻得到更广泛的传播,从而实现新闻的增值。网民一般会把自己认为比较好或者有意义的新闻在论坛或者以邮件的方式转发,与他人分享,但是这种转发的前提是网络新闻对受众的吸引,他们判断的标准就是新闻对自己的吸引程度。

（3）互动式新闻生产。互动式新闻生产指的是新闻的生产过程本身就需要受众和传播者的共同努力来完成,比如说网站中的新闻调查栏目等（见图 5.2）。在许多新闻专题中,网站往往会采用嘉宾访谈的形式,请嘉宾在聊天室与网民进行互动讨论。

（4）提升式网络新闻生产。一则新闻在发出之后得到网络受众的点击、讨论,会在一定程度上提升网络新闻的关注度。

（5）资源式网络新闻生产。网络新闻调查、网络新闻论坛等都可以为网络新闻报道提供丰富的资源,帮助网站进一步发掘网络信息。

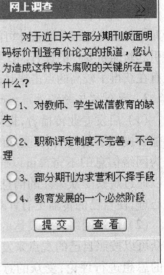

图 5.2　新华网上的网络调查

新一代互联网为受众进入网络传播领域,参与到新闻传播中,提供了一个更高的平台,越来越多的网民更加制度化、专业化地参与到原创性的新闻生产中。受众作为新闻信息的补充者、再加工者、整合者和解读者,已经成为新闻生产环节中独特的价值部分。特别是最近几年比较流行的博客生产新闻的方式,许多博客甚至正在形成"意见领袖"的地位。这些非专业的受众正在从边缘向中心渗透,虽然他们还仅仅是专业传播媒体的补充,但是已经成为网络传播领域不可缺少的一部分。

2. 受众参与网络新闻生产的特点

（1）随意性。受众在日常生活中有自己的工作，他们不可能像专业传播者一样每天都在关注或者发现新闻信息，大部分受众发现新闻信息或者参与到其中常常是无意的。大多数受众并没有受过专业的训练，对新闻的价值判断、选择发布等并不熟悉，他们的新闻生产从形式上来说是带有一定的随机性的。

（2）暂时性。在网络中有一部分受众对新闻事件的评论或新闻的转发比较热心，但是大部分受众的这种热情只是短暂的。当遇到自己比较感兴趣或者是自己比较熟悉的新闻信息时才会参与到新闻生产中，因此，受众参与到网络新闻生产中是暂时性的。

（3）群体性。单个受众关注的新闻很难产生影响，多个受众对某一新闻事件的评论或者调查才可能引起足够的重视，受众之间的不断争论会引起新闻重要性的提升。比如网民参与网络新闻生产的新形式博客，只有在获得了较高的点击率时，它才能为更多的人关注并产生影响。

3. 受众参与网络新闻生产的作用

（1）启发专业传播者，提高传播效果。受众参与到新闻生产中为传播者提供了新闻线索；受众的参与也是对网络新闻信息的一种补充，因为网络信息的不完善可以通过受众提供的信息进行完善；传播者还可以通过观察受众关注的信息种类和受众的评论分析来更好地了解受众心理，使自己的传播更有针对性，从而提高传播效果。

（2）促进网络意见表达的多元化。受众参与到网络新闻生产中，受众可以按照自己的观点来发布自己认为重要的新闻信息或者按照自己的思想进行评论，受众的意见得到了最大化的表达，个人得到了尊重。在某些问题上，受众的广泛参与可以形成巨大的舆论，甚至可以影响新闻事件的发展。近几年的南丹矿难、孙志刚事件、宝马案等，受众广泛参与到评论中，形成了巨大的影响，使网络媒体在与传统媒体的竞争中取得了优势。

与传统媒体相比，网络新闻受众表现出了强烈的个体性、虚拟性、自主性与参与性。受众的信息需求意识增强了，信息需求的层次更加多样，网络真正实现了受众的细分。网络新闻受众也呈现出新的心理状态，编辑对受众心理的掌握是实现传播效果最大化的前提与基础。而受众作为信息的传播者参与到网络新闻生产中，使传播者与受众的界限在网络传播中逐步模糊。

思 考 题

1. 在网络传播环境下,受众的信息需求有哪些层次?
2. 在浏览网页时,受众会有哪些心理?
3. 什么是受众的"相符"行为,具体有哪些表现?
4. 网络新闻编辑的受众意识包括哪几个方面?
5. 试分析受众参与网络新闻生产的方式以及特点。

第六章

网络新闻编辑的功能

编辑的功能是指编辑的功效或作用。在传统的编辑学研究中,研究人员一般是从人类文化传承或者精神产品生产的角度加以阐释,认为编辑的功能主要包括创造功能、导向功能、服务功能和教育功能。近几年,也有学者将编辑的功能细分为基本功能和社会功能,基本功能主要包括设计功能、组织功能、优化功能、协调功能;社会功能主要包括文化功能、教育功能、导向功能、娱乐功能[①]。在网络媒体中尤其是网络新闻编辑中,从传播学的角度分析,编辑的功能和作用除了符合以上的功能之外,在当前情况下,更为突出地表现在信息把关和舆论导向两个方面,这两个方面的功能是相互联系、相辅相成的,而不是孤立的。为了论述的方便,本章将网络新闻编辑的信息把关和舆论导向功能放在不同的板块进行讨论。前者主要侧重于对新闻信息的过滤,后者主要侧重于利用新闻信息和新闻评论进行舆论引导。

第一节 网络新闻编辑与信息把关

前面已经提到网络新闻传播中虚假新闻、有害信息的泛滥,中国人民大学舆论研究所所长喻国明一语道破其根本原因:人人都可以参与新闻的传播,而不可能人人都具有职业道德,也难保证每个人都受过新

---

① 罗紫初:《论编辑工作的性质、功能与地位》,载《图书情报知识》2003 年第 5 期,第 83—85 页。

闻专业的严格训练,通过他们所传递的信息,很难说是真正的新闻还是无知之见。在传统的大众传播时代,新闻信息传播的社会监控不难实现,但对于无边无际的网络而言,有效管理与控制却很难实现。政府的法律和执法机制根植于实体的地理范围之内,而因特网是一个全球性的媒介,它使各种信息能够跨越国家和地区的界限自由地流动,对一些在实体社会里违反法规而受到制裁的行为,一旦移到网络空间,由谁充当负责制裁的主体及如何制裁目前还不是很明确,要认定其行为人和发生地常常也是极其困难的。这些都给网络新闻传播的管理带来了挑战。

一、"把关人"理论

"把关人"又称为"守门人"(gatekeeper),是库尔特·卢因(Kurt Lewin)在《群体生活的渠道》一文中提出的。1947年,社会心理学家卢因研究分析了家庭主妇决定购买食物及家庭成员推荐食物的过程,他认为,信息总是沿着包含有"门"的某些渠道传播,这些传播能否顺利进行,总是以"把关人"的意见或某种团体规范作为依据的。由此及彼,他认为在新闻传播中,在某些地方也设有关卡和把关人,正是这些把关人决定了稿件能否作为新闻加以传播,以及采用何种方式传播。

传播学认为"把关人"是一种普遍存在的现象。在传播者与受众之间,"把关人"起着决定继续或终止信息传递的作用。把关人的把关行为可以分为两种——疏导与抑止,也就是通常所说的"取"与"舍"。前者说的是把关人准予某些信息流通的行为,后者则是指禁止一些信息流通或将其暂时搁置的行为。1948年,政治学者哈罗德·拉斯维尔(Harold Dwight Lasswell)在《传播的社会职能与结构》一文中提出5W传播模式(见图6.1),使人们明确地意识到在信息的传播过程中客观地存在着选择和把关这一问题①。

图 6.1　5W 传播模式

---

① 丹尼斯·麦奎尔、斯文·温德尔:《大众传播模式论》,祝建华、吴伟译,上海译文出版社1987年版,第16页。

1950年,传播学者怀特发现在大众传播的新闻报道中,传媒组织成为实际中的"把关人",由他们对新闻信息进行取舍,决定哪些内容最后与受众见面。从此,新闻选择的"把关人"理论从人们的不自觉行为成为大众传媒组织的有意操作,在更大范围和程度上或明或暗地影响新闻实践。怀特明确提出了新闻筛选过程的"把关"(gate-keeping)模式①,见图6.2。

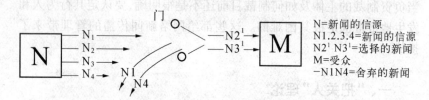

图6.2 怀特的新闻把关模式

二、互联网时代网络信息把关的实施

"把关人"理论是前互联网时代传播学界的经典理论。在传统媒体里,"把关人"是指编辑和记者两大类。首先是记者们根据自己的个人判断,决定哪些社会信息有机会被作为素材采集回来,交给编辑梳理、加工和最后发布;然后进入第二道程序,即编辑们直接面对林林总总的新闻素材,从中选择、过滤出符合新闻价值、宣传价值的信息对外发布,使之与受众见面,完成整个传播过程。在这里,"把关人"理论得到了充分体现,作为新闻从业人员的编辑、记者均被教育或培训,谙熟国家的宣传纪律和政策,对新闻信息可以进行把关。互联网出现之后,情况发生了变化。互联网以其宽容多元的精神本质和快捷便利的技术特征使得任何人都可以自由地传递信息,其传播的自由和自主性,使得每天在互联网上新出现的信息数量之大、传播速度之快,恐怕无论雇佣多少"把关人"也无法全面梳理,所以很多人下结论,网络时代的信息"把关"已经弱化,传统的"把关人"理论受到质疑。其实不然,虽然从新闻信息源到新闻传播所经历的选择、过滤、审核的过程在网上被省略掉了,但从"把关人"的广义概念来看,网络中的"把关人"依然存在。与

---

① White, D. M, "The Gatekeepers: A Case Study in the Selection of News", *Journalism Quarterly*, 1950(27).

大众传播中的"把关人"相比,其形式更加多样化。这里的"把关人"兼有传媒与受众的双重视野,它使网络把关人的角色在传播和接受中不断变换。从广义上讲,在网络传播中,把关人主要包括政府相关职能部门,它们主要在宏观政策和法规方面对互联网信息的传播加以控制;网络编辑、管理员、超级版主、版主、版副等,他们负责筛选本网站发布的信息,还随时关注网民的言论是否合理合法,其实他们所充当的就是"把关人"的角色。另外,国家的安全部门还部署"网络警察"在网络上巡逻。正是这些"把关人"的存在,才保证了网民拥有一个安定团结的网络环境。

1. 政府职能部门要加强对网络传播的行政和法律管理

无论任何时代、任何社会都有自己的传播制度,以及建立在这种传播制度基础上的规范和管理体制。互联网是一个新兴的媒体,对网络媒体的管理目前还处于一个探索的阶段。政府对网络媒体的管理主要体现在对网上意识形态工作的领导和管理,管理的实质是对网络内容的管理,以保证网络媒体坚持正确的办网宗旨、坚持正确的政治方向和舆论导向。如1997年3月,中央就曾专门发布文件,规定各网络新闻媒体必须在中央对外宣传信息平台上统一入网,不得自行通过其他途径入网,并明确规定国务院新闻办公室为网络新闻宣传归口管理机构。而对网络媒体的行政管理目前仍由新闻出版、广播电视、信息产业及文化等部门实行多头管理,其管理体制还需要在改革中进一步理顺,以保证和促进网络媒体的正常运行和健康有序的发展。网络政策规范的制定者在制定网络管理法规时,一方面要考虑这些政策规范的传统继承性,另一方面要具有超前的发展眼光,制定富有弹性的网络社会的道德法规与原则,为其进一步发展留有余地。国家还应在建立、试行网络传播规范的基础上制定专门的网络传播法,并为立法、司法、执法部门培训专门人才,提高政府法制化管理的水平。

在具体实践中,政府要严格执行网络新闻发布的有关规定,对网站要实现归口管理、分级负责。国内网站未经批准,不得自行采写和发布新闻;发布新闻要注明出处,并按传统报纸的转载要求进行转发;将一些不法分子利用网络散布的反动和非法的信息从网上清除,对触犯法律的要进行法律制裁。政府要将网络传播纳入法制化的轨道,从各个环节遏制不良信息在网上的传播。目前已出台多个涉及互联网的法规性文件,如国务院及有关部委以法规形式公布的《互联网信息服务管理办法》、《互联网站从事登载新闻业务管理暂行规定》、《互联网电子公告服务管理规定》、《互联网出版管理暂行规定》、《互联网上网服务营业场所管理条例》、《互联网等信息网络传播视听节目管理办法》、《互联网文化管理暂行规定》、《互联网著作权行政保护方法》、《互联网新闻信息服务管理规定》等,还有一些法律、法规,如《电信法》正在制订过程中,将会陆续出台。这些法律、法规对从事登载新闻业务的网站的条件及设立程序、上载新闻内容的禁止性条件、网络安全、网上知识产权的保护以及净化网络环境、维护网络秩序等一系列问题作出了明确规定,对于规范和管理国内网络媒体的建设和活动,抵御网上有害信息的思想渗透,维护国家安全等方面起到了积极的作用,也给各级行政管理部门依法执政、依法管理提供了依据。我国的网络媒体管理正在从直接的行政管理为主的方式,逐步过渡到以法律手段为主,辅之以行政手段的管理方式。

2. 网站新闻传播者要提高业务能力,加强职业道德建设

网络媒体需要大量既懂新闻业务、又懂经营管理、还懂网络技术,同时具有良好的职业道德和专业精神的"复合型"人才。近几年来,一大批新人加入了网络新闻宣传队伍,很多人是技术人员或者美工出身,没有经过新闻专业知识的培训。由于他们缺乏对新闻传播基础理论的了解,不懂得什么是新闻传媒的社会责任、什么是新闻记者的职业道德和精神操守,因而在网络传播中忽视了对人文精神的关照和舆论的引导,这也是部分网络媒体特别是商业网站出现新闻质量下降、不能正确引导舆论的重要原因。网络媒体应该成为一个学习研究型组织,努力帮助网络编辑提高思想政治水平,提高新闻业务水平和网络道德水平,增强媒介素养和培养专业精神,这样网络媒体才能真正承担起自己的社会责任。在现阶段,法律和技术对网络传播的监控都是有限的,因此道德的作用显得尤为重要,需要通过网络新闻传播者的自律来实施监控。网络新闻传播者在从事网上新闻的编辑与发布时,要严格遵守真实性原则,保证内容健康、积极向上。公告板和网络论坛的版主或负责人要格外把好关,对于讨论内容负有监督的责任,一旦发现发言内容不适合发表,要立刻清除。自网络媒体在我国兴起后,各新闻网站和商业网站纷纷成立自律性组织,如1999年4月15日,由20多家主流媒体在北京签订了第一个《中国网络媒体公约》;2002年8月17日,在"中国网络媒体论坛"上又有几十家网站通过了《保护网络作品权利信息公约》,这些无疑促进了网络媒体的健康发展。

3. 网站技术人员要不断研发和升级技术把关手段

网络传播是高科技的产物,高科技不但为网络信息产品的传播提供了技术支持,也为网络传播的社会控制提供了技术手段。目前,各国针对网络媒体尤其是网络内容产品的管理已采用了不少的技术措施,如通过建造防火墙、在网络上建立智能化安全系统,对网络媒体进行监管,主动将不良信息拦截在外;开发启用网络信息内容的分级过滤软件,将网上的不良信息分成不同的级别,设置过滤标准;对全球色情、赌博、毒品和邪教等有害网站进行屏蔽等。现代科技的发展将会为网络传播的内容管理提供更多、更有效的技术保障。以新闻信息把关为例,启用分级过滤软件,信息超标就不被显示,如1996年启用的"互联网络内容选择平台",采用类似影视作品的分级制,将互联网络上的信息分为性、暴力、语言和裸体镜头四个方面,每个方面的信息分为0至4级,级别越高,危害越大。还有一种常见的方法就是"关键字"过滤:制定一张"关键字"列表,用户发帖后,系统自动在帖子中寻找列表上的"关键字"。如果没有匹配字段,则马上发布;如果有,则禁止发布(或者对关键字进行修改、屏蔽)。这样的检查一般只需要1秒钟,所以用户不会因为等待而产生焦躁和厌烦感。

用技术把关代替人工操作的好处是非常明显的。首先是大大减轻了管理人员的工作压力,不用24小时紧张地盯着屏幕提防"事故";其次,杜绝了人工作业的"万一"现象,做到绝无遗漏;第三是可以应用在一些人力无法驾驭的领域,比如E-mail检查、论坛短消息检查。事实上,技术把关现在基本上已经成为网站维护的必备手段,在每个网站都设立低成本、高效率技术把关的情况下,网络信息传播的"把关"自然得到了强化。

4. 加强公众监督、媒体监督

网络媒体还应该自觉接受来自社会和公众的监督,这也充分体现了公众对网络媒体应有的民主权利。2004年6月,拥有140多个成员单位的中国互联网协会互联网新闻信息服务工作委员会成立了"违法和不良信息举报中心"网站,并在网站上公布了《互联网站禁止传播淫秽、色情等不良信息自律规范》,仅一年时间就收到各类公众举报143 000多件次。根据公众举报,配合国家执法部门,关闭了淫秽色情网站1 800多家,并督促网站删除各类违法和不良信息10万多条次,标志着我国网络媒体在公众监督方面迈出了实质性的一步。

在网络传播中,传统媒体在很多方面也影响和规范着网络信息传播。许多新闻网站就是采取和报纸、电视、通讯社相互合作的形式获取信息源,传统媒体在一定程度上仍然设置着网络的议题。当然不排除一些问题在传统媒体没有报道时,网络就已开始传播,但更多的是在传统媒体上报道的事件成为网络传播的焦点。电视、广播和报纸还可直接建立自己的网站或采取电子版的形式,由于这些传统媒体本身所具有的品牌优势、公信力、权威性和可靠性等,它们的网站比较容易获得网民的认可。商业网站由于没有新闻采访权,其新闻大部分来自电视、广播、报纸等传统媒体。因而从总体上来说,人们获得信息的主要来源仍为传统媒体,传统媒体可以通过控制信息源,对网络传播进行监督。另一方面,网络媒体之间也应该建立有效的相互监督机制,不断提高网络媒体的社会公信力,把互联网站建设成为传播先进文化的阵地、虚拟社区的和谐家园。

网络新闻信息的传播和控制是一个复杂的社会系统工程,它体现了全部社会结构和社会关系的复杂性。从某种意义上来说,这不是网络新闻编辑或网络媒体单方面的把关所能奏效的,而需要社会各方面的努力,团结协作。对于网络新闻编辑人员来说,信息把关是进行网络新闻传播的第一个步骤,也是决定信息传播成与败、效果优与劣的重要一环,因此做好信息把关是进行网络新闻编辑工作的重中之重。

第二节 网络新闻编辑与议程设置

当前,互联网已成为各种意识形态和价值观念传播的一块重要阵地。随着网络传播对社会舆论的影响力不断增大,对网络传播的管理也越来越引起社会的关注和重视。党的十六大报告指出:"新闻出版和广播影视必须坚持正确导向,互联网站要成为传播先进文化的重要阵地。"党的十六届四中全会通过的《关于加强党的执政能力建设的决定》又一次强调:"高度重视互联网等新型传媒对社会舆论的影响,加快建立法律规范、行政监管、行业自律、技术保障相结合的管理体制,加强互联网宣传队伍建设,形成网上正面舆论的强势。"在网络新闻生产过程中为了要保证正确的导向,对新闻信息把关是一种手段,另外我们还需要重视对网络新闻领域中的"意见流"的正确引导,进行议程设置。南京大学新闻传播学院副教授秦州在《网络新闻的过去、现在和未来》一文中指出,网络新闻的同质化现象非常严重,对策在于进一步重视对"意见流"的利用①。

一、"议程设置"理论

媒介议程设置功能理论的明确形成是在 20 世纪的六七十年代。1963 年,伯纳德·科恩在《报纸与外交政策》一书中关于报业威力的一段名言成为议程设置理论的滥觞:"在多数时间,报界在告诉人们该怎样想时可能并不成功,但它在告诉它的读者该想些什么时都是惊人地成功。"也就是说,媒介难以左右人们的思想倾向,但却易于操纵人们的思想内容。1972 年,麦克斯维尔·麦库姆斯和唐纳德·肖在《舆论季刊》上发表一篇论文,题目是《大众传播的议程设置功能》,他们的理论假设是:大众传播媒介作为"大事"加以报道的问题,同样也作为"大事"反映在公众的议事当中;传媒给予的强调越多,公众对该问题的重视程度就越高②。根据这种高度的对应关系,麦库姆斯和肖认为,大众传播具有一种为公众设置"议事日程"的功能,传媒的新闻报道和信息传达活动以赋予各种"议题"不同程度的显示性的方式,影响着人们对周围世界的"大事"及其重要性的判断。图 6.3 是 D·麦奎尔和 S·温达尔关于"议程设置功能"假说的示意图③。

图中左侧的 X_1,X_2,

图 6.3 "议程设置功能"假说的示意图

---

① 秦州:《网络新闻的过去、现在和未来》,http://www.zijin.net。
② 郭庆光:《传播学教程》,中国人民大学出版社 1999 年版,第 214 页。
③ McQuail. D and Windahl. S, *Communication Models*.

X_3……代表现实生活中的各种"议题",中间的粗黑线段表示传播媒介对这些"议题"的强调程度,右边大小不一的 X 代表公众对这些"议题"及其重要性的认知。通过该图,我们可以观察到传媒的"议程设置"与受众的"议程认知"之间高度的相关关系。

自 20 世纪 70 年代以来,议题设置假设始终是传播理论领域的主导概念之一。议程设置理论在网络媒体环境中,最重要的体现就是互联网中存在着一个潜在的"意见市场",网站的建设者、管理者、经营者都不能忽视它。1998 年由《编辑与出版商》杂志做过的一项调查显示,最赚钱的新闻网站是那些提供原创评论内容的网站[①]。其实网络新闻评论不仅产生经济效益,更可以产生巨大的社会效益。网络新闻评论有责任引导网民正确认识新闻事件,正确参与社会热点问题,实现对某一现象正确的舆论导向。2004 年,温家宝总理在看到国务院办公厅选编的《互联网信息择要》后,就拖欠农民工工资问题做出批示,此事当选 2004 年中国网络媒体十大新闻,这证明,应当重视互联网对中国社会进步与发展的建设性价值。

二、网络新闻媒体进行舆论引导的优势

1. 意见上传速度快使新闻评论时效性强,有利于抢占舆论宣传的先机

时效性对于新闻言论和新闻报道一样,都有着重要的价值,尤其是关于新闻事件的言论,只有讲究时效性,才能赢得受众,掌握舆论宣传的优势。利用网络媒体发表新闻言论速度快,一方面体现在受众接触新闻方便、快捷、形成意见快;另一方面,意见发表过程简单,对专业技术要求不高,意见文字稿形成以后,点击相应按钮只需 1 秒到 2 秒就实现了评论的上传、发布。此过程与报纸的文字输入、排版、印刷、发行以及电视评论的主题策划、节目录制、播放比较,操作流程节点少,非常省时。

2. 无限的相关链接使言论更加开放、深入,有利于营造舆论宣传的声势

利用网络媒体进行新闻评论,由于信息存储不受空间大小的限制,关于某一主题的新闻言论可以是多人、多方参与,无论是一般的网民,

---

① 罗兰·德·沃尔克:《网络新闻导论》,彭兰译,中国人民大学出版社 2003 年版。

还是网站新闻编辑和时事评论专家,都可以参与评论;另一方面,网络可以利用链接将其他网站的言论加以综合、集纳形成专题,或者将传统媒体的言论转化成电子文本、视频或音频的形式上传至网络中,因此网络媒体的言论可以更加丰富、饱满,产生的舆论力量更加强大。

3. 传播方式的交互性使网络新闻言论的群众参与度高,有利于舆论宣传赢得民心

新闻评论的对象是与广大群众的实际工作和生活密切相关的问题,所以决定了新闻评论具有一定的群众性特征。在网络条件下,新闻评论的群众性特征又赋予了新的含义,网民对于网络新闻不仅仅满足于消费,还表现为强烈的参与,可以在阅读新闻后提出意见,可以在新闻论坛中发帖,也可以用 OICQ、ICQ、网易泡泡等实时聊天工具讨论时事新闻。因此,网络为现实社会提供了前所未有的多元舆论空间,这种"互动式"评论吸引了天南地北、国内外的网友广泛参与,为网民提供畅所欲言的机会,为舆论宣传赢得民心。

著名舆论学者刘建明教授认为,进入 21 世纪,"意见竞争"已经成为大型网络论坛"激烈的舆论战场",这种"网络意见中枢"的出现,正在冲击着传统媒体的舆论权威地位。传统媒体言论放开如果受到限制,网络舆论将占有更大的优势,社会舆论就会经常保持激活状态。

三、如何进行网络新闻的舆论引导

对于网络新闻编辑来说,进行网上舆论引导,需要把握好三个"度",处理好四个关系。

1. 把握好三个"度"

(1) 提高网络"把关硬度",提升言论的"可信度",防止舆论导向出现错误。网络媒体属于全人类、全社会,但凡可以接触网络的人都可以身处其中使用它,因此它的把关"硬度"较之传统媒体较弱,容易使一些虚假的信息广泛流传。解决这一问题可以采取技术手段对虚假的、错误的言论加以及时过滤、拦截,防止滋生蔓延。对网络上的言论可以采取先审后发、边审边发的处理方法,对于违背道德规范、不符合真实性的言论可以硬性删除。

(2) 提高评论的"精度",增强严肃性,防止舆论导向出现偏差。网民发表评论的时候比较自主随意,评论的主题往往不是很明确,语言

没有责任感,论证过程缺乏力度,从而出现了一些不严肃的言论。最典型的就是针对新闻人物的人身攻击和诽谤,另一种就是口水跟帖,既浪费了网络资源空间,又影响了网民的阅读效果。对此,各大网站推出了相应的发帖规则,而且网站有意进行"议题设置",由网站编辑、新闻评论员提供议论的主题,引导网民进行讨论而不是漫无目的地发表言论。

(3) 提高评论立意"高度",加强评论的理性色彩,避免舆论引导无所作为。网络媒体中存在大量论点浅显、论据贫乏、论证无力的言论,新闻网站必须采取措施在评论中注入理性因素:一是培养新闻评论精兵强将,给这些评论人员以足够的空间,充分施展他们的个性。二是邀请专家加入评论,他们拥有雄厚的专业知识积累,对新闻事件有自己的真知灼见。一方面,专家可以在网上发表自己的评论,形成主导意见,引导舆论;另一方面,专家可以与网民利用网络进行实时交流,由于专家的介入,潜移默化中提升了讨论主题的理论高度,而且可以锻炼网民的评论水平。

2. 处理好四个关系

(1) 处理好"媒介议程"与"受众议程"的关系。"媒介议程"和"受众议程"实际上是互相影响、互相制约的。"媒介议程"会在一定程度上影响"受众议程",但它的作用是相对的,因时间、地点、环境而异,归根结底起决定作用的还是"受众议程",这是由媒介和受众的基本关系所决定的。完全违背受众意向的"媒介议程"不仅不可能真正作用于"受众议程",而且最终将被"受众议程"否定或改变,这也就是所谓的"制造舆论",即背离民意、无中生有地设计一种意见、一种事实,让人们相信它。历史上有过一些大众传播媒介硬要把不得人心的"议程"强加给公众,让公众按照它们的意向设置议程,结果不但未能成功,反而被公众抛弃了。

(2) 正确处理双向互动与舆论导向的关系。网络传播不仅实现了媒体与网民的互动,而且实现了媒体与媒体的互动,还可以通过策划和组织,在网上实现网民与嘉宾、网民与网民的多重互动,这不仅为广大网民通过网络畅所欲言、参与社会管理开辟了通道,而且也为网络媒体搜集反馈、体察民意、了解舆情提供了窗口,但从负面看,它也给一些非理性的、错误的甚至有害的言论和信息出笼提供了机会。因此,网络媒体在跟帖选登、论坛管理、活动策划、专题设置上要做到精心策划、认真组织、加强管理、积极引导,充分发挥"议题设置"和"意见领袖"的作用,通过网上的互动达到传受双方相互启发、活跃思想、提高认识、形成合力的目的。相反,如果媒体在与网民的互动中,对来自网民的一些错误观点听之任之、麻木不仁,或者在与其他媒体的互动中,对一些虚假、不良的信息随意链接,就会偏离方向,产生各种预想不到的危害。

(3) 处理好虚拟空间与现实控制的关系。互联网在给人类社会提供了一个新的传播工具的同时,也创造了一个从未有过的"虚拟世界",在这个"虚拟世界"里,没有国度,没有警察,没有军队,也没有种族、身份、地位、性别的差异。网络给人们提供了一个近似梦幻的虚拟空间的同时,也给人们造成了一个"乌托邦"式的错觉:在网上人人都拥有充分的自由,想怎么说就怎么说。事实上,任何传媒包括网络媒体在内,都不过是现实生活的"拟态环境",它既是虚拟的又是实在的,既不是现实环境的"镜子"式的再现,又不可能摆脱现实环境对它的制约。在网上,无论是谁,都不能逃避在现实生活中应承担的社会责任和应受到的政治法律制度、社会道德观念的约束。

(4) 处理好舆论多元化与主旋律并重的关系。网络媒体作为新闻、资讯、观念的重要信息源头,也是社会流行理念和时尚娱乐的"文化工厂",正是多向的渠道来源和多元的观念撞击,使网络成为聚集受众人气的"精神家园"。网络媒体的多元化是社会发展多元化的必然反映,从文化角度来说,在多种文化的取向中必然有一种起主导作用的文化,即"主流文化",它牵引着舆论导向,并从价值观念、意识形态、生活方式等方面对受众加以影响。当前,我们时代的"主流文化"是坚持正面宣传,传播先进文化,倡导科学精神,用积极、健康向上的精神文化产品去抵制不良文化的渗透。网络媒体应力求使新闻内容既切合社会大众的多元化的精神需要,又与"主流文化"的发展相一致。

思 考 题

1. 在互联网时代,如何更好地进行信息把关?
2. 网络新闻在进行舆论引导时与传统媒体相比具有哪些优势?
3. 对网络新闻编辑来说,进行网络舆论引导的三个"度"和四个关系是什么?
4. 简要解析"把关人"理论。

第七章

网络新闻编辑的技术环境

所谓网络新闻编辑的技术环境,是指一个网络媒体或新闻网站得以建立与运行的技术平台及相关的技术要素。本章介绍的技术环境主要包括网站的技术平台、网站的内容管理与发布系统、网站的基本服务项目和网页制作的技术基础,了解这些技术知识,网络编辑会对网站的工作原理和网页制作有更深入的认识,对更好地开展编辑工作将大有裨益。

第一节 网站的技术平台

一个网站的技术平台,主要由硬件平台、软件平台和线路接驳三个部分组成,下面分别叙述[①]。

一、网站的硬件平台

网站的硬件平台主要包括数据库服务器和磁盘阵列产品、制作服务器、应用服务器、路由器与交换机和安全设备等。要根据网站的基本定位、基本功能、初期访问量及中后期的可扩展性来决定硬件平台的设计与选择。

---

① 参见杜骏飞:《中国网络新闻事业管理》,中国人民大学出版社 2004 年版,第 336—338 页。

(1) 数据库服务器和磁盘阵列产品。

数据库服务器由于处理数据的吞吐量大，牵涉到数据的安全性，档次要高一些。大型网站通常需要四台数据库服务器，两台作 Web 发布服务器（一台备份用），两台作邮件服务器。

(2) 制作服务器。

制作服务器用来安装运行网站内容信息发布系统[①]，其技术性能的要求要比一般应用型服务器高，如通常要双 CPU，内存至少 2 M 以上。

(3) 应用服务器。

应用服务器主要用于 DNS 解析、Proxy 服务、统一用户管理（含论坛、聊天室）、博客系统、广告管理、Web 监控、多媒体服务等应用或管理项目。对大型网站来说，每一个项目一般都独占一台服务器。

(4) 路由器与交换机。

路由器是连入不同网段的"网关"，在保障网络安全方面也发挥着重要作用；交换机则是连接各服务器及工作站的枢纽，并起到负载均衡的作用，它们的性能对整个技术平台至关重要。

(5) 安全设备。

安全设备主要指硬件防火墙和企业版杀毒软件。采用防火墙主要为了防范黑客攻击，新闻网站一般宜采用硬件防火墙，即时进行入侵检测和漏洞扫描，其防范机制是：内部网络 <—> 防火墙（Filter） <—> 路由器（Router） <—> Internet。企业版杀毒软件用来查杀局域网内的病毒。

二、网站的软件平台

一个大型网站的软件平台至少应包括如下系统：操作系统与数据库软件、应用软件和多媒体系统。

(1) 操作系统与数据库软件。

由于 Unix 系统的超强稳定性，大型网站的 Web 服务器一般采用 Unix 操作系统。制作服务器和应用服务器则采用 Windows Server 系

[①] 网站内容信息发布系统，通常也称为"网站信息发布系统"或"网站内容信息管理系统"。

统。数据库软件一般采用大型数据库系统，如 Oracle、DB2 或 SQL Server，要注意操作系统、发布系统与数据库系统的匹配问题，如由方正电子公司开发的早期的翔宇发布系统只能用 DB2 做数据库。

（2）应用软件。

应用软件种类繁多，可以分为两类：一类是成品性的，如发布系统、电子邮箱、用户统一管理（含论坛和聊天室）、投票器、博客系统、检索系统、广告管理系统、Web 监控系统、手机短信、访问统计分析系统、双机热备份软件等；另一类则是根据网站的一些特殊需求、需要临时开发的，如网上订票、网上挂号、电子地图和旅游景点查询等。

（3）多媒体系统。

在网络带宽不断提级的情况下，多媒体系统在新闻网站技术平台中的地位也日显重要。多媒体系统中的视频系统比较复杂，这里单独分析一下。实现网上的视频需求，要考虑三个方面的问题：

首先是视频格式选择。早些年网络视频格式主要有两种，即 Apple 公司的.mov 格式与 Real 公司的.rm 格式，前者的优点是无流量限制，后者的优点是在线播放受带宽限制相对较少。近年来由微软开发的.wmv 格式开始流行，它与主流的网络视频格式.rm 大有各占半壁江山之势。值得注意的是，目前在美国最红火的视频分享网站 youtube.com 上，提供给用户在线浏览与下载的视频格式是.flv，似有成为网络视频新宠的倾向。下面分别对这三种视频格式作一简介。

● RM(Real Media)

RM 是由美国著名的 Real Networks 公司制定的音频视频压缩规范，可以根据不同的网络传输速率制定出不同的压缩比率，从而实现在低速率的网络上进行影像数据实时传送和播放，用户则可以使用 RealPlayer 播放器对视（音）频内容进行在线播放。RM 作为网络视频格式的"龙头老大"，其另一特点是它可以通过 Real Server 服务器将其他格式的视频转换成 RM 视频并由 Real Server 服务器对外发布播放。

● WMV(Windows Media Video)

WMV 是由微软推出的一种采用独立编码方式并且可以直接在网上实时观看视频节目的文件压缩格式（音频格式为 WMA）。这一视频格式的优点主要有：本地或网络回放、可扩充的媒体类型、部件下载、可伸缩的媒体类型、流的优先级化、多语言支持、环境独立性、丰富的流间关系以及扩展性等。

● FLV(Flash Video)

FLV 是一种 Flash 视频文件格式,由 Macromedia 公司开发,它是最新的优秀流媒体解决方案的要素之一。其原理是将视频文件导入 Flash 软件,再经过其压缩导出为网络动画格式,因此具有较高的压缩率和下载速度。利用这一原理,可以将任何视频文件压缩为 FLV 文件,然后用于在线播放与下载。尤其是 Flash MX 2004[①],对 FLV 提供了完美的支持,它的出现有效地解决了视频文件导入 Flash 后,使导出的 SWF 文件体积庞大,不能在网络上很好地使用等缺点。

其次是视频服务器及工作站。视频服务器与应用服务器档次相当即可以了,只是硬盘要大,一般不要小于 150 G。视频服务器上要配备 Microsoft MediaPlay Sever 或 Real Player Server 这类软件。视频工作站用于视频流的编辑,可以采用高端 PC 机或苹果机,需要配上 Media Encoder 类解压软件和 Premiere 类编辑软件。

最后是其他配套设备。包括数字录放机,用于转录、输出电视信号,还需要小型视音频四路切换台,用于视频采集时与有线电视多套节目信号源的切换。

三、网站的线路接驳

近年来随着宽带城域网的开通和互联,专业大型网站基本采用了宽带和专线并用的接驳方式。接驳的原则是进线与出线分开。进线指外面访问网站 Web 服务器及其他应用服务器的,要单独向电信部门申请一根专线并强调接入骨干网,以提高访问速度和面向宽带用户。出线指网站工作人员访问 Internet 的工作用线,因走向与进线相反,宜另申请专线,从而不至于影响用户对网站的访问速度。一般来说,进线需 100 M 或 1 000 M 宽带,有条件者还可预留一根 10 M 的进线备用,这样一旦主进线故障不会导致网络访问中断;出线宜用 2 M 的 DDN[②],以加

---

① Flash MX 2004 是 Macromedia 公司于 2004 年推出的一款优秀的 Flash 动画设计软件。

② DDN 是英文"Digital Data Network"的缩写,意思是数字数据网,它由数字传输电路和相应的数字交叉连接复用设备组成,可提供永久或半永久性电路,以传输数据信号为主。

快工作人员更新网站的速度。图7.1是一个大型网站的网络拓扑结构图,从中可以了解网站基本的技术平台和运行流程。

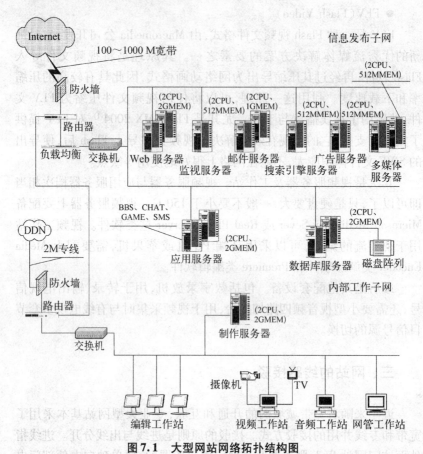

图7.1 大型网站网络拓扑结构图

第二节 网站的内容管理与发布系统

一、信息发布系统简介

新闻网站的内容管理与发布系统(以下简称为"信息发布系统"),是将网站上需要经常变动、更新的信息,进行模板化更新与集中式管理，并将信息按照其共性和有关标准进行编码、分类，最后系统化、标准化地发布到网站上。个人网站和一些小型企业网站一般很少采用发布系统，而是用手工方式生产静态的 HTML 页面，每次更新信息需要做一个页面，然后通过 FTP 上传，这样维护起来比较麻烦。而网站的信息发布系统大大减轻了网站更新维护的工作量，通过后台程序在浏览器上只需录入文字和上传图片就可以快速实现信息的更新与维护，从而大大加快了信息的传播速度，同时使网站易于做到全部页面风格统一，保持页面美观，并为网站改版时批量生成新页面奠定了基础。

如由北大方正电子有限公司开发的方正翔宇 ICS[①] 网站内容服务系统，就是一套典型的适用于大型新闻网站的信息发布系统。ICS 分为服务器端和客户端两部分，为用户提供模板制作、稿件入库、编辑加工、发布的全套工作流程，其工作原理见图 7.2。

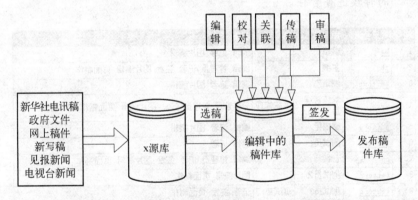

图 7.2　方正翔宇 ICS 网站内容服务系统工作原理图

下面以 ICS2.2 为例，分析一下它的几个主要子系统。

1. 用户管理子系统

用户管理子系统用来确定对信息发布系统的权限。在 ICS2.2 中，用户的权限分为 12 类：记者、编辑、图片编辑、预签、签发、页面制作、分类管理、用户管理、广告制作、广告签发、热字管理、版本监控（见图 7.3）。具体权限为——

---

① ICS 是英文"Internet Content System"的缩写。

记者：在源稿库中写稿。
编辑：在编辑库中写稿及修改其名下的稿件。
图片编辑：修改图片库中的稿件。
预签：签发到版面中，可预览显示，但如要正式发布则需要有签发权限的用户签发。
签发：签发稿件使之正式发布。
页面制作：新建、修改模板。
分类管理：对内容类别（栏目名称）进行编辑。
用户管理：设置各用户的权限。
广告制作：在各页面中设置广告位置。
广告签发：决定广告是否正式发布。
热字管理：设置、修改热字分类及热字。
版本监控：查看一篇稿件的整个操作流程，方便在出现错误的时候追查责任。

编号	用户登录名	用户名	所属部门	权限
1	bj	编辑		编辑 记者 图片编辑
2	zb	主编		编辑 管理员 记者 签发 图片编辑 页面制作
3	editorb	编辑乙		编辑 记者 图片编辑
4	sa	系统管理员	系统管理	分类管理 管理员 签发 图片编辑 页面制作 用户管理
5	editora	编辑甲		编辑 记者 图片编辑
6	tester1	测试员1		编辑 记者
7	cp	仓鹏		编辑 管理员 记者 签发 图片编辑 页面制作
8	tester2	测试员2		图片编辑 页面制作
9	tester3	测试员3	测试部门	记者 签发 页面制作
10	aa	李浩		编辑 管理员 记者 签发 图片编辑 页面制作
11	slli	李守亮		编辑 管理员 记者 签发 图片编辑 页面制作
12	hu	hu		
13	wj	wj	wj	编辑 管理员 记者 签发 图片编辑 页面制作
14	su	su		编辑 分类管理 管理员 记者 签发 图片编辑 页面制作 用户管理

图7.3 ICS2.2 用户管理系统查看用户界面图

2. 模板编辑子系统

把用网页制作软件如 Dreamweaver 做好的各级 HTML 页面，通过发布系统形成模板页面，此过程俗称为套入发布系统。套入发布系统的关键是制作与编辑模板，在 ICS 系统内，模板制作与编辑是通过插入普通组件和高级组件来实现的。普通组件是纯界面操作性的，用户可以根据菜单的提示实现对模板的制作；高级组件则提供了更为灵活的方法，用户可以编辑 HTML 语言，根据自己的需要对各个功能进行随意的组合。像栏目节点、文章列表和文章格式这三类基本内容格式，ICS2.2 可以分别通过 ClassList、TitleList 和 Content 这三个普通组件来实现，也可以通过 AdvClassList、AdvTitleList 和 AdvContent 三个高级组件来实现。ICS 一共提供了 46 个普通组件，3 个高级组件。在后续的工作中，需要修改页面或网站进行改版时，只要编辑修改模板，由这些模板生成的大量风格统一的页面就可以得到批量更改。

图 7.4 为 ICS2.2 普通组件中的显示文章内容组件 Content，它可以通过 CSS 样式来定义文章页面中每个部分的样式，如"文章标题"、"文章副题"、"作者"、"摘要"文字的字体、颜色等，还可以设定显示稿件的发布时间格式，可以在下拉框中选择或自己设定，在该选项中如果出现大写的文字串"YEAR"、"MONTH"、"DAY"、"HOUR"、"MINUTE"、"SECOND"，那么这个串在正式输出时就会变成对应的真实稿件的年、月、日、时、分、秒。在信息发布系统中，稿件的稿签样式都是由可视化的编辑器来设定的。

图 7.4 ICS2.2 中文章内容组件 Content 的编辑界面

3. 分类管理子系统

分类管理子系统将信息按类别组织，使类别可以动态增加、修改或删除。分类组织管理大大提高系统的灵活性和扩展性，使得系统可以很方便地增加、修改、删除内容类别，还可以更改类别顺序从而确定相关类别(通常表现为栏目名称)在网站页面上出现的顺序。在 ICS2.2 中,每个类别对应于一个节点,节点显示在页面上,就是栏目或专题的名称。节点结构有点像树状文件夹,但每一个节点都有唯一的节点号供系统确认。每个节点都有若干参数可供选择与编辑,有些参数与模板组件是相互配合和制约的。

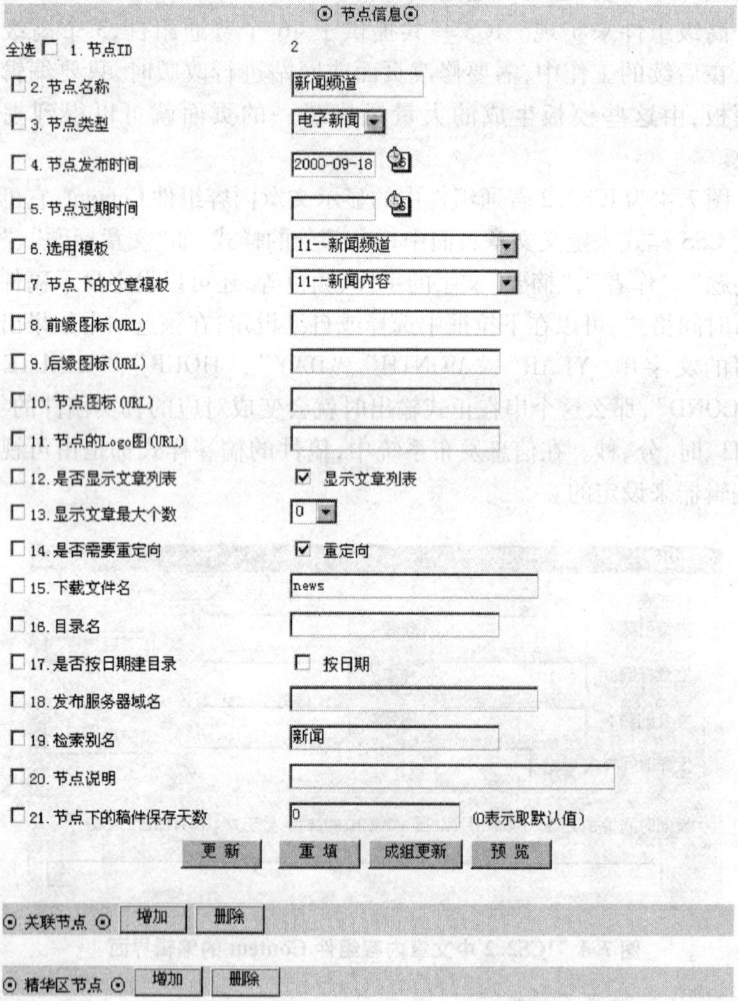

图 7.5　ICS2.2 分类管理系统节点编辑界面

图 7.5 为节点编辑界面,兹对其中各选项的功能解释如下:

节点 ID：由系统定义的表示该节点的唯一标识号。

节点名称：定义节点的名字。

节点类型：选择模板中的节点类型，如电子新闻、首页新闻、专题、连载、版次、栏目。

节点发布时间：设置节点的发布日期。

节点过期时间：设置节点的过期日期。

选用模板：选择节点所使用的模板。

节点下的文章模板：选择节点下的文章模板。

前缀图标(URL)：设置前缀图标的名字和地址①。

后缀图标(URL)：设置后缀图标的名字和地址②。

节点图标(URL)：设置节点图标的名字和地址。

节点的 Logo 图(URL)：设置节点 Logo 图的名字和地址。

是否显示文章列表：选择是否显示文章列表。

显示文章最大个数：选择显示文章最多个数。

是否需要重定向：自动发布的节点，如果时间会出现不一致的情况，如有的节点每天都更新，有的节点三天才更新一次，通常应选择此项。

下载文件名：设置重定向的文件名。

目录名：在下载时按节点组织目录时定义的该节点的目录名。

是否按日期建目录：设置下载时的目录结构。

发布服务器域名：发布到服务器时，定义该节点的发布地址。

检索别名：在检索程序中用于查找的名字。

节点说明：说明节点信息。

节点下的稿件保存天数：归档程序根据这里所设置的时间来确定是否清理该节点下已归档的稿件。

4. 编辑管理子系统

编辑管理子系统用来管理、维护内容信息，提供在后台对信息内容(文章和栏目)的输入、查询、修改、删除等功能，以及修改信息状态以确定信息是否出现在类别首页或网站首页。

---

① 前缀图标在 Web 页面上显示为由此节点所代表的栏目名称前的装饰性小图标。
② 后缀图标在 Web 页面上显示为由此节点所代表的栏目名称后的装饰性小图标。

在ICS2.2中,编辑管理子系统又叫稿件编辑器,是记者写初稿、编辑校稿及编排页面的主要编辑场所,经过该系统处理的稿件将进入ICS的发布子系统,由总编或其他有签发权限者在那里签发上网。ICS2.2编辑器(见图7.6)支持WORD的DOC格式文件和纯文本TXT文件,其基本功能有:打开、存盘、查找文本、剪切文本或对象、复制文本或对象、粘贴文本或对象、取消上次编辑、恢复上次编辑、图像编辑,还可以插入文本、超级链接、表格、Script脚本、HTML格式文件和多媒体文件。对文本格式的自动编排是编辑器的一项重要功能,ICS2.2编辑器具有自动识别段落、首行自动空格、自动去掉多余的空格、自动分段并行首空格等功能,极大地提高了编辑工作的效率,减少了新闻网站的人力支出。

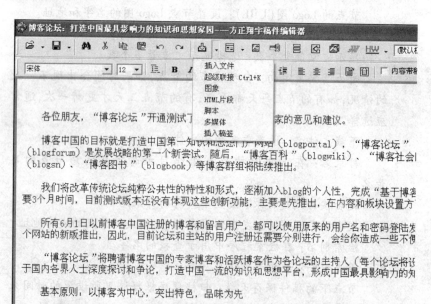

图7.6 ICS2.2编辑器界面

编辑器中的稿签属性窗口(见图7.7)可以浮动在编辑器窗口上,用来编辑稿签单内各项内容。

除上述四个基本子系统外,ICS2.2还包括发布子系统、广告子系统、图片子系统以及内部检索、热字管理、资料管理等功能。

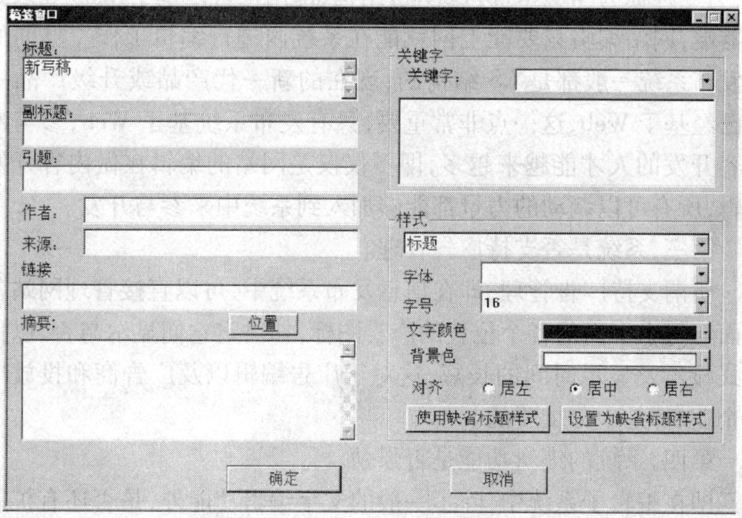

图7.7 ICS2.2 稿签属性窗口

二、信息发布系统的选择

信息发布系统的选择与整个网站的软硬件平台有着密不可分的联系，是搭建软硬件平台最重要的几件事之一。当然，相对来说，它也有自身的独立性。在选择发布系统时，主要有五个因素需要考虑。

第一，系统是否稳定、快捷。

作为网站信息发布的中枢，信息发布系统的稳定与快捷直接影响到网站建成后长时期内内容发布的整体效率。反映信息发布系统性能的指标很多，这里主要看一下发布系统的并发处理能力，尤其要观察在最高客户端数同时签发稿件的情况下，系统是否会出现塞车及死机现象。一个具有良好并发处理性能的信息发布系统应能满足下列要求：(1) 同时允许 100 个客户端程序运行；(2) 单篇稿件数据总量不低于 10 000 个汉字；(3) 单篇稿件的稿件入库、修改、签发时间≤3 秒；(4) 单篇稿件页面合成时间≤6 秒；(5) 稿件列表签发时间≤8 秒。

第二，系统是否支持远程编辑。

发布系统有两种类型，一种称为 CS(Client/Server) 结构，即其客户端只能在局域网内与服务器端联通，所有编辑工作都只能在网站内进行；另一种称为 WS(Web/Server) 结构，即用户可以基于 Web 登录到服务器端，网站编辑只要能上网就能在系统内进行编辑工作。早期的信息发布系统一般都是 CS 结构的，现在的新一代产品或升级产品一般都已经基于 Web，这一点非常重要，只有发布系统基于 Web，参与网站内容开发的人才能越来越多，即不仅仅是网站的编辑在做内容开发与编辑，所有可以调动的力量都能够加入到系统中来参与开发。

第三，系统是否支持广告管理。

所谓支持广告管理，即在信息发布系统中，可以直接管理网站各级页面与每个页面的各个位置的广告图标，如决定它们显示与否、以什么方式显示及显示时间的长短，这对于广告编辑以及广告商和投放广告的企业，都是十分重要的。

第四，系统的编辑功能是否强劲。

即在编辑子系统中，除了一般的文字编辑功能外，是否还有扩展性功能，如能否支持多媒体编辑及 Flash 动画编辑；又如在编辑界面内，能否插入文本、插入超级链接、插入表格、插入 HTML 片断、插入 Script 脚本等等。

第五，系统是否支持 Dreamweaver 及是否有丰富的组件。

Dreamweaver 作为当今制作网页的主流工具，能否得到系统的支持非常重要。另外，插入到模板中的组件，显然是越丰富越好，这样才能在网页上实现更多的"花样"。有些发布系统不仅有傻瓜化的普通组件，而且还提供了供用户自己拓展的"活"的接口——高级组件，使用户能够实现更多的个性化的需求。

发布系统的选择当然还要考虑到性价比及经济性，有的发布系统虽然功能上差了一些，但与其接驳的数据库是免费的，也能得到用户的青睐。

第三节　网站的基本服务项目

作为一个大型新闻网站，提供给网络用户的不仅是新闻信息，还有许多应该具备的互联网服务功能或基本服务项目。对这类基本服务项目的规划与管理，也是网络新闻编辑应该了解与掌握的重要内容。一般来说,大型新闻网站可以提供七类基本服务,即论坛、聊天室、电子邮箱、站内检索、投票器、博客和短信。这其中,论坛、聊天室、电子邮箱又可以说是最基本的三个服务项目。一方面,由于论坛、聊天室、电子邮箱是最能体现互联网互动特性的服务,必然成为聚集网站人气的重要窗口。据有关调查,一个大型网站的访问量,通常来自新闻资讯内容的占到三分之一,来自论坛、聊天室的占到三分之一,来自电子邮箱的占到三分之一。另一方面,这三项服务之间有着密切的联系,因为它们都需要纳入网站的统一用户管理之中,即网民要享用这些服务,首先要进行注册,以一个 ID(用户身份)登录并享用这三项服务。网站也可通过统一用户管理系统,随时掌握自己的核心网民人数。

一、论坛

本书第四章已专门介绍了网络新闻论坛,这里主要从技术角度介绍一个完美的论坛应具备的基本功能。

(1)用户功能。用户发帖时自动记录用户名,有缺省表情符号;Cookie 保存输入姓名和 E-mail,网友无需每次都输入,只需确认一次密码就可以;当用户忘记密码时,可以由密码提示功能获得密码;用户可以在所发帖子里留下个性化签名,包括可以使用 HTML 语言来加入图片签名。

(2)查询功能。具有超强帖子查询功能,可以根据用户感兴趣的内容快速获得信息。用户可以按发言人、主题、内容进行查询,按帖子的 ID 查询,查询最新 50 帖,并支持多条件复合模糊查询功能。

(3)统计功能。显示论坛当前注册总人数、当前帖子总数、帖子点击总数、当前在线人数。论坛风云排行榜,对各个版面的点击数、文章数进行排序;用户表现积分排行,引入积分点数和 Top10 列表,了解论坛中最活跃的人员,以调动用户积极性;帖子点击统计,方便了解热点话题。

(4)帖子功能。显示帖子发表日期、点击数、字节数、回复帖子数、24 小时内新帖一览;设定帖子内容最大允许的字节数;是否允许显示前帖内容;回复帖子 E-mail 通知功能,自动将帖子内容和相关链接寄回被回复人的信箱中;多版面设置,每个版面可以有自己的版主、主页链接,可以独立显示单一版面。

(5)版面功能。分页查看工具条,帖子列表支持分页显示,轻松查看所有帖子。帖子层次列表结构清晰，一目了然。引入 CSS 样式表，以保持界面统一。

二、聊天室

聊天室是提供给用户的一个交际与娱乐的场所，用户可以选择自己所喜爱的主题聊天室，以一对一或一对多的方式进行互动人际交流，是用户之间实时沟通、交流情感的最佳方式之一。一个文字聊天室的基本特点与功能如下：

（1）以独立程序方式运行。采用 CGI① 或脚本方式运行的聊天室，聊天服务器是以独立程序的方式运行的，高效率的 C＋＋语言内核程序保证了聊天室的快捷、高容量和稳定性。

（2）"流"工作方式。采用流（stream）的工作方式，由服务器不停地向浏览器推送聊天的内容，无需浏览器定时刷新。聊天反应快速，屏幕不抖动闪烁，可以自动自然地滚屏，真正实现实时聊天。

（3）灵活的版面配置。整个版面的风格设计和 JavaScript 脚本程序的编写全都存放在配置文件、模板文件之中，用户可以自主修改模板文件设计出自己风格的聊天室，而且模板的修改可以立即生效，无需重启聊天室，非常适合于动态插入公司的广告或其他信息。

（4）支持屏蔽。用户可以自主屏蔽不喜欢的发言人的发言，可以解除屏蔽，也可以列表查看当前被屏蔽者。

（5）支持管理员"踢人"。聊天室可以设置多名管理员，管理员通过聊天代号和密码进行身份验证。管理员可以"踢"捣乱的聊天者或者屏蔽某个 IP 地址，可以列表查看当前被"踢"的人和被屏蔽的 IP。

（6）支持 EMOTE②。聊天室可以使用与 BBS、MUD 类似的 EMOTE 来做各种动作或言语，EMOTE 的内容可以在配置文件里进行编辑。

（7）支持悄悄话。聊天者可以进行悄悄话聊天。

（8）不再有炸弹。脚本语言炸弹一直是困扰聊天室的大问题。聊

---

① CGI（Common Gateway Interface），其工作步骤是：通过 Internet 把用户请求送到服务器，服务器接收用户请求并交给 CGI 程序处理，CGI 程序把处理结果传送给服务器，服务器把结果送回到用户。

② EMOTE 指选择聊天室里各种"表现感情"的图标及其行为。

天服务器过滤了各种 HTML 格式,使得炸弹不再有藏身之地。

（9）重发控制。聊天服务器在服务器端加入了重发的时限控制,也就是说可以控制聊天者发言的时间间隔,比如设成下一句发言必须在 1 秒或 2 秒以后才能发出。

（10）用户验证支持。设定用游客登录聊天室不能发言,维护聊天室的清洁。

近两年许多文字聊天室已经升级为语音聊天室或视频聊天室,但其功能框架仍然建筑在文字聊天室之上。

三、电子邮箱

大型新闻网站的电子邮箱系统是一个基于 Web 的系统,使用户可以在线完成发送、接收、编辑、转发、存档、回复、通讯簿等各种邮件用户所需的功能。通常,这一系统要支持 POP3 电子邮箱。许多电子邮箱系统是这样工作的：在 Web 服务器上安装一个 CGI 程序,它可以连接到 POP3 服务器收取邮件,连接到 SMTP 服务器发送邮件。在读取邮件时,Web 服务器上的 CGI 程序从一个 POP3 服务器上取回邮件,将其解码,并将它们返回到你的浏览器；在发送邮件时,CGI 接收你的讯息并立即连接到 SMTP 服务器,发送邮件；在转发邮件时,程序从 POP3 服务器取回邮件并把它们发送到 SMTP 服务器。由于邮件的读取和传输都在 Web 服务器上执行,速度一般较快。电子邮箱的基本功能包括以下几个方面：

（1）分布式。可以胜任从企业级邮件服务到电信级服务的不同级别要求。

（2）多平台。支持目前流行的 Unix 系统和 Linux,可以运行于一般的 PC、PC 服务器及高端 Unix 工作站,或它们混合组成的集群,可以支持上百万的用户。

（3）标准性。支持 Internet 标准邮件协议,包括 SMTP、ESMPT、POP3、IMAP4、MIME 等。

（4）Web-Mail 功能。支持通讯录、名片编辑、邮箱管理、邮件过滤、自动回复、自动转发等功能。

（5）管理任意多个用户群组。可以在一个系统中提供不同待遇的用户群组织,例如免费邮件用户和有偿邮件用户。

（6）可伸缩性。支持高端的基于光纤的网络存储方案,也可以是一般的 100 M 网络组成的本地存储方案。

四、站内检索

站内检索系统使访客只要键入关键字词,就能快速地找到所需资料。它通常作为信息发布系统的一个附加模块,对信息发布系统所发布的全部信息进行多方位的检索。要注意站内检索不同于站外检索,它不可能像 Google 或百度一类专业搜索引擎那样检索到站外资源,但站内检索功能对网站自身的作用亦非这些专业搜索引擎所能替代,如在编辑一个新闻专题时,只能通过站内检索来迅速收集"相关新闻"。站内检索的基本功能是:

(1) 用关键词对标题进行检索。
(2) 用关键词对全文进行检索。
(3) 按日期进行检索(高级检索)。

五、投票器

投票器用来开展网上调查,使网站工作人员更好地了解用户需求和心理,从而在此基础上,提供更受用户欢迎的内容服务,提高网站的竞争力。这是一项从大型网站开始出现至今仍得到广泛运用的服务项目。投票器的基本功能是:

(1) 调查项目设置,用户可创建多个调查表;用户可方便快捷地构建在线调查应用项目。
(2) 调查表版面设置(宽度、背景色设置)。
(3) 调查结果样式设置(饼状图或条状图)。
(4) 在后台作设计时,可以随时预览页面结果。
(5) 网站调查表界面自动生成,即采用所见即所得的方式建立和修改调查表。
(6) 调查结果自动生成。

六、短信

网上短信服务是互联网技术与移动通讯技术相结合的产物,已成为一项极具吸引力和人气的网上增值业务和网站盈利模式。对于大型新闻网站来说，短信主要提供两方面的服务：一是新闻和综合资讯信息的订阅，包括互动游戏、铃声下载、手机图和信息点播（天气、航班、股票、彩票、亲情关怀信息等），即由网站的编辑将这些信息分门别类并加以编辑后，定期定时发给手机订户；二是让注册用户直接在网上发送短消息。

短信系统由三个模块组成，即短信信息采编模块、CWAP短信组织管理中心模块和短信发送模块（见图7.8）。其基本工作原理是：采编模块发出的各类手机短信息经过CWAP短信组织管理中心处理后，连接由运营商管理与控制的短信网关，最终发送到用户的手机上。

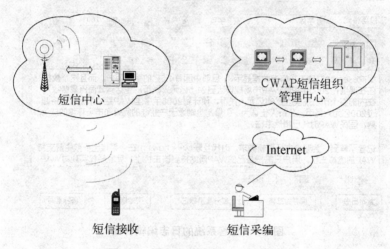

图7.8 网上短信发送工作示意图

七、博客

博客又叫网络日志（Weblog），是互联网上一种个人书写和人际交流的工具，近两年来得到广泛应用，是大型内容网站紧跟Web2.0潮流，实现"用户创建内容"战略的重要服务项目。用户可以在不具备网页制作基础的情况下，通过博客记录下自己的工作、学习、生活和娱乐或发布专业文章，从而在网上建立一个完全属于自己的个人天地。

一个文字博客系统的基本功能均集中在其"用户管理中心"中，主要包括：

（1）日志编辑。在撰写新日志或修改日志时，可对日志文本进行常见格式化操作，包括字体选择、字体大小、背景颜色、插入链接、插入图片、设置日志密码等（见图7.9）。

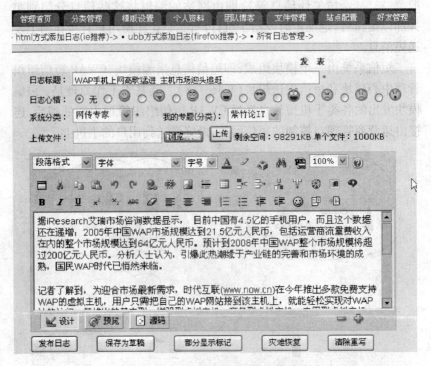

图7.9　博客系统的日志编辑界面

（2）日志分类。可以创建用户日志的各个分类（栏目），并对这些分类进行修改、删除和排序（栏目向上移动或向下移动）。

（3）修改个人档案。可输入或修改用户本人的文字介绍，并可上传照片。

（4）修改基本信息。包括日志显示方式、每页显示日志篇数、默认评论权限等。

（5）选择模板。用户可以自行选择系统所预备的缺省样式的数块模板，从而避免页面雷同和风格单调的问题。

（6）隐藏日志。可以隐藏单篇日志，或某个分类里的所有文章全部隐藏。

（7）团队博客。可以将任何注册用户"拉入"到某个团队博客中，实现多人共享一个博客。

（8）前台管理员。后台管理员可以将普通注册用户提升为前台管理员，具有前台管理员权限者可以对其他用户的帖子进行"加入精华"、"删除留言"、"删除评论"等操作。

（9）VIP用户。后台管理员可以将普通注册用户提升为VIP用户，VIP用户具有比普通注册用户更多的存储空间（如普通注册用户一般只有10 M空间，VIP用户则有30 M空间）。

（10）相册。即具有图片博客功能，在用户发表日志上传图片时，可以将图片放入用户的相册。

第四节 网页制作的基础语言

作为网络新闻编辑，应掌握与网页制作有关的基础知识与工具，才能在编辑与报道工作中，让内容与表现形式在网页上得到完美的结合，也使自己在编辑工作中游刃有余，得心应手。

网页制作的基础语言实际上有三种，即 SGML 语言、HTML 语言和 XML 语言。早在 Web 诞生之前，SGML 就已经存在。SGML 是一种用标记来描述文档资料的通用语言，它包含了一系列的文档类型定义（Document Type Definition，称为 DTD），DTD 中定义了标记的含义，因而 SGML 的语法是可以扩展的。SGML 十分庞大，既不容易学，又不容易使用，在计算机上实现也十分困难。鉴于这些因素，Web 的发明者——欧洲核子物理研究中心的研究人员根据当时（1989 年）计算机技术的能力，研发了 HTML 语言。HTML 只使用 SGML 中很小一部分标记，为了便于在计算机上实现，HTML 规定的标记是固定的，即 HTML 语法是不可扩展的，但这种固定的语法使它易学易用。正是由于 HTML 的简单性，使 Web 技术从计算机界走向全社会，走向千家万户。近年来，随着 Web 应用的不断深入，人们渐渐觉得 HTML 不够用了，HTML 过于简单的语法阻碍了用它来表现复杂的形式。尽管 HTML 推出了一个又一个新版本，已经有了脚本、表格、框架等表达功能，但始终满足不了用户不断增长的需求。另一方面，计算机技术的发展也十分迅速，已经有了比当初创造 HTML 时复杂得多的 Web 浏览器，所以开发一种新的 Web 页面语言既是必要的，也是可能的。正是在这种形势下，W3C① 建议使用一种精简的 SGML 版本——XML 便应运而生。下面分别对这三种语言作简单介绍。

一、SGML 语言

SGML 即 Standard Generalized Markup Language，译作"标准通用标记语言"或"标准广义置标语言"，是一套用来描述数字化文档的结构并管理其内容的复杂的规范，其标准由 ISO② 于 1986 年制定。

一个 SGML 语言程序主要由三部分组成，即语法定义、文件类型定义和文件实例。语法定义，定义了文件类型和文件实例的语法结构；文件类型定义，定义了文件实例的结构和组成结构的元素类型；文件实例，则是 SGML 语言程序的主体部分。

二、HTML 语言

HTML 即 Hypertext Markup Language，译为"超文本标记语言"，它是基于 SGML 的一个应用。自 1990 年以来，HTML 就一直被用作 World Wide Web 上的信息标识语言，用于描述网页的格式设计和它与 World Wide Web 上其他网页的联结信息。

用 HTML 编写的超文本文档称为 HTML 文档。所谓超文本，一是指构成网页的信息类型不再限于文字，还可以包括图像、动画、音频、视频等多种；二是指在网络上网页之间不再是孤立的，它们可以由超链接构成复杂的关系。这反映了 HTML 文档的内在特征。用 HTML 语言创建网页的过程是，在正文内容基础上加上 HTML 的标记，以指明正文内容如何在屏幕上显示，再由 HTTP 进行数据传输，由客户端浏览器软件解释执行 HTML 标记，将结果显示在显示器上。虽然 HTML 语言描述了文档的结构格式，但并不能精确地定义文档信息必须如何显示和排列，而只是建议 Web 浏览器应该如何显示和排列这些信息，最终在用户面前的显示结果取决于 Web 浏览器本身的显示风格及其对标记的

---

① W3C：World Wide Web Consortium，万维网联盟，系世界 Web 标准化组织。
② ISO 即 International Organization for Standardization，国际标准化组织，成立于 1947 年 2 月 23 日。

解释能力。这就是为什么同一 HTML 文档在不同的浏览器中显示的效果会不一样。

这里还要提及 DHTML 技术。DHTML 技术是在保持与现有 HTML 兼容的基础上扩展出来的几种新功能的总称，这些新功能主要是指动态功能、定位功能以及利用 CSS① 的功能。使用 DHTML 技术的原因有两个：一是 DHTML 将网页上的每一个元素划分成许多独立的对象，这些对象的属性通过 CSS 来指定；二是 DHTML 将每个对象向一个编程和脚本语言的框架开放，可使用编程语言 C++ 操纵网页上的对象，也可使用 JavaScript、VBScript 操纵网页上的对象。由此可见，Web 页面和它上面的一切东西都是可编程的，这给 Web 页面带来了新的功能。使用 DHTML，所有的表格将变成活的数据库，用户可以动态排序并筛选其中的数据。HTML 4.0 以上版本，均属于 DHTML 技术范畴。

三、XML 语言

XML 即 Extensible Markup Language，译作"可扩展的标记语言"，它是 W3C 组织于 1998 年 2 月发布的标准。可以说，XML 是一个精简的 SGML，它将 SGML 的丰富功能与 HTML 的易用性结合到 Web 的应用中。一方面，XML 保留了 SGML 的可扩展功能，这使 XML 从根本上有别于 HTML；另一方面，XML 的语法类似 HTML，都是用标签来描述数据，但 XML 要比 HTML 强大得多，它不再是固定的标记，而是允许定义数量不限的标记来描述文档中的资料，允许嵌套的信息结构。可以这样来理解，XML 本身并不是一个单一的标识语言，而是一种元语言（meta-language），可以被用来定义任何一种新的标识语言，也就是在 XML 之中可以创造出很多不同的标识语言，用来定义不同的文件类型。

HTML 只是 Web 显示数据的通用方法，而 XML 提供了一个直接处理 Web 数据的通用方法。XML 对于处理大型和复杂的文档特别理想，因为这些文档中的数据是结构化的。XML 不仅使用户可以指定一个定义了的文档中的元素，而且还可以指定元素之间的关系。例

---

① CSS，Cascading Style Sheet，一般译为"层叠样式表"，主要用来设定网页上的文本格式。早期的 HTML 由于功能薄弱，无法满足人们对网页文字控制及版面编辑的需求，W3C 组织便公布了 CSS 以扩充 HTML 的功能。

如，如果要将销售客户的地址一起放在 Web 页面上，这就需要定义每个客户的姓名、电话号码和电子邮件地址，XML 可以确保没有漏掉的字段。

HTML 着重描述 Web 页面的显示格式，XML 则着重描述 Web 页面的显示内容。例如，在 HTML 语言中，一个内容为"苹果"的数据，既可以指水果的种类，也可以指一种电脑的品牌，还可能是服装的品牌等，因为 HTML 无法描述这个数据究竟是何种意义，因此，在人们进行数据检索时，智能化的程度就不高，检索结果也不理想。而 XML 允许用自由的定义标记来表现具有实际意义的文档内容，如在上面提到的数据"苹果"的前后加入 <computer> 和 </computer> 这个自定义的标记，就可以说明，这个"苹果"指的是电脑。从这里可以看出，XML 还有助于智能化网络的构建。

第五节 网页制作及图形处理软件

用 HTML 语言编写网页，需要记忆一定的 HTML 标记，并且知道如何使用它们。相对来说，这项工作有一定难度，此后一些辅助性的网页制作工具软件被开发出来，帮助人们在不懂 HTML 源代码的情况下，也能进行网页制作。事实上，大量业余网页制作人员通常还是通过网页制作工具软件来直接制作网页的。作为网站的编辑，除了掌握一种或一种以上的网页制作软件外，还应该掌握一种或一种以上的图形处理软件。因为在网页中插图是必不可少的，对所选用的图片，通常需要用图形处理软件来进行预处理，如改变其文件格式、物理空间大小和外形尺寸等。下面介绍几种流行的网页及动画制作软件与图像处理软件。

一、Micromedia 系列软件

Micromedia 是美国一家专门生产多媒体制作软件的公司。Micromedia 公司近年来最重要的软件产品，便是号称网页设计三剑客的网页制作软件 Dreamweaver、网页图像处理软件 Fireworks 和网页动

画设计软件 Flash。

1. Dreamweaver

Dreamweaver 是一套专业化的网页制作软件,自从它的 3.0 版本一面世,就以其强大的功能、便利的动态网页制作以及与 HTML 语言的无缝结合,成为网页制作者的首选工具。

Dreamweaver 采用"所见即所得"的可视化编辑方式,通过特有的行为、模板、时间轴等技术,使用户能够快速高效地创建各种具有专业水平的网页。Dreamweaver 提供的 Roundtrip HTML 功能,可以使用户无误地切换于视觉模式与原代码编辑器,不再需要直接编写 HTML 原代码,同时对于 HTML 原代码又具有较强的控制能力。而对于懂得 HTML 语言的用户,做起网页来将更加快捷、高效、得心应手。Dreamweaver 支持最新的 DHTML 和 CSS 标准,也支持分层(layer)技术,可以用它设计出生动的 DHTML 动画、多层次的页面以及 CSS 样式表。它还提供了完善的站点管理机制,是一个集网页制作与站点管理两大功能于一身的优秀软件。

2. Fireworks

Fireworks 是基于 RGB 颜色模式的图像处理软件,它将 Photoshop 处理点阵图与 Corel Draw 绘制向量图的功能结合在一起,因此既可以用它来创建与编辑位图①,也可以用它来创建与编辑矢量图形②。用 Fireworks 创作出的作品特别适合于屏幕输出,是专业网络图形设计和处理的最好选择之一。

Fireworks 的特点包括:

(1) Fireworks 可以用很少的步骤生成所占空间很小但质量很高的 JPEG 格式和 GIF 格式的图片,这些图片可以直接应用于网页中。Fireworks 还可以在基本不降低图片质量的前提下压缩文件的大小,从而提高了网页的浏览速度。

(2) Fireworks 可以便捷生成各种网页设计中常见的效果,例如,阴影、立体按钮、翻转图片、下拉菜单等特效,用 Fireworks 来实现就显得非常轻松。设计完成以后,还可以将图片直接转化为网页元素,即输出

---

① 位图(bitmap),也叫点阵图,由称作像素的单个点组成,这些点可以进行不同的排列和染色以构成图像。位图的尺寸被改变时,图像会失真或呈现锯齿状。

② 矢量图(vector),也叫向量图,它是由矢量的数学对象根据几何直线与曲线的特性所描绘出的图形。将矢量图任意放大、缩小、旋转或变形后,不会产生失真或锯齿状的现象。

为 HTML 文件。

（3）用 Fireworks 修改图片非常方便。Fireworks 可以生成位图属性的可编辑路径，从而确保随时都可以对图片进行编辑，使得图片从创建开始的每一步都可以被修改。

3. Flash

Flash 由 Macromedia 公司于 1999 年 6 月推出，是优秀的网页动画设计软件。作为矢量图形编辑和动画创作的专业软件，Flash 主要应用于网页设计和多媒体创作等领域，其功能十分强大。Flash 的主要特点有：

（1）Flash 使用矢量图形。矢量图形存储时只占用很小的空间，图像质量却很高，而且任意缩放尺寸都不会影响图形的质量。

（2）Flash 采用流式（stream）播放技术。流式播放技术使得动画可以边播放边下载，用户可以一边下载一边欣赏，减少了等待时间。

（3）Flash 采用插件的工作方式。用户只需在浏览器中安装一次 Shockwave Flash 插件，以后就可以快速启动并观看动画，实际上在 IE5.0 以及更高版本的浏览器中已经自带了 Shockwave Flash 插件。

（4）Flash 支持多种不同文件格式的导入。在 Flash 4.0 的版本中已经可以支持 MP3 的音乐格式，大大增加了 Flash 的音频处理能力。

（5）Flash 使用内置的 Action Script 语句结合 JavaScript，通过 Action[①] 和 FS Command[②]，可以实现交互性，创作出动感十足的动画作品。

最后顺便介绍一下 Frontpage。Frontpage 是微软 Office 办公系统的一个重要组成部分，也是制作网页最常用的一个工具。Frontpage 具有"功能强大、简单易用"的特点，它与 Dreamweaver 一样，兼有页面设计和站点管理的功能，但站点管理的功能较之 Dreamweaver 弱一些。系统中预置了多种主题，以方便用户设计出美观而又风格一致的站点。大约在 2000 年以前，网页编写者的主要工具软件是 Frontpage，2000 年以后，则主要转向使用 Dreamweaver。

---

① Action 是 Flash 中为了增加其交互性所开发的脚本编程语言，它与 JavaScript 语言类似，均属于向对象编程语言，但它只是 Flash 的附属，不能独立运行，必须经过 Flash 的导出编译后才能自动运行。

② FS Command 命令是 Flash 用来支持其他应用程序互相传达命令的工具。它在网页应用上有两大功能，一是能使 Flash 向脚本语言发送命令，二是能使脚本语言向 Flash 发送命令。

二、Adobe 系列软件

Adobe 公司成立于 1982 年,是美国第四大个人电脑软件公司,总部位于美国加州的圣荷塞市。近十年来,Adobe 公司的产品已被广泛地用于图像设计与网页制作领域。被称为"Adobe 三利器"的系列软件,指 Photoshop、Illustrator 和 PageMaker。Photoshop 早已应用于网页制作领域自不待言,Illustrator 和 PageMaker 虽然主要用于出版行业,但总体上讲也是平面设计的重要工具,与网页设计亦不无关系,故对它们也作扼要介绍。

1. Photoshop

Photoshop 是目前 PC 机上公认的最好的通用平面设计软件,它功能完善,性能稳定,使用方便。而今,在几乎所有的广告、出版、软件公司,Photoshop 都成为首选的平面工具。层、通道和路径,是关于 Photoshop 的几个基本概念,下面分别作以介绍。

(1) 层(layer)。在理解"层"之前,先说一下计算机系统中"选择"这个概念。将屏幕上某处作"选择"处理,则该"选择"反白显示,移动该区域时,其中的内容一并移动,同时在原始位置留下空白。作为一个图像处理软件,Photoshop 将"选择"变成为一个独立的实体,即"层",也叫"图层"。对层可以单独进行处理,而不会对原始图像有任何影响,层中的无图像部分是透明的。这种情况,就像将一块玻璃板盖在一幅画上,然后在玻璃板上作图,不满意的话,可以随时在玻璃板上修改,而不影响其下面的画,这里的玻璃板,就相当于 Photoshop 中的"层"。在 Photoshop 中,这样的"层"次("层"的数量)可以有无限多。存在多个层的图像只能被保存为 PSD 格式文件,这是 Photoshop 的专用格式。

(2) 通道(channel)。通道也可以叫通道层。一个通道层与一个图层之间最根本的区别在于:图层的各个像素点的属性是以红绿蓝三原色的数值来表示的,而通道层中的像素颜色是由一组原色的亮度值组成的,也就是说,通道中只有一种颜色的不同亮度,是一种灰度图像。通道的另一主要功能是用于与图层进行计算合成,从而生成许多不可思议的特效,这一功能主要用于特效文字的制作中。

(3) 路径(path)。所谓路径,在屏幕上表现为一些不规则的矢量形状,它通常也作为"选择"的基础,用于不规则的、难以使用其他工具进行"选择"的区域。路径使用 pen(钢笔)工具创建,使用 pen 工具的同级其他工具进行修改。路径由定位点和连接定位点的线段(曲线)构成,每一个定位点还包含了两个句柄,用以精确调整定位点及前后线段的曲度,从而匹配想要选择的边界。

2. Illustrator

Illustrator 是专业矢量图形软件,它已成为出版行业的工业标准。Illustrator 具有完善的 Web 图形工具、通用的透明能力与强大的对象和层效果,拓展了设计者进行自由创作的能力,提高了设计生产效率。

作为 Photoshop 的姐妹软件,Illustrator 并没有很早流行起来,这主要是由于 Illustrator 早先是在苹果机上出现的专业绘图软件,直到它的 7.0 PC 版本推出,才受到国内用户的注意。此前比较流行的同类工具是 Corel 公司的著名绘图软件 CorelDraw。应该说,CorelDraw 也是相当出色的矢量绘图软件,它以功能丰富而著称,然而,作为印刷出版业的标准,如果和 Photoshop 配合使用的话,避免不了要相互导入、输出的麻烦。这样,Adobe 公司的系列产品就显示出无缝结合的优势,所以 Illustrator 和 Freehand[①] 最终成为出版业使用的标准矢量工具。

3. PageMaker

PageMaker 是专业的排版软件,也是目前平面设计者在排版软件上的首选工具之一。PageMaker 提供了一套完整的方案,用于对专业的出版刊物进行排版编辑,它的稳定性、高品质及多变化的功能特别受到用户的赞赏。PageMaker 可以在 WWW 中传送 HTML 格式及 PDF[②] 格式的出版刊物,同时还能保留出版刊物中的版面、字体以及图像等。PageMaker 6.5 以后的版本在处理色彩方面也有很大的改进,提供了更有效率的出版流程,同时也提高了和其他公司产品的相容性。

第六节 网页制作的高级技术

尽管 HTML 语言以及 SGML 语言或 XML 语言是网页设计的基础,但是这些语言的功能仍然是有限的,特别是在处理网页的交互功能或

---

① Freehand 是另一款广为使用的专业矢量图形制作工具,系 Micromedia 公司的产品。

② PDF,Portable Document Format,即"便携文件格式",是 Adobe 公司于 1993 年推出的电子文件规范。它具有"高保真"的特性,被广泛地应用于电子文件传送、交换和发行。

动态效果时,它们往往显得力不从心,这时就需要采用脚本语言。脚本是一种能够完成某些特殊功能的小"程序段"。这些小的"程序段"并不是像一般程序那样被编译,而是在程序运行过程中被逐行地解释。在脚本中所使用的命令与语句集称为脚本语言。脚本语言是实现网页交互性的核心技术,相对于 HTML 语言来说,可以把它们看做是网页制作的高级技术。

能够实现交互性效果的脚本或脚本环境有两种:一种是在客户端执行的语言,如 JavaScript 和 VBScript。终端用户在使用网页的同时,脚本语言已经下载到客户端的机器上供实时处理,因此用户不需要延时就可以使用程序。这类脚本语言的速度要快些。另一种是只在服务器端运行的技术,如 ASP、JSP 和 PHP。它们需要在处理数据前从用户端获得数据,因此终端用户须先发送数据,再等待服务器的响应。这类脚本语言的速度通常要慢些,但比以客户端为中心的脚本稳定。下面分别介绍这两类脚本语言。

一、以客户端为中心的脚本

1. JavaScript

JavaScript 是由 Netscape 公司开发的,它是一种基于对象(object)和事件驱动(event driven)并具有安全性能的脚本语言,是众多脚本语言中较为优秀的一种,深受用户的喜爱与欢迎。JavaScript 采用小程序段的方式实现编程,把这些小程序段嵌入到 HTML 脚本中,通过支持 JavaScript 的浏览器进行逐行解释,并在浏览器上显示出执行结果,从而实现了实时的、动态的交互需求。

JavaScript 具有如下优点:

(1) JavaScript 简化了 Web 交互技术。随着万维网的迅猛发展,采用 HTTP 超链接技术所使用的静态信息资源,由于缺少客户端与服务器端的动态交互,已经不能满足人们的需求,客观上需要一种可以提供交互的编程方法使之动态化。JavaScript 的出现,提供了一种实时的、动态的、交互式的表达能力,从而使基于 CGI 的静态页面被可提供实时互动信息的动态页面所取代。

(2) JavaScript 节省了浏览者的访问时间。这是由于用户与主机的交互工作从服务器端"下放"到客户端来进行了,用户录入的信息在本地就可以进行处理与验证,用户等待显示结果的时间就缩短了,尤其是可以避免因为提交一个无意出错的数据后白白浪费等待的时间。

(3) JavaScript 可将 Java Applet 作为处理对象。Applet 可以翻译为小应用程序,Java Applet 就是用 Java 语言编写的一些应用小程序,如实现图形绘制、字体和颜色控制、动画和声音的插入等动态效果。Applet 本身不能单独运行,但它们可以直接嵌入到网页中,这些小程序则可以被 JavaScript 当作对象来引用与控制。当用户访问带有 Applet 的网页时,Applet 被下载到客户机上执行(前提是用户使用了支持 Java 的浏览器),因此它的执行速度不受网络带宽存取速度的限制,用户可以更好地欣赏网页上 Applet 产生的特效。

2. VBScript

VBScript 是程序开发语言 VB(Visual Basic)家族的最新成员,也是重要的 Web 脚本语言之一。可以在 HTML 文件中直接嵌入 VBScript 脚本,带有 VBScript 脚本的网页在每次下载到浏览器时都被解释和执行。与 JavaScript 一样,VBScript 也是依托 HTML 而存在的,但两者的语法格式不同。它们的主要区别有:

(1) VBScript 支持可重用的函数过程和子程序过程,但不支持用户定义的类;而 JavaScript 利用对象的能力要更强一些,它可以用来定义类。

(2) VBScript 与浏览器的兼容性不够好,目前只得到微软 IE 浏览器的支持;而 JavaScript 既被 IE 浏览器支持,也被 Netscape Navigator 浏览器所支持。

二、以服务器端为中心的技术

1. CGI(Common Gateway Interface)

CGI 即"通用网关接口",它运行在服务器上,为客户端的 HTML 页面提供接口。CGI 程序被用来解释访问者通过网页上的表单提交的信息,并在服务器端产生相应的处理,再将处理结果反馈给浏览器,从而实现 Web 交互功能。

2. ASP(Active Server Pages)

ASP 本身并不是一种编程语言,而是由微软开发的服务器端脚本环境。ASP 类似于 HTML、Script 与 CGI 的结合体,但它的运行效率比 CGI 更高。ASP 的代码无需在客户端的浏览器运行,因为所有的程序都将在服务器端执行,包括所有嵌在普通 HTML 中的脚本程序。当程序执行完毕后,服务器仅将执行的结果返回给客户端浏览器,这样也就减轻了客户端浏览器的负担。

ASP 的主要特点有:

(1) 使用 VBScript、JavaScript 等简单易懂的脚本语言,结合 HTML 代码,即可快速地实现网页的交互性功能。

(2) 使用普通的文本编辑器,如 Windows 的记事本,即可进行 ASP 编程。

(3) 与浏览器无关,用户端只要使用可执行 HTML 码的浏览器,即可浏览用 ASP 设计的网页内容。

(4) 内置 ADO[①] 组件,可以轻松地存取各种数据库里的数据。

(5) 以对象为基础,使用 COM[②] 组件,具有无限可扩充性。

3. JSP(Java Server Pages)

JSP 由 Sun 公司于 1999 年发布,其发展历史最短,但其全新的 Web 应用开发技术很快引起了人们的关注。JSP 与 ASP 技术非常相似。两者都提供在 HTML 代码中混合某种程序代码、由语言引擎解释执行程序代码的能力。在 JSP 环境下,HTML 代码主要负责描述信息的显示样式,而程序代码则用来描述处理逻辑。普通的 HTML 页面只依赖于 Web 服务器,而 JSP 和 ASP 页面需要附加的语言引擎来分析和执行程序代码,程序代码的执行结果被重新嵌入到 HTML 代码中,然后一起发送给浏览器。

JSP 的主要特点有:

(1) 采用 Java 语言,JSP 文件实际上是一些 JSP 的定义标记和 Java 程序段以及 HTML 文件的混合体。

(2) 秉承 Java 语言的优势,JSP 是一种实实在在与平台(操作系统)无关的动态网页开发技术。

---

① ADO,系微软开发的提供对在数据库服务器中的数据进行访问和操作的应用程序,它具有支持用于建立基于客户端/服务器和 Web 应用程序的主要功能。

② COM 组件也叫组件对象模型,它由 WIN32 动态链接库(DLL)或可执行文件(EXE)形式发布的可执行代码组成,是微软开发的一系列策略性面向对象程序技术和工具中 ActiveX 控件中的主要技术。

（3）在JSP下，代码由Tomcat[①]等解释器配合JDK[②]环境执行。

（4）利用跨平台运行的JavaBean[③]组件，JSP为分离处理逻辑与显示样式提供了卓越的解决方案。

（5）JSP开发周期短，但具有很高的运行效率和扩展能力。

4. PHP（Hypertext Preprocessor）

PHP，中文译为"超文本预处理器"，是一种嵌入在HTML中并由服务器解释的脚本语言，其第一个版本由美国的程序员Rasmus Lerdorf于1994年发布。PHP非常适合面向Web工作，可以说是专门为面向Web编程而设计的。

PHP的主要特点有：

（1）大多数常规PHP的安装通常是与Linux或各种Unix上的Apache[④]一起运行的PHP模块，但是如果正在使用其他平台，它也可以在Windows NT/9x/2000/XP以及其他许多Web服务器上运行。

（2）它开放源码，没有商业性支持，相对来说速度也就受到影响。

（3）PHP的开发者们为了使之更适合Web编程，开发了许多外围的流行基库，这些库包含了更易用的层，可以利用PHP连接大部分数据库。

（4）PHP的语法与Perl、ASP和JSP相比，要简单得多，易于学习和掌握。

思 考 题

1. 谈一谈应从哪几个方面入手来保证良好的网络技术环境？
2. 网站硬件平台的设计与选择要依据什么来决定？

[①] Tomcat是Sun公司的JSWDK（JavaServer Web Development Kit）中Servlet的运行环境，即解释器。

[②] JDK，Java Development Kit，即Java开发工具包，它是一种用于构建在Java平台上发布的应用程序、Applet和组件的开发环境。

[③] JavaBean是描述Java的软件组件模型。在Java模型中，通过JavaBean可以无限扩充Java程序的功能，通过JavaBean的组合可以快速地生成新的应用程序。

[④] Apache是一种开放源码的HTTP服务器，可以在大多数计算机操作系统中运行，由于其多平台和安全性而被广泛使用。

3. 什么是信息发布系统？简要介绍在选择信息发布系统时要考虑的因素。

4. 请列举几种网页制作软件，并进行说明。

5. 请谈一谈义字博客系统的几种基本功能。

第八章

网络新闻的编辑制作

报纸新闻、广播新闻、电视新闻都要受到一定的时间或者空间的限制，网络新闻则整合了传统新闻的各种优势，突破了时空的限制，还实现了文字、视频、音频、多媒体、Flash动画等多种表现形态的整合，因此网络新闻的编辑也有其自己的特点。本章将分别介绍各种形式网络新闻的编辑，包括文字新闻、图片新闻、Flash新闻、音视频新闻与多媒体新闻及新闻标题的制作和背景资料的链接。

第一节 文 字 新 闻

虽然各种形式新闻的出现极大地拓展了网络新闻的形态与表现力，但是由于这些形态的网络新闻在制作上比文字新闻要复杂得多，因此从新闻的时效性上来看，文字新闻才是网络新闻的主体，文字新闻的编辑才是网络新闻编辑的重点。一般而言，网络新闻编辑对稿件的加工主要是对文字的修改和对辞章的修饰，还包括对稿件的真实性、权威性的审核，对其中出现的知识性和政策性错误进行纠正，使稿件更加准确和权威。现在，很多网站都急于追求新闻的时效性，而忽略了稿件的质量，降低了信息的准确性和可信度。网络媒体的编辑要熟练掌握稿件的修改方法，对稿件进行修改。

一、新闻稿件常见错误的种类

（1）新闻事实错误。网络新闻的来源是多元化的，很多稿件并非专业传播者所写，因此虚假的、错误的新闻频频出现。新闻事实的错误包含历史性的、现实性的和科学性的错误。在新闻涉及的时间、地点、人物、性别、年龄、籍贯、职业、引文等方面都可能存在错误，在行文中，新闻的作者也可能会出现各种错误，比如前后事实的矛盾、以偏概全、虚构情节、不合情理等。编辑并没有参加新闻采写的过程，因此，要找出事实的错误就要求编辑有充分的知识积累，善于逻辑推理，在看到新闻稿件之后能作出快速反应，把新闻稿件中的事实错误减少到最低限度。一般网络新闻编辑对事实错误进行修改都采用传统编辑所用的分析法与核对法。分析法是指根据事情的发展规律对文章前后的逻辑关系进行分析，找出错误；核对法是对存在疑惑的地方进行核对，网络新闻编辑可以借助于印刷资料，也可以运用网络，在网络中搜索相关资料，对信息进行核对和修改。由于网络资料自身的可靠性较差，故对搜索的网络资料要多方对比，"多源求证"。

（2）观点不正确。在网络新闻中，受众希望看到多样化的观点和意见，但是普通人特别是网民对一些事情的看法可能会过于偏颇，编辑要把握好政策界限，具体问题具体分析。尤其要重视那些涉及政治观点的错误，泄露国家机密的新闻，违反民族、宗教政策的新闻，有损国家统一和外交政策的新闻等，编辑在消除这类错误时要牢牢掌握国家政策，同时要注意社会效果，防止消极的、不利于社会稳定的小道消息的传播，明辨是非，做好舆论引导工作。

（3）辞章不规范。编辑对于辞章的修改是编辑工作中最基本的修改。在新闻稿件中，错字、别字、词不达意等情况很多，网络新闻稿件来源多元，更要注意这个问题。辞章的修改是对编辑的文字功底、知识储备的一个极大考验。编辑要加强语言文字的修养，最大限度地避免这种情况产生的错误。

二、修改稿件的方法

对于以上常见的错误，网络编辑应加强自己的政治素养和道德素养,培养过硬的基本功,尽可能地改正稿件中的差错。除了对稿件中的错误进行修改外,网络编辑还可以根据稿件的内容和报道方式采用一些适当的修改方法,使之更适合于网络传播。

(1) 改变结构。网络传播的特性要求网络传播的信息要有自己的特殊结构,传统媒体的很多稿件并不适合在网络中传播,网络编辑要对新闻稿件的结构进行调整,如将重要内容置前、改变段落划分等,以吸引网络受众。

(2) 改变角度。有些稿件本身比较有新闻价值,但是作者所选择的报道角度并不适合报道,或者这个角度并不能引起网民的注意,编辑可以对报道的角度进行适当的修改,使整篇新闻稿件更能凸显它的价值。编辑在对此类稿件进行修改时,要注意尊重新闻事实和保证客观性的原则。

(3) 改变体裁。体裁也是影响传播效果的一个因素。在网络传播过程中,稿件的体裁是至关重要的,一条信息可能作为消息发就可以,而另一条信息可能需要评论或者通讯等形式,这就需要编辑对它的体裁进行定位。

(4) 改写导语。网络受众面临着海量的信息,他们不可能对每一则信息都认真地阅读,除非消息非常吸引他们,这个时候导语的作用就体现出来了。好的新闻前面配上好的导语才能吸引受众,网络新闻的导语要简短,重点要突出,但编辑改写导语时要注意不能单纯为了吸引受众而断章取义。

(5) 压缩和增补。压缩是指对原稿进行删节,使之符合读者的需求。对稿件的压缩又分为两种情况,一种是对稿件字数的压缩,一般而言,特别长的新闻是不适合在网络中传播的,这就需要编辑对稿件进行删节,使稿件言简意赅;还有一种删节是对稿件意思的删节,这主要是指对稿件的部分段落、要素的删节,使主题更加突出。具体而言,网络新闻编辑要把新闻价值较小的部分、多余的部分与错误的部分进行删除。在某些情况下,稿件存在着不足,需要对稿件进行增补,使稿件更加丰满。增补一般是对原来新闻稿件中缺失的内容,比如时间、地点、人物、事件的背景等进行增补。

三、稿件修改的步骤

网络新闻稿件的修改也有一定的规律,要遵循一定的步骤。

（1）阅读全文，着手修改。编辑拿到一篇稿件后，首先要对稿件全文进行阅读。在网络编辑中，编辑要迅速地对稿件的情况作出分析，稿件是什么性质的，重点内容是什么。在读过全文之后，编辑对稿件有一个大体的了解，才能在修改时更有针对性。

（2）设计修改方案。编辑在对全文有一个直观的印象之后，要对全文进行修改，这时编辑应该拿出具体修改的方案：这篇稿件哪些地方不合适，应该删改还是增补，辞章是否准确，应该如何着手修改。

（3）检查性阅读。在对新闻稿件修改之后，编辑还要进行检查性阅读，对稿件进行最后的审核，一些标点、数字等细小的问题编辑也要注意到，争取做到精益求精。

（4）注明消息来源。网络编辑在对稿件进行修改后，要注明稿件的具体来源，表明这篇报道来自哪个媒体，作者是谁。这样做既是对原媒体知识产权的尊重，也是对受众知情权的尊重。

四、稿件修改应该注意的问题

（1）以受众的接受水平和心理状态为依据。受众是网络新闻稿件的最终接受者，网络新闻稿件的修改也是为了适合受众阅读和让受众满意，因此，编辑在对稿件进行修改时要以受众的接受水平和心理状态为依据，特别是在一些专业性的稿件中，编辑要考虑到普通受众的接受水平，对此进行解释。为了方便受众阅读，在必要的情况下，可以在文章中嵌入相关的新闻和背景资料链接。

（2）要防止编辑的主观性和片面性。编辑是拥有自己观点和立场的传播者，但是传播者的责任就是要把客观信息传播给受众。编辑在修改稿件时，不能把自己的观点和情绪带入新闻信息中，以免出现偏颇，误导受众甚至招致受众的反感。

（3）修改负面新闻要把握好分寸。新闻信息的传播会对受众的思想和观念产生一定的影响，过多负面消息的传播会使受众产生不安全感，特别是在网络中，过多言辞激烈的信息的传播会在网民中产生不良影响，因此编辑在修改负面新闻时要把握好分寸，既要保持客观，又要考虑到传播效果。

第二节 图片新闻

网络图片新闻是指以网络为载体，以单幅或多幅图片对新近发生的事实进行的报道[①]。图片新闻包含两个方面的含义：首先它是新闻，和其他新闻稿件一样，必须符合新闻的各项要素和原则，也就是"新近发生的事实的报道"；其次，它是图片，通过形象告诉读者想知而又不知道的事实。网络图片编辑所扮演的角色便是媒体的影像"把关人"，他们挑选图片，对图片进行加工，并决定图片最终以什么样的形式出现在版面上。

一、网络图片的分类

现在很多网站都开设了图片专栏，以大量的图片新闻吸引受众的眼球，无论是单幅图片、一组图片构成的图片新闻，还是为文字而配置的新闻插图，图片都是其中最重要的元素，因此，了解图片的种类及其特点，至关重要。归纳起来，网络上最常用的图片主要有以下几种：

图8.1 为教皇去世而哀伤的波兰人

1. 新闻照片

新闻照片是对具有新闻价值的人、物、景的拍摄，重现人、物、景的原貌，它的特征是"显形"。新闻照片要尽量抓取人物的生动细节，深化照片的主题；选择有故事情节的题材，增强读者对新闻照片的兴趣；注重报道题材的趣味性，可以使读者增加知识，开阔眼界，起到一图解百疑的作用。图8.1 为一位波兰老妇人在教皇的故乡通过巨幕电视观看教皇约翰·保罗二世的葬礼，边看

[①] 徐世平：《网络新闻实用技巧》，文汇出版社2002年版，第22页。

边哭泣的情景①。照片抓住了老妇人悲痛的表情和眼神,令人动容,这幅照片所传达出的情感是任何文字都无法企及的。

2. 新闻速写

速写是一种绘画创作,但是所绘画的对象却是现实的新闻人物和事物,抓住他们的瞬间动态形象速写成画,以传播新闻信息。速写的特征是"绘形",不能将新闻人物和事物完全还原成本来面貌。新闻速写主要通过线条来完成对人物和场景的描写,如何用线,如何组织线,就成为新闻速写中十分重要的问题。新闻速写除了遵循速写艺术规律外,还要具备新闻性。新闻速写表现手段直观、形象,画面简洁,线条流畅,有较强的视觉冲击力。

图8.2是一幅新闻速写,是"中国改革开放后消失的十种职业(组图)"中的一幅,即修钢笔这种职业。作者抓住了"消失的职业"这个新闻点,通过新闻速写还原出修钢笔这个已经消失的场景,直观、形象地传达出主题。

图8.2 修钢笔②

3. 新闻图表

新闻图表是通过示意性而非纪实性的图画或表格,反映新闻或与新闻有关的背景内容。新闻图表分为三种:

---

① 资料来源:http://www.media163.com/html/2006825/456.htm。
② 资料来源:http://news3.xinhuanet.com/photo/2006-09/05/content_5050956.htm。

（1）统计数字制表绘图。这种图表便于读者集中阅读，一目了然，主要用于介绍各种比例构成或者百分比等。

（2）流程图。流程图指图中各个子项前后（上下）有一种从属关系，常用于介绍含有此类关系的事物，如政府机构设置、公司的运作机制、产品生产流程等。

（3）示意图。示意图不但将统计数字集中绘制成图，而且用形象化手法示意，使数字的类比或者对比更加鲜明。新闻示意图常用来表达国内外政治形势、经济形势，乃至战争形势，这类形势图表有的单独发表，有的与新闻述评和综述配合发表。

新闻图表中所用的数字、事实和地理位置等，都必须是严格真实的。新闻图表主要反映与新闻事实有关的各个侧面，描绘新闻发生的前因后果，其内容有一定的时间跨度，大多数情况下，新闻图表常作为文字报道的配合或补充出现。新闻图表特别适合报道经济活动，是搞好经济报道的一种工具，见图8.3①。

图8.3　2006年中国企业500强评选揭晓

---

① 资料来源：http://news3.xinhuanet.com/fortune/2006-09/03/content_5040924.htm。

4. 新闻地图

网络新闻地图是指在网络上表示新闻事件的专题地图，在新闻报道中占据着重要的地位。网络新闻地图具有地图信息传输功能、地图信息负载功能、地图模拟功能、地图认知功能等，与其他新闻表达方式相比，在直观性、合成性、比例尺与可量性、几何相似性、地理对应性等方面有其明显的综合优势，尤其在表达新闻事件发生地的地理位置上是其他新闻报道形式所不能比拟的。如根据国际在线报道，埃及当地时间2005年7月23日凌晨1时（北京时间7月23日早上6时），埃及红海旅游胜地沙姆沙伊赫发生七起连环爆炸，造成重大人员伤亡。图8.4为埃及沙姆沙伊赫爆炸的新闻地图，清楚地标明了沙姆沙伊赫所在位置及爆炸地点，使受众一目了然。

图8.4 埃及沙姆沙伊赫爆炸示意图

5. 新闻漫画

新闻漫画也叫政治漫画或时政漫画，是对新近发生的为广大人民群众普遍关心的社会问题的报道。它通过夸张、比喻、象征、寓意等手法，以幽默、诙谐或富于讽刺意味的画面报道和评论新闻事件。网络新闻漫画是传统新闻漫画在网络上的延伸与拓展，既包括网络新闻媒体对传统平面媒体上的漫画作品的再现，也包括利用电脑创作，直接在网络媒体上发布、传播的漫画。在我国,由中国日报网站主办的"中国新闻漫画网",就用网络手段向全国和全世界新闻媒体提供最新的新闻漫画作品,供各媒体选择发表。下面选登一幅来自"中国新闻漫画网"的网络新闻漫画,见图8.5。

图8.5 新闻漫画:大学生就业难

二、图片的来源和选择

1. 图片的来源

(1)来自传统媒体的图片。主要包括传统媒体记者用传统相机、数码相机或手机拍摄的现场照片;如果在新闻现场拍摄不到合适的照片,但又需要表现当时的场景,这时美术编辑会手动绘制新闻速写或新闻漫画。这些都可以成为网络媒体图片的来源。

(2)图片网的图片。一些专业图片网的图片非常丰富,种类繁多,图片编辑可以从中选择所需图片。比如中国新闻图片网(http://www.cnsphoto.com/)、CCN 图片网(http://www.ccnpic.com/)、全球素材网(http://www.photosohu.com/)等。

(3)来自个人博客的图片。由于个人博客的流行,很多摄影爱好者会对自己附近发生的事件进行即时拍摄,特别是当突发事件发生时,这些非专业人士可以拍下极具现场感的照片,并上传到个人博客上,网络媒体可以从中选到许多非常珍贵的图片。

(4)从光盘和动态视频中截取的图像也是一个重要的新闻图片来源。用固体摄像机(CCD)摄像,因 CCD 光敏元件适合的光谱范围较宽,加之可以配合各种焦距的摄像镜头,因而成为攫取静态图像的常用方法。

2. 图片的选择

(1)图片编辑在选用图片时,必须具有敏锐的政治眼光,必须读懂图片背后的内容,不能只凭想当然就随意发布图片。编辑应该注意了解宏观新闻背景,把握宏观背景与具体稿件的关系,为宏观背景提供真实的、生动可信的铺垫和支撑。由于新闻照片的主题或者文字说明失当,照片剪裁失误,画面细节与主题相违背而导致政治性错误的案例多次发生,足以说明图片新闻编辑头脑里必须树立牢固而敏锐的政治意识。

(2)图片编辑在选择图片时,必须具备专业的审美眼光,抓住图片细节。一般来说,在一个画框中,只有一个视觉中心,由于人们的注意力是有选择性的,所以那些动态的、逼真的、突兀的东西更易刺激人的视觉,从而形成视觉中心。每一张成功的图片都是由细节组成的,这些细节组成了画面语言,通过这些特殊的语言,达到与读者交流的目的。连续七年获美国图片编辑奖的马克认为,作为一个图片编辑,你始终要为你的读者考虑。对每一个版面编辑来说,你总是有机会看到每一张图片的每一个细节,但是对于读者来说却并不一定如此。如果你放在版面上的图片过小,读者也无法领略你想要传达的所有情绪,尤其是那些结构本身比较复杂、细节比较丰富的图片。

(3)图片编辑在审查图片时,要有识别真假图片的能力。在选择处理图片的过程中,编辑应该从读者角度出发,代表读者利益,冷静客观地审视照片,以确保新闻照片的真实性。在传统新闻摄影中,摄影记者交给图片编辑的是通过底片冲洗出来的照片,编辑很容易辨别出照片的真伪。在数码时代,摄影记者有了较大的照片编辑权,经常会对照片做一些后期加工。2003 年 4 月 1 日,美国《洛杉矶时报》头版刊发图片编辑萨姆迈克盖尔从 500 多张照片中选出一张英国士兵用步枪指向伊拉克平民的照片(见图 8.6),没想到竟然是一张假照片。这张照片是报社派驻伊拉克前线的摄影记者布莱恩·沃尔斯基从前线发回的,然而,当这张足以冲刺普利策新闻奖的照片被放大六倍后,人们却发现这是一张电脑合成的假照片。后来布莱恩承认,为了"使照片更生动",他将一张英国士兵的照片和一张伊拉克巴士拉市外平民人群的照片合并后作了处理,伪造出一张英国士兵用步枪指向平民的照片。现在越来越多的数码假照片被曝光出来,一方面,摄影记者应提高自己的职业道德素养;另一方面,图片编辑也应提高自己的识别能力,给受众一个真实的新闻空间。

图8.6　英国士兵用步枪指向伊拉克平民

（4）图片编辑要惜版面如"金"。虽然说网络不像报纸那样受到版面空间的限制,但是正因为如此,网络图片编辑才要惜版面如"金",防止"泡沫图片"。某些编辑认为把图片发得越大,视觉效果越好,冲击力越强,但由于图片内容平淡、无味、苍白、空洞,不仅没有丝毫的冲击力,而且因为宽带速度的限制,还降低了受众的阅读兴趣。另一种情况就是明明一张图片就能反映问题,却偏偏要堆积成一个系列或者组合图片。如果一幅图片能独立而生动形象地透视新闻事件的信息,理所当然地应该选择图片,但如果在某个事件的反映上,文字比图片的优势更为明显,则应选择文字。每一张图片,都必须以画面新闻含量为基础。

三、图片的编辑和发布

图片编辑是图片新闻发布流程中至关重要的一环,从各种新闻来源获取的图片要在网络媒体发表,必须符合一定的规则,包括图片存放的基本格式、图片的光线处理和大小的裁切等。

1. 网络图片的基本格式

网络图片的基本格式有 BMP 格式、JPEG 格式和 GIF 格式等。

(1) BMP 格式。BMP 是英文 Bitmap(位图)的简写,它是 Windows 操作系统中的标准图像文件格式,能够被多种 Windows 应用程序所支持。这种格式的特点是包含的图像信息比较丰富,几乎不进行压缩,但由此导致了它与生俱来的缺点——占用磁盘空间过大。

(2) JPEG 格式。JPEG 格式是网页上最通用的图片格式之一。其压缩技术十分先进,它用有损压缩方式去除冗余的图像和彩色数据,在获取极高的压缩率的同时能展现十分丰富生动的图像,换句话说,就是可以用最少的磁盘空间得到较好的图像质量。

(3) GIF 格式。GIF 是英文 Graphics Interchange Format(图形交换格式)的缩写。也就是说,这种格式是用来交换图片的。GIF 格式的特点是压缩比高、磁盘空间占用较少,所以这种图像格式得到了广泛的应用,目前 Internet 上大量的彩色动画文件多为这种格式。但是 GIF 有个小小的缺点,即不能存储超过 256 色的图像。

2. 网络图片的应用参数

对图片进行处理,就是要对图片的色彩、大小进行适度的调整。如果是数码相机直接拍摄的图片,由于曝光程度不同,要对图片进行相应的补光。图片的大小是决定浏览速度最关键的因素,它的单位是字节,在当前的网络浏览速度下,较为理想的图片文件大小为 50 k 左右。JPEG 格式的图片由于经过高倍率的压缩,其文件大小会很适合网络发布。此外,还要考虑图片的分辨率。图片的分辨率是指图像上每单位长度所显示的像素数目,通常网页上显示图片的像素为 72 dpi 即可。像素是网页上图像的基本单位,一个像素就是一个有颜色的方块。网页上的一张图片是由许多像素组成的,它们以行和列的方式排列。像素都有一个明确的位置和色彩值,即像素的颜色和位置决定了该图像所呈现的样子。通常网络上所制作的图片的宽度应低于 800 像素,以 400—500 像素为宜。

3. 网络图片发布的位置

完成了图片的编辑后,还要为图片配上合适的标题及说明文字,构成完整的网络图片新闻,最终发布到互联网上。发布时要讲究位置的摆放。在传统报纸上,版面可以分为若干区,各个区在版面中所占的位置被称为版位①。如果把一个版面横截分为两半,从阅读习惯上来看,上半版优于下半版;那么再把报纸垂直分为左右两半,则左边优于右边;如果把这两个版面重合,则会出现上左、上右、下右、下左四个版面。从阅读习惯来看,强势版位依次是上左、上右、下右、下左。

网页跟报纸有相似的地方,也有不同的地方。相似的地方是,网页的文字排列也是从左往右的,那么左边的版位优于右边的版位。通常新闻网页主页会在左上角摆放滚动新闻图片,如图 8.7,但是也有新闻网页另辟蹊径把滚动图片放在右上角的。

图 8.7　滚动图片在网页上的位置

与传统媒体不同的地方是,网页的阅读是以从上往下拉伸的方式进行的,所以网页的强势版位不是上左、上右、下右、下左的顺序,而是在拉动网页的过程中,依次会产生上左、上右的顺序。因此新闻主页除了左上角的滚动新闻图片外,还会在下左或者下右依次设置一些小的栏目,在每个栏目上也会有栏目的图片,只是比左上角或者右上角的滚动图片要小得多,如图 8.8,在图片《乌鲁木齐大面积停暖》的下面就有两张小的栏目图片。

---

①　郑兴东:《报纸编辑学教程》,中国人民大学出版社 2001 年版,第 240 页。

第八章 网络新闻的编辑制作 173

图8.8 新闻栏目图片

第三节 Flash 新 闻

一、Flash 新闻在中国的发展

本书第七章专门介绍过 Flash 软件,它主要用于制作网络动画,从 2001 年起,国内一些网络媒体将它与新闻尤其是重大、突发新闻结合起来,开始尝试应用 Flash 技术播报新闻。

千龙网于 2001 年 3 月推出第一期《Flash 7 日》,包括"Flash 7 日新闻"、"记者出击"、"热点专题"等新闻栏目,成为国内第一家使用虚拟主持人、虚拟记者,采用动漫风格来报道新闻的网站。2002 年 8 月,千龙网对《Flash 7 日》进行改版,2002 年 9 月 1 日推出《Flash 今日》,每周一至周五推出一期"天天播报",以固定的男主播、女记者两个虚拟主持人形象,报道国内、国际新闻,经济、文化、娱乐、体育等要闻、趣闻。千龙网后来又把《Flash 7 日》和《Flash 今日》合并为《天天八卦秀》栏目,内容更风趣幽默,且具有网络时代的特色,达到 Flash 动画和新闻真实记录相结合的效果。

2001年12月6日,新华网的《Flash今日》试播,2002年1月1日正式开通,不定期推出,每期针对当时社会的一件大事进行报道,取材于新闻图片,配以音乐、字幕,无任何解说、无固定的主持人形象。

2002年6月,搜狐网推出《Flash网闻联播》,其中在2002年世界杯期间,对每天的每个进球都采用Flash动态图解的形式进行报道。

现在,许多网站都推出了Flash新闻,但大多是不定期发布的。那么,到底什么是Flash新闻呢?许多人将Flash新闻狭义地理解为是卡通新闻或动漫新闻。实际上,Flash新闻是融合文字、图片、音频、动画、视频等一种或几种多媒体元素在一起的具有交互功能的网络新闻。

二、Flash新闻的特点

(1)多媒体性。Flash新闻可以整合图形、图像、视频、动画、音频、文字、图表等于一体,让静态的画面在网络上鲜活起来,通过多媒体的形式最大限度地调动受众的多感官参与度,从而使受众对于所报道的新闻事件有全面的认识。

(2)交互性。Flash新闻的独特优势在于它提供播放控制、菜单或标签跳转、URL链接等"人—动画—网络"的交互功能,使得受众与作品可以形成良好互动。

(3)娱乐性。Flash新闻借鉴了卡通和漫画的手法,通过Flash简单的构图、固定的场景、明快的对话以及诙谐的剧情,对生活进行适度夸张、变形,生动活泼,充满想象力和创造力,给人们带来耳目一新的感觉。这类新闻节目的最大特点是娱乐性强,不同于传统新闻的严肃面孔,而是轻松愉快、充满游戏意味地完成新闻信息的传播。

(4)寓教于乐。Flash新闻具有很好的宣传性,用形象说话,老少皆宜,不分知识层次,不受语言文字的限制,方便信息与知识的传播与普及,易于让人们在幽默诙谐中接受所传播的观念。如网上的Flash新闻《禽流感事件》,就是以动画配以解说和背景音乐,对于报道禽流感事件、宣传卫生知识、排解群众疑惑起到了很好的作用。

(5)易于观看和下载。Flash技术是一种流形式的传播技术,采用矢量图的形式,矢量图最大的优势就是容量小,无论缩小、放大或旋转都不会失真。在网上观看一个Flash新闻的时候,不必等到全部下载到本地再观看,可边下边看,同时文件非常小,能够通过网络方便地传输。Flash 的这一特性也使得 Flash 新闻非常适合在网络上传播，更便于受众浏览，在宽带网络还没有普及的情况下，这成为 Flash 新闻与视频新闻竞争的优势所在。

（6）开创了新的新闻叙事方式。传统的电视新闻除了画面就是解说人的解说，而如何记录过去、未来的时空、瞬间无法再现的场景，以及如何表达抽象的信息，一直是电视新闻的难题，因为有时候无法获取相应的画面素材来进行直观的表述。Flash 新闻就突破了传统思维方式的限制，用卡通人物形象和动画模拟场景"真实再现"历史，成为一种新的新闻叙事方式。

三、Flash 新闻制作简介

要制作 Flash 新闻，首先要了解几个基本概念。

（1）帧。Flash 中最核心的概念就是帧，有了帧才会产生动画。这里以 Flash 8.0 版本为例，帧分为空白关键帧、帧、空白帧和关键帧四种。动画就是由连续的画面按照一定的时间顺序播放，每一帧就相当于一个画面。有对象的帧就是关键帧，没有对象的关键帧就是空白关键帧，每一个小格子就是一个个的帧。如图 8.9，在圈内，上边的数字是时间轴，下面的小格子就是帧。

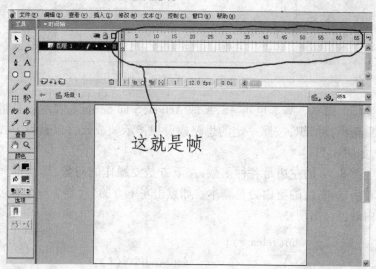

图 8.9　Flash 中的帧

（2）元件。一部电影需要很多演员、道具，才能使影片丰富起来，元件就是 Flash 中的演员和道具，对于 Flash 新闻来说，也就是图片、图表、视频、音频资料等新闻素材。在 Flash 8.0 的制作界面中，按 Ctrl + F8 就可以看到如图 8.10 所示的关于元件的一些功能。

元件包括影片剪辑、按钮和图形。其中影片剪辑就是一段包含了动画的影片，影片剪辑只是 Flash 中的一个片断；按钮主要从事于交互；图形就是一张张图片或者图表。这些元件通过程序控制放在时间轴上，通过按钮就可以对 Flash 进行播放或者停止控制。

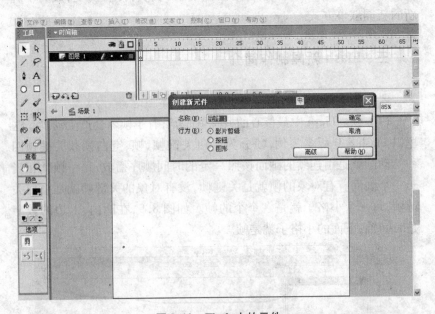

图 8.10　Flash 中的元件

（3）脚本。脚本也叫 AS，A 即 Action，S 即 Script。脚本就是将素材重新编排组织，按照一定的思路或设想指示帧或元件以某种方式播放，如图 8.11。

图 8.11 的左边是各种函数，左下方是要操作的对象，即当前元件或者场景，右边的空白处是脚本。如点击左下方的"元件 1"，在右边的空白处就会出现：

on(release){

　　　gotoAndPlay(1);

}

第八章 网络新闻的编辑制作 177

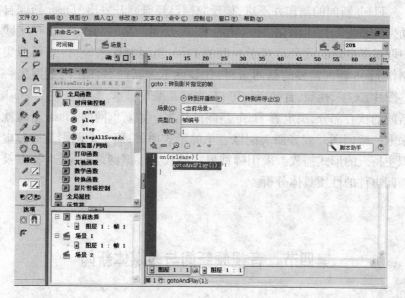

图 8.11 Flash 中的脚本

这个脚本表示,点击 Flash 上面的"播放"控制按钮就可以开始播放 Flash,如图 8.12。同样的道理,可以手动编写脚本,也可以利用自动生成的脚本系统编写脚本,从而实现各个元件按照一定的顺序呈现与播放。

图 8.12 Flash 中的播放控制

Flash 新闻的制作并不难,像千龙网已经研制开发出"Flash 新闻自动生成系统",用于简化、标准化的 Flash 新闻产品的制作流程,在实践中取得了良好的效果。对于一般的 Flash 新闻制作来说,首先要搜集制作 Flash 新闻需要的新闻素材,比如就重大新闻事件在网上搜集一些图片、文字、视频、音频资料等;其次就是编写脚本,脚本是整个 Flash 新闻的核心部分,决定着 Flash 新闻的优劣。如新华网的 Flash 新闻就采取一幅幅图片或者图表配以音乐的形式播放;而千龙网则是通过虚拟主持人的形式播放。采用哪种形式播放要根据网站的定位、特点及新闻事件的性质具体分析。

第四节 音视频新闻与多媒体新闻

音视频新闻与多媒体新闻有着密不可分的联系,在概念上,前者侧重于单一媒介元素或媒介形式,后者侧重于统一的编辑手法或编排方式。在实际应用中,两者常有交叉与重叠的部分。网络音视频新闻的出现,使得受众第一次可以主动地根据自己的兴趣和需要,来选择要看或者要听的内容,这在很大程度上改变了过去受众被动地接收电视或者广播节目的局面。

一、音视频新闻的编辑

网络音频和视频都是数字化的音视频,数字化音视频新闻的编辑的主要特征是非线性编辑。非线性音视频编辑(Nonlinear Editing System,简称 NLE)是使用数字存储媒体对数字音视频信号进行后期编辑制作的方法[1]。非线性编辑的工作流程包括素材采集、素材编辑、编辑制作、压缩、刻录到光盘或者上传到网络。

(1) 素材的采集。素材的采集就是把录像机或者摄像机的音视频信号数字化后以文件的形式记录在存储的设备中,并自动加上时间码

---

[1] 张宁:《DV/DVD/VCD 编辑快手 Final Cut Pro 3》,北京希望电子出版社 2003 年版,第6页。

信息。存储方法是将大段的音频、视频分为几个小段分别采集和存储,这样便于在视频编辑软件中重新组织视频素材。一般的视频软件具有场景识别功能,可将输入的视频自动划分为独立的文件。

(2) 素材的编辑。素材的编辑就是对采集到磁盘的素材进行剪切,并且对素材做前期的处理,如画面的修改、画面的速度、色度的调整、亮度的调整等。目前流行的音频文件格式主要是 MP3,视频文件格式则从早期的 rm 发展为 flv 及 MP4;流行的音频、视频编辑软件主要有 Creative Wave Studio(音频采编)、Studio(视频采编)和 Video for Windows(必须与视频卡配合)、Cake Walk、Adobe Premiere 等。前三者是比较简单的操作软件,可以运用菜单和各种对话框功能对音频素材进行剪贴、复制和添加回音等,后两者是比较专业的音视频编辑软件。

(3) 制作发布。编辑制作就是把选择好的素材按照编辑顺序安排在音视频的轨道上,随时修改、插入和删除素材。在作品制作过程中,作者根据创作意图任意安排素材并且可以进行预览,反复修改直到整个作品完成;最后把制作好的成品压缩,放到指定位置或者上传至网络。

二、多媒体新闻的编辑

不要简单地把 Flash 新闻与音视频新闻就理解为多媒体新闻,多媒体新闻并非是将文字新闻、图片新闻、音频新闻、视频新闻简单相加而成的"拼盘"新闻,多媒体新闻应该是多种媒体形式的有机融合,它是一种有自己的内涵、外延、特点和规律的独立的新闻形式。多媒体新闻,就是指在互联网上传播的,经过数字技术处理的,并且用两种以上的媒体形态同时地、统一地表达的新闻。跟多媒体的特点相对应,多媒体新闻具有集成性、实时性、交互性、个性化等特点。像新华社多媒体新闻数据库,就是以先进的信息技术、网络技术为支撑,集新闻信息的采集、营销、管理、存储为一体的工作平台。新华社多媒体新闻数据库提供的内容主要包括新华社实时播发的文字、图片、图表、音频、视频等各类新闻信息产品以及各类新闻信息历史资料,并具有高效、灵活、实用的检索、浏览、个性化订制以及推送服务等多种功能。新华社用户可以通过多媒体数据库方便、快捷、交互式地选择各自所需要的新闻信息产品。

多媒体新闻信息编辑系统可以让编辑、记者"所见即所得"地编辑排版多媒体新闻信息,真正实现文字、图片、图表、音频、视频等新闻信息在一篇文章中的灵活互动。如新华社的 XinhuaML 稿件编辑系统,就具有对多媒体新闻信息进行编辑、处理的功能。该系统能够完成文字、图片和音视频等多媒体信息的编辑、加工、制作、签发等流程管理,把新华社文字、图片、音视频等分离的信息处理方式整合成相对统一、功能灵活的信息处理方式。XinhuaML 系统可以提供对文字、图片、图表、表格的混排功能,支持各种字体和样式的设置。音、视频稿件可以作为附件混编到稿件中。同时,可以对音视频内容进行简单编辑剪裁,对于较长的音视频内容可以利用系统提供的裁剪功能将其裁剪成若干段,然后选择其中的一段或几段组成一个新的音视频文件。该文件除了可以与相关的文字稿件混编成多媒体稿件外,还可以将其提交到待编稿库,供他人使用。在编辑过程中,还可以插入各种格式的附件,例如插入 Excel 或者 PDF 分析报告等,编辑后的各种媒体信息和附件以标准的 XinhuaML 格式打包传输给用户。

随着计算机技术的不断发展,高效率的多媒体数据压缩、解压缩产品的问世,以及高质量的多媒体数据输入、输出产品的推出,多媒体新闻的编辑必将发展到一个新的阶段。

第五节　网络新闻标题

在传统媒体中,标题是新闻的眼睛,它同样也适用于网络媒体,甚至更加重要。传播媒介的不同对标题的要求也不同:纸质媒体中标题与正文处在同一版面上,一般通过字体的大小、颜色等来吸引受众,比较注重修辞手法的运用;广播和电视媒体主要是用口语传播,因此要求标题读起来琅琅上口;在网络媒体中,主页空间的有限性和网络传播信息承载的无限性,对标题提出了更高的要求。网络媒体的写作和阅读是以一种超文本的形式呈现出来的,受众看到的正文大部分是通过点击网络新闻标题进入的,因此,一则新闻标题是否吸引人,是否能够说明问题,关系到标题的点击率和正文的阅读率。在网络或新闻传播中,主要新闻信息都由新闻标题来承担,网络新闻标题的作用体现在提示内容、评价新闻、吸引受众、信息索引、美化版面等方面。可以说,标题对网络媒体的重要程度远远超过报纸、广播和电视。

一、网络新闻标题的特点

1. 多媒体的特征

网络传播包括了以往媒体的所有表现形式,因此,在标题制作方面,可以充分发挥网络的多媒体优势,将文字、图像、音频、视频等有机地结合起来。编辑为了强调某一篇特定的报道,可以通过在标题中加入图片、音频或视频内容来吸引受众阅读。图8.13为CNN的首页,图片、视频与文字标题广泛地应用于其中。

图8.13　CNN首页

2. 题文分离

在网络新闻传播中,新闻的标题和内容是分离的,它们以超链接的形式存在。受众点击标题才能进入新闻的主体进行阅读,这打破了传统媒体的新闻阅读规律。网络新闻标题题文分离的特性要求编辑在制作标题时要注意标题信息的"藏"与"露"问题,既要把信息呈现给受众,又要能吸引他们去点击。

3. 单一标题为主

传统媒体中新闻标题一般较为复杂,特别是在报纸中,标题一般分为引题、主题和副题三部分,它们分别起到引导、概括和补充的作用。网络新闻标题主要是以一行标题为主。首先,这是由网络媒体本身的特性决定的,网络的海量信息和首页版面的限定性要求用单行标题,单行标题比较容易排列,有利于网页本身的美观;其次是受众阅读习惯的要求,多行标题的使用需要网民换行阅读,容易造成网民的视觉负担,使网民产生厌烦的情绪,单行标题的使用则可以让网民快速地了解新闻信息。单行标题也有字数的限制,一般控制在7—10个字左右,受众一眼就可以了解全部的信息。图8.14为千龙网新闻首页,可以看到单一标题是主要的标题形式。

图8.14 千龙网新闻首页

4. 实题为主

新闻标题分为实题和虚题两种,实题是指具备新闻要素的标题,这些新闻要素包括何人、何地、何事、为何、怎样等,虚题则是从个别的新闻事实中抽取一般的原则、道理,虚题一般通过提示新闻事实的意义、性质等来揭示新闻事实的本质。网络新闻标题一般以实题为主,因为实题可以完整地传递信息,有助于网民快速了解新闻事件。

二、网络新闻标题的构成要素

1. 主题与小标题

网络新闻的标题又称为"主标题"或者"标题句",它是标题中最主要的部分,它的作用就是揭示新闻事实。主题是网络新闻标题存在的主要形式。

在部分新闻中,尤其是在新闻专题中,新闻事实比较复杂,需要将新闻事实划分为几个不同的方面,这个时候小标题的作用就比较明显了。下面是 2006 年 9 月 13 日,新浪网制作的温家宝亚欧之行的新闻专题,就运用了小标题来报道新闻事实。

温家宝开始对英国工作访问　称中国不刻意求顺差
当地时间 12 日下午 5 时,温家宝抵达伦敦,开始对英国进行为期一天的工作访问。在伦敦希思罗机场,温家宝发表了书面讲话。
温家宝发表书面讲话　期待英国扩大对华技术出口
温家宝指出,尽管中英经贸合作发展迅速,但双方合作潜力远未充分挖掘出来,希望两国工商界有破冰者的勇气和智慧,推动经贸合作。

2. 准导语

准导语是指位于主标题后面的一段文字,它与标题共同出现在网站的首页或者是频道的首页,用简短的话语对标题的内涵进行揭示或者是对新闻信息的主要事实进行概括。在比较长或比较重要的新闻中,准导语可以补充新闻主题因为字数限制而造成的信息量不足的问题。如下面一则来自人民网的新闻就加入了准导语。

第一解读:国台办回应"倒扁"风潮和台加入联合国
李维一再次重申,台湾地区领导人妄图以"台湾"名义争取加入联合国,这是他在"台独"分裂道路上迈出的新的危险一步,进一步暴露他加紧推进"台独"分裂活动的险恶用心。

准导语的加入可以补充标题信息量的不足,使受众不用点击整篇文章便可了解新闻最重要的部分,但是准导语要占用页面的空间,所以只有在比较重要的新闻中才会出现准导语。

3. 题图

网络新闻的题图主要包括新闻图片、新闻图表、新闻漫画、新闻动画等几种形式。新闻题图可以起到解释新闻标题、吸引受众的作用。与单纯的文字标题相比,题图更具有想象力,更加直观,但是网络新闻的题图不能过多运用,要注意版面的大小。另外,与题图相配的标题或文字说明的写作也是一个技巧,既要把事情解释清楚,又要给受众留下想象的空间。

4. 其他元素的应用

为了使网络新闻能够引起受众的注意或者对信息进行说明,网络新闻标题中还运用多种附加元素。

(1) 随文部分。即新闻标题后面紧跟的说明部分。这部分一般列出的是新闻的发布时间、新闻来源等说明性信息,这一类信息一般会出现在新闻的内页,如下面一例。

专家称禽流感病毒人间传播时间尚不可预测

http://www.sina.com.cn 2006年06月13日07:12 中国新闻网

(2) 主观标记。新闻标题中的主观标记指的是新闻编辑为了强调新闻信息的重要性,引起受众的注意而在新闻标题中做的一些主观性的符号。如"NEW!",表示新闻发生时间的接近性,在新闻后面加"★"等表示新闻的重要性。

(3) 特殊符号。特殊符号主要是网站编辑通过网络技术把标题制作为活动的或者是发光的,来吸引受众的注意。

三、制作网络新闻标题的基本要求

1. 题文一致

题文一致主要是指标题与新闻内容的一致性。编辑在制作标题时不能刻意强调新闻的一个方面而忽略了另一个方面。现在许多网站为了吸引网民的眼球，增加点击率，在标题中对网络新闻进行曲解，增加一些噱头在其中。而事实上真正的新闻信息却并非如此，受众在点击标题看到新闻之后会有上当之感。这可能会在短期内增加新闻的点击率，但是长此下去，对网站的声誉和健康发展会造成极大的损害。

2. 重点突出

新闻信息的重点要在标题中得以体现，很多网民在浏览新闻网页时可能只是浏览新闻标题，因此网络编辑要把最具有新闻价值的部分突显出来，可以从以下几个方面入手：突出最新鲜的事实、突出最重要的新闻要素、突出最具趣味性的内容、突出最具冲突性的内容，只有重点突出的新闻标题才会受到受众的关注。

3. 简洁凝练

网站的页面空间是有限的，网民的时间和阅读习惯也决定了在一个页面上不能放置过多的标题。因此，网络新闻标题务求简洁，用最少的字数把最重点的内容表达出来。

（1）言简意赅。言简意赅就是要求编辑在保证准确反映新闻信息的基础上，凝练标题语言。冗长的语言不容易为受众所接受，也不利于页面的美观。

（2）删繁就简。编辑在标题中要用简洁的词汇来表达完整的意义。如国名、单位、地名等在大多数人理解的情况下，可以用简称来表示，以节省网页空间；还可以运用省略，主要包括对标题中介词、量词和谓语中心词的省略等。

4. 新颖生动

网络新闻编辑在追求新闻标题的简洁性的同时，也不能忽略标题的新颖与生动。经过多年的发展，网络新闻标题已形成了一定的模式。编辑在制作网络新闻标题时要注意标题的新颖性，运用多种手法对标题进行改变，让受众看到眼前一亮的标题。可以采用新的角度，做出独树一帜的标题，也可以用新名词或者是流行语来组织标题，吸引受众。另外，要运用多种表现手法，增强新闻标题的生动性。

5. 易读易懂

网络新闻标题是把信息呈现给最广大的网民，编辑在制作网络新闻标题时，要注意标题的大众化，做到易读易懂。用大众熟悉的语言与大众习惯的手法制作标题，让大家一看就能明白新闻内容与新闻重点。

特别是在遇到一些涉及专业名词的新闻时,网络编辑要巧妙地转变,让普通大众都能接受。当然,大众化不等于媚俗化,编辑在制作标题时要注意把握度的问题。

第六节 背景资料的链接

"链接"(link)是指一个用户可以通过点击鼠标从一个页面或网站跳到另一个页面或网站①。它作为一种便利访问者获取网上信息的技术手段,目前已经被互联网站的经营者广泛应用。网络新闻的背景资料的链接就是其中一种形式,背景资料的链接为受众提供了更多、更详细的信息,使受众可以对网络海量的信息做到有层次的阅读和查找,满足了受众多样化的信息需求,也是体现网站竞争力的重要手段之一。

一、背景资料的来源

背景资料的链接指的是在新闻信息中,对一些关键的地名、人名、时间、事件等提供超链接,还包括在新闻页面内部以相关报道的形式出现的标题信息,它主要是紧扣上面的新闻信息而存在的。网络新闻超链接的来源是多方面的。

(1)本网站的不同时间或者不同角度的报道。一则新闻信息的发生并不是孤立的,一个新闻人物总有他出场的历史背景、社会背景,新闻事件的发生也有它的前因后果,也涉及许多人物。对一个新闻事件的详细了解,网络新闻编辑可以把本网站从不同角度进行的报道做成超链接,或者本网站之前对相关人物的报道及相似的报道做成超链接。这成为新闻网站背景资料链接的一个重要源泉。

(2)其他网站对本事件的报道。网站与网站之间因为主客观方面的差异,对一件事情的看法可能是不相同的,特别是在评论性的问题中,网站之间的新闻背景的超链接可以让网民对事件有一个更全面的

---

① 〔美〕罗兰·德·沃尔克:《网络新闻导论》,彭兰等译,中国人民大学出版社2003年版,第186页。

了解。网站与网站之间的超链接也是在关键词或者是在新闻信息下面的标题中出现的。

（3）纸质媒体对新闻事件的报道。在现有网络发展水平下,纸质媒体对新闻事件的报道仍然是新闻网站信息的一个重要来源。纸质媒体在采访报道中充足的人员和信息源成为它的一大优势,可以说现在的网络信息,特别是涉及深度报道的信息,大部分来自纸质媒体。网站的纸质媒体的背景资料分两种情况,一种是本网站以前转载的纸质媒体的报道,另一种是其他网站所转载的纸质媒体的报道。

（4）网民的相关报道。在网站的新闻报道中,特别是新闻专题中,都会有网民评论或与网民相关博客的链接。这些链接为受众提供了大量网站所未报道的信息,特别是受众感兴趣的一些软性的趣味信息,满足了受众多视角了解信息的需求。

二、背景资料链接的种类

网络中存在大量互相关联的信息,编辑不但要找出相关的信息,还要对背景资料链接的条数作出正确的判断。如果链接的条数过少,就难以满足受众深入了解新闻的需求,如果链接过多,重要的信息就会淹没在其中,扰乱网民的阅读。因此,编辑在搜索到相关的信息后,要对所要链接的背景资料做出相关的判断,选择合适的信息做链接。在网络新闻的背景资料链接中,一般有以下几种链接：

（1）相关时间的链接。相关时间的链接指与新闻同时或者是几乎同时发生的新闻事件的链接。

（2）相关地点的链接。相关地点的链接指的是与新闻事件的发生地点有关的信息,主要包括新闻事件发生地的历史、自然风光、风土人情、政治、经济、文化等的介绍,如新华网在青藏铁路开通时对青藏铁路的沿途风光的介绍。

（3）相关人物的链接。相关人物的链接指的是与新闻人物有关的基本信息、背景、情况等的介绍,通过链接受众可以更全面、深入地了解新闻人物。

（4）相关事件的链接。相关事件的链接是指与新闻事件有关的信息,主要包括新闻事件连续的发展过程,同一事件的其他报道,相似的新闻事件等。在2005年的卡夫食品案件的报道中,许多网站都对其他国际食品公司发生的生产不合格食品的事件进行了链接。

（5）事件原因的链接。链接与新闻发生原因相关的信息，主要包括新闻发生的背景、原因和有关分析等。

思 考 题

1. 网络新闻稿件有几种错误类型？有什么样的修改方法？
2. 在修改网络新闻稿件时应注意哪些问题？
3. 网络图片新闻的图片来源有哪些？如何才能正确地选择网络新闻图片？
4. 请以一个新闻网站为实例，分析其中的图片设置。
5. 概述网络新闻标题的要素构成、特征及制作要求。
6. 网络新闻超链接的来源有哪些？

第九章

网络新闻版面设计

同传统的报纸杂志编辑一样，网络新闻版面设计大体上也属于平面设计的范畴，互联网已成为平面设计的新的、更富有挑战性的舞台。网络新闻版面设计过程中包含的要素以及新闻网页的传播特点决定了我们在其设计过程中，一方面需要继承报纸、杂志等传统媒体版面设计的经验，另一方面，更需要探索和总结新闻网页版面设计的规律和特点。网络新闻版面的设计涉及方方面面，主要包括域名设计、logo 设计、色彩设计、布局设计等。结合网络新闻编辑人员工作的实际，本章主要论述网络新闻版面设计的基础知识、色彩设计和布局设计。

第一节 网络新闻版面设计的基础知识

版面设计又称为版面编排或者是版式设计。日本设计理论家、教育家日野永一认为："根据目的把文字、插图、标志等视觉设计的构成要素，作美观的功能性配置构成，即称为版面设计。"[1]网页设计，是在平面设计的基础上，适应网络传播与网页浏览的需求而进行的视觉传达工作，它具有艺术性与技术性的双重特点。我们在进行网络新闻版面设计的时候必须以特定的信息传播效率的高低作为评判的准则。如果版面设计与其所传递的新闻信息内容相悖，就会削弱新闻信息的传播质量；反之，

---

[1] 日野永一：《设计》，湖北美术出版社 1998 年版，第 67 页。

如果版面设计与其所传播的新闻信息相辅佐,就会增强和提高版面信息的传播效果,使版面的功能性和艺术性得到最充分的体现。

一、网络新闻版面设计原则

版面作为传达某种信息的"载体",其设计风格必须切合其所负载的主题内容,不同的主题内容就会有不同的版式风格。例如,表达政治、法律、宗教等内容的版面,其网页风格就应该庄重、沉着或者严谨;表达文化、艺术等内容的版面,其网页风格就应该活泼、雅致或是浪漫;而表达旅游、娱乐、餐饮等内容的版面,其网页风格就自然会倾向梦幻、潇洒和诱人。我们在进行新闻网页设计的过程中,既要根据具体的主题确定适合的风格,还要考虑受众的阅读习惯和喜好。网络新闻版面设计最根本的原则可以概括为简明易读、富有个性与统一和谐。

1. 简明易读

版面设计切忌过分繁杂、凌乱。版面的样式与其所传达的内容相比较,不可本末倒置,宾主不辨。可以断言,没有一个受众愿意在阅读浏览的过程中遭遇辨认的麻烦,能在轻松愉悦的状态中获取信息是人人都极乐意的事情,更何况在网络这一信息海洋中,因而简明易读就显得尤为重要。

在 Alexa[①] 新闻网站排行榜上名列前茅的 MSNBC 网站(www.msnbc.msn.com)的页面(见图 9.1),不但简洁,而且页面左侧的新闻体裁分类明确,中部的新闻导读恰到好处,为受众有效的阅读提供了轻松舒适的视觉环境。

2. 富有个性

网页的版面设计是一种创造性的劳动,可以在创意中展现个性,个性也是网页吸引受众眼球、争取点击率的法宝。网页设计中的误区之一,就是千篇一律,或所谓的"大众化"。现在有不少网站大体上设计都是一样的,从标题的放置、按钮的编排到动画的采用都是如此,毫无特色可言。只有新颖的设计,才会在众多的网页中闪烁出与众不同的光芒。

雅虎是世界上影响最大的网站之一。它当年问世时,就以独具一

---

① Alexa:www.alexa.com,创建于 1996 年 4 月,以网站导航起家,现已成为发布世界网站排名的权威网站。

第九章　网络新闻版面设计　　191

图 9.1　MSNBC 网站页面

图 9.2　Yahoo.com 页面

格的页面设计卓尔不群。多年来，Yahoo 基本上没有更改它的页面风格，那松散而几乎没有线条规划的布局，看上去漫不经心，其实却是精心安排的（见图9.2）。最关键的是它的页面与搜索引擎这一性质非常契合，并影响了后来不少的搜索引擎类网站。

新浪网也是很有特色的。作为全球信息最丰富的华文网站，其特色就在于从设计的角度，把超量的信息（包括文字与图像）摆放得轻重得当，井井有条，清晰易读又落落大方，达到内容与形式的高度统一（见图9.3）。

图 9.3　新浪网页面

3. 统一和谐

统一和谐含有两个方面的意思，统一是指设计的整体性和一致性，和谐是指页面上的元素要协调有序，浑然一体。

统一牵涉到色彩的统一、版式的统一、结构的统一、字体的统一等等。一般艺术设计中讲究的平衡、连贯、呼应和对比的方法，也是在网页设计中形成统一的有效手段。有些网页采用了颜色各异、风格不同的图片、文字、动画，尽管页面五彩缤纷，却没有整体感觉。还有些网页的某些局部设计得很漂亮，但相关元素或各自为政，或喧宾夺主，从总体上看仍然是失败的。要在变化中追求统一。变化是各个组成部分之间的区别，统一是各个部分之间的内在关联。当我们把大量的信息塞到网页上去的时候，要考虑怎样把它们用统一的方式来合理排布，使整体感强的同时又要有变化。这种变化从排布的形式上或者颜色上都可以体现，即体现出主从关系、呼应关系等，这样才能使页面更加丰富，更有生气，看起来不感到枯燥乏味。

和谐是美学法则之一。对于网页设计来说，和谐主要就在于页面的视觉效果能否与人的视觉感受形成一种融合，一种沟通，产生心灵的共鸣。要在对比中追求和谐。在网页设计中要善于和合理利用对比的因素，例如文本的排布，字体的大小、粗细、颜色，图片的宽窄、透明以及位置的放置等等，以取得较为强烈的视觉效果。同时还要恰如其分地找到调和的因素，即构图的联系点，使整体感觉突出，不至于仅仅因为对比而造成割裂的感觉。只有做到对比与和谐的相辅相成，才能使网页特征鲜明，达到较高的审美层次。

以下三家英文新闻网站分别是星期日泰晤士报网站（见图9.4）、BBC全球网站（见图9.5）和CNN网站（见图9.6）。

图9.4　星期日泰晤士报网站首页

我们可以看到,这三家网站在色彩运用、logo 设计、页面布局、旗帜广告位置和主打新闻图片位置等方面,均有较大的差异,但每个网站又都给人以浑然一体的感觉,在版式、色彩、结构等方面既统一又有变化,既和谐又有对比,令人赏心悦目。

图 9.5　BBC 全球网站首页

图 9.6　CNN 网站首页

二、网络新闻版面设计程序

1. 设计中需要考虑的技术因素

网页设计是建立在技术性基础之上的。无论设计什么类型的网页,网络技术因素对网页的影响,是所有网页设计者都必须考虑和重视的问题。这些因素主要有:

(1) 网络带宽。网络带宽牵涉到网页浏览的速度,是值得设计者注意的首要因素。影响网页显示速度的主要因素是图像的大小与数量。因此,在同等带宽条件下,加快页面下载的最有效的方法是控制网页中图像的数量与尺寸,应该对每一幅插入网页的图像进行优化处理,同时不要在普通网页中插入太多的图像。新闻网站属于资讯类网站,提供的信息应以文字信息为主,不宜采用多幅图片。

(2) 浏览器。不管用什么制作工具制作出来的网页,都有一个与用户端的浏览器兼容的问题。由于目前国内绝大多数用户使用的都是微软的操作系统,都用其捆绑的 Internet Explorer 浏览器浏览网页,所以对主要面向国内用户的网站一般不存在兼容问题。但如果所设计的网站主要面向国外用户,则需要在不同的浏览器下测试网页的显示效果。

(3) 分辨率。分辨率是指计算机屏幕水平与垂直方向的像素(pixel)值,即屏幕的宽度与高度。鉴于现在 15—17 英寸以上的电脑显示屏已在单位与家庭成为主流,这类电脑的显卡通常都支持 1 024×768 的显示模式,所以可以将网页设计的显示器分辨率定位于 1 024×768,同时兼顾早些年流行的 800×600 模式。

(4) 打印效果。网页不仅供人们在网上浏览,在许多情况下还需要打印出来,比如用于网站的推广宣传。随着彩色激光打印机的普及,打印网页变得非常便利,成本也不高。有的网页在网上看很漂亮,但打印出来的效果却不理想,或者色彩严重失真,或者有些页面元素在打印过程中消失了,这些都应该引起设计者的重视。如何使打印效果与网上浏览效果保持一致,主要是要提高网页的分辨率,但分辨率太高也使网页体积庞大,所以要有一个适中的把握。

2. 设计的创意阶段

网页设计,从总体上来说,并非针对某个具体的页面,而是面向整个网站的,程序一般包括域名设计、logo 设计、色彩设计、布局设计等。

(1) 域名设计。域名(domain name)在实际使用中,就是网址的概念,是我们键入网站的入口。为什么要把它作为设计的第一步呢？其实,域名不仅是一个网站的入口,它本身就以文字或图形的方式,构成了网页最显著区域内(通常是首页左上角)的一部分,从而成为网页设计的先导。在这一重要的页面元素缺失的情况下,如果进行页面设计方面的构思,常常会不得要领。对于新闻网站来说,尽早搞好域名设计意义重大。在进入域名设计阶段后,即可启动对网站品牌的宣传,至少可以以征集域名和域名的正式确定这两个环节,作为网站前期宣传的重点。

(2) logo 设计。网站 logo,就是网站的标志图案,它一般会出现在站点的每一个页面上,通常会是网站首页的夺目之处。与域名一样,logo 也是构成页面本身的重要元素,通常与域名一道处于网页左上部最显著的区域。现在不少新闻网站的 logo,都是将域名中的字母或部分字母进行美术处理,使之图案化,形成独特的 logo 设计。这也说明为什么域名设计常常要走在 logo 设计的前面。

(3) 色彩设计。色彩设计涉及的方面很多，这里主要讨论网页主色彩的选择。网站给人的第一印象，常常来自视觉冲击力，因此，确定网站的主色彩是相当重要的。而主色彩的选择，如果仅从美工或纯设计的角度看，又与 logo 的色彩甚至域名的色彩密切相关，互相牵制，互相补充，互相平衡。在网页设计实践中，因为 logo 改变了，网页的主色彩也跟着变化的情形并不鲜见。网页色彩设计将在第二节作详细介绍。

(4) 布局设计。布局设计包括网页结构与网页版式。网页结构的内容涉及页面的平面特征和立体结构等，网页版式则涉及常见的网页版式类型，以及栏目、图片等基本版式元素。在域名、logo 和主色彩确定的前提下，才宜进行网页的布局设计。第三节将对此作具体介绍。

3. 设计的操作阶段

在确定了基本的创意之后，就可进入实际设计阶段。首先要根据网站的书面设计方案，进行网站首页及其他各级页面的 Photoshop 效果图设计，之后即可据此用网页制作工具（通常是 Dreamweaver）进行网页制作。网页制作一般分为三个阶段。第一阶段是制作模板，即将美工设计的各级 PS 效果图，作为网页制作的底图，全面、细致地将其转化为网页模板。第二个阶段，用制作好的各级模板，生成每一层级里风格统一的大量页面。第三个阶段，对每一个页面进行内容填充，或进行局部性调整。局部调整是指有些页面需要脱离模板的统一风格，可以再单独设计制作。这一方法适用于制作与维护个人网站或小型网站，因为它虽然能批量生成网页，但在日常的维护更新方面，效率仍然不高。新闻网站一般都是规模较大的网站，每天通常要制作、发布数百个网页，所以一般都采用信息发布系统来进行页面的更新、维护工作。

第二节 网络新闻版面的色彩设计

一个新闻网站采用何种色彩？多种颜色如何搭配？这是网络新闻版面设计者必然要认真考虑的问题，也是网页设计的重要方面之一。要在网页设计中灵活、巧妙地运用色彩，制作出精美的网页，有必要掌握关于色彩与色彩构成①的一些基本概念与基础知识。

一、色彩基础知识

要理解和运用色彩,必须掌握进行色彩归纳整理的原则和方法,其中最主要的是掌握色彩的属性。色彩的属性可以用以下几个特征值来描述:

(1) 色相。色相指的是色彩的相貌,是区别色彩种类的名称。光谱上的红、橙、黄、绿、蓝、紫等六色,通常用来作为基础色相。但是我们能够分辨的色相,不止这一有顺序的六种颜色,在这一顺序中尚有无数的种类存在于其间,例如红色系中有紫红、橙红;绿色系中有黄绿、蓝绿等色彩。

(2) 明度。明度也称亮度或光度,用来辨别色彩明暗的程度,体现色彩的深浅差别。在无彩色中,明度最高的色为白色,明度最低的色为黑色,中间存在一个从亮到暗的灰色系列。在有彩色中,任何一种纯度色都有着自己的明度特征。例如,黄色是明度最高的色,处于光谱的中心位置,紫色是明度最低的色,处于光谱的边缘,黄与紫是划分明暗的中轴线。同一色相因混入不同比例的黑、白、灰色形成不同的明度变化,通常,有彩色的明度值参考无彩色的黑、白、灰等级标准,任意彩色可以通过加白或加黑得到一系列有明度变化的色彩。

(3) 纯度。纯度也叫彩度或饱和度,是指色彩纯净的程度。光谱中的各种单色光为极限纯度,是最纯的颜色。当一种色彩加入黑、白、灰以及其他色彩时,纯度自然会降低。不同的色相不但明度不等,纯度也不相等,例如纯度最高的色是红色,黄色纯度也较高,但绿色就不同了,它的纯度几乎才达到红色的一半左右。在人的视觉中所能感受的色彩范围内,绝大部分是非高纯度的色,也就是说,大量都是含灰的色,有了纯度的变化,才使色彩显得丰富而有层次。同一个色相,即使纯度发生了细微的变化,也会立即带来色彩性格的变化。

(4) 色调。在某一幅设计作品中,其画面总是由具有某种内在联系的各种色彩组成一个完整、统一的整体,形成画面色彩总的倾向,称为色调。色调的种类较多,从色相上分为绿色调、蓝色调、黄色调等;从纯度上分为明亮色调、浅灰色调、暗色调等;从色性上分为冷色调、暖色

---

① 将两个以上的色彩,根据不同的目的性,按照一定的原则,重新组合、搭配,构成新的美的色彩关系称为色彩构成。

调、中性色调等。除此之外,还能打破三者的范围而混合运用,例如冷灰色调、暖绿色调等等。

(5) 色性。色性指色彩的冷暖倾向。在生活中或绘画上的色彩,总是会给人以或冷或暖的感觉与联想,如红、橙、黄为暖色。冷色容易使人感觉寒冷,而暖色调则使人产生温暖的感觉,介于冷色与暖色之间的紫色和绿色,属于中间性质的色彩,有时会因为倾向暖色而有暖和感,或者因为倾向冷色而有寒冷感,所以紫色与绿色又称为中性色。

二、网页的色彩搭配

在掌握了关于色彩的基本知识之后,对网页的色彩设计与应用就有了一个良好的基础。网页的色彩设计是色彩应用规律与网页作为一种传媒介质所具有的特性相结合的过程,在长期的网页设计实践中,它逐步形成了广为认同的用色原则与技巧。

1. 色彩搭配的基本原则

将不同的色彩进行搭配与组合,构成视觉效果良好、风格独特并有强劲冲击力的页面,是进行网页色彩设计与搭配的目的。在确定网页的整体色彩方面,应该综合考虑用户的欣赏习惯,网站的主题、性质、专业特点和艺术规律等。具体来说,应该遵循以下几方面的原则:

(1) 色彩的合理性。网页的色彩要漂亮,引人注目,给浏览者留下深刻印象,但也要注意到人眼的生理特点,避免使用大面积的高纯度色相,否则会产生过强的刺激,使人的眼睛容易疲劳。很多网页制作发布以后,页面和浏览器的显示尺寸不相吻合,会造成刺眼的效果,这时通常需要把屏幕两侧(1 024×768 模式下)的空白面积用适合的辅助色填上,使整个屏幕色彩更加谐调。

(2) 色彩的独特性。网页的色彩搭配要能体现网站的特色,要有与众不同的色彩,使得浏览者"过目不忘"。Mei-online.net 是国内一个设计很有特色的站点,它的原版设计大胆地采用绛红为主色,并以橙、绿色点缀其间,色彩搭配和布局都有独到之处,非常抢眼。改版后,网站的内容主题在首页就明确地展示出来,此时的页面设计色调下沉,更加切合内容,个性突出,容易抓住受众的视觉神经。

(3) 色彩的适宜性。网页的色彩搭配应该与网站的内容、性质和气氛相适应。例如用粉色来体现女性站点的柔美是很好的选择,如果用黑色就很不妥当了。每种色彩在纯度、明度上略微变化就会产生不同的感觉，以绿色为例，绿色中加上较多的黄色，有青春旺盛的视觉意境，可用于青年类网站；如果加上较多的蓝色成分，则显得幽暗阴深，可用于文学艺术类网站。可见，采用适合网站主题的色彩是非常重要的。

(4) 色彩的联想性。色彩的心理作用决定了人们在看到不同的色彩时会产生不同的联想，在考虑网页的色彩应用时，应当使色彩与网页的内涵相关联，尽量发挥出人们的这种想象力，如由蓝色想到天空，由黑色想到黑夜，由红色想到喜事等，从而使浏览者产生更深层次的心灵感应。

在网页的色彩设计中还应注意，由于国家、种族、宗教信仰的不同，以及人们生活的地理位置、文化修养的差异等，不同的人群对色彩的喜恶程度存有差异。如儿童喜欢对比强烈、个性鲜明的纯色（如美国迪斯尼乐园的网站），知识分子则偏好清新雅致的颜色，因此，在设计中要考虑主要目标受众的习惯和喜好。

2. 色彩搭配的要点

近年来，网页设计者在用色上总体呈现出这样一种趋势，即从单色到五彩缤纷再回归到主体色突出前提下的"单色"。一开始因为技术和知识缺乏，只能制作出简单的网页，色彩单一；在有一定基础和材料后，希望做出一个漂亮的网页，便将最满意的色彩堆砌到页面上，但是时间一长，却发现色彩杂乱，没有个性和风格；于是重新定位美学风格，返璞归真，选择一个切合自己审美趣味的主体色，这时候，往往能设计出色调高雅、个性突出、简洁精美的站点。下面是网页色彩设计中的几个要点，把握得好，在色彩搭配上就不会杂乱无章。

(1) 确定网页的主体色。网页的主体色，又叫主色彩或标准色，是指在页面上除了白色为背景外大量使用的某种颜色，它决定了网页色彩风格的基调。主体色一般要用于网站的标志、导航栏、主菜单和主色块（如标题栏），给人以整体统一的感觉，其他色彩也可以使用，但只能作为点缀和衬托，不能喧宾夺主。不少网站的主体色非常突出并且是持续不变的，使用户一想到那个网站首先就会想到它的主体色，主体色已经成为网站的基本特征。如提到IBM的网站，人们就会说它是深蓝色的。也有不少网站是用两种色彩作为主体色的。先选定一种最主要的色彩，然后选择它的对比色作为次主体色。如确定了蓝色这个主体色后，又选择了黄色作为次主体色，再加上其他配色，整个页面色彩可能比只有一种主体色要丰富，但又不至于花哨。次主体色通常应在与主体色色相对比较大的色彩中选择。遵循主从关系,这是最稳定的处理色彩的原则。如果在同一个页面内平均使用了多种颜色,把握不好的话,就无法确定哪个是主体色,最终使色彩的搭配无章可循,造成用色的无序与混乱。

(2) 多用相近色。与主体色具有同类色相对比或近似色相对比关系①的色彩称为相近色。在网页的主体色确定之后,选择与之相近的颜色,搭配起来就相对比较容易。这也可以叫做使用一个色系,即用一个感觉的色彩,如淡蓝、淡黄、淡绿,或者土黄、土灰、土蓝。这是从色相的范畴来确定相近色。也可以从明度的范畴来寻找相近色。例如,对于一个红色是主体色的网页来说,它的相近色可以在红色里面加白,红色就会越来越亮,明度提高,而加黑,红色就越来越暗,明度降低,由此可以得到与红色相配的其他色彩。还可以从纯度的范畴来寻找相近色。例如,对于一个蓝色是主体色的网页来说,假如在蓝色里面加了黑、白、灰,就会使得蓝色不纯,不再鲜艳,由此得到与之相近的其他色彩。一般来说,色相相同而明度不同或纯度不同的几种颜色比较容易搭配。

(3) 保持色彩均衡。保持色彩均衡是比较保险的配色互补原则。即在网页用色中,在多种颜色同时存在的情况下,一定要强调色彩的调和、统一与平衡。平衡的颜色符合多数人的色彩心理。我们知道,明度高的浅亮色看起来较轻,明度低的深暗色则较重。如果在一个页面中运用了较多比较浅的颜色或亮的颜色,就可以用黑色或同色相的深色小面积压一下,点缀一下,这样页面不至于太"轻",可以使色彩重新归于平衡。

(4) 黑、白、灰的应用。在网页设计中,黑、白是最基本和最简单的搭配,白字黑底、黑字白底都非常清晰明了。灰色则是万能色,可以和任何色彩搭配,也可以帮助两种对立的色彩和谐过渡。如果在用色上遇到麻烦,可以大面积地加入白色与灰色,小面积地加入黑色来调节与其他颜色搭配之不当。遇到使用纯度很高的颜色,比如纯蓝、纯黄等,这样的搭配会很鲜艳,视觉感觉就会比较兴奋,如果要降低兴奋度的话,可以搭配上白色与灰色,把颜色明度抬高或降低,这也是一种调节的方法。

---

① 因色相的差别而形成的色彩对比叫色相对比。同类色相对比的色相感显得单纯、柔和、谐调,近似色相对比的色相感,比同类色相对比要明显些、丰富些、活泼些,可稍稍弥补同类色相对比的不足,而且能保持统一、谐调、单纯、雅致、柔和等优点。

3. 页面的色彩分配

页面的色彩分配是指在页面的不同区域内色彩搭配的基本规律。粗略地可以把页面分为这样几个区域：内容区、头区、导航区、侧栏和尾区。

（1）内容区。内容区是网页信息的表达空间，一般处于网页中部，也可以叫做主内容区。要求背景要亮，文字要暗，对比度要高。

（2）头区。头区一般由网站 logo、用户登录区等部分组成。logo 一般要用深色，具有较高的对比度，以便用户能够一眼就看到它。logo 通常应与页面其他部分有不同的"风貌"，它可以使用与网页内容不同的字体、图案或颜色组合，也可以采用网页主体色的反色。

（3）导航区。导航区是指导航菜单所在的区域。通常可以把菜单背景颜色设置得暗一些，然后依靠具有较高对比度的字体颜色，将网页内容和菜单明显地区分开来，这样也突出了导航菜单自身。

（4）侧栏。侧栏其实是内容区的一部分，它一般显示专题栏目或附加信息。侧栏应与中部的主内容区具有不同的背景色，从而与主内容区清楚地区分开来。

（5）尾区。尾区一般放置网站的介绍与联络性信息，以及网站的经营许可证等。这个区域是非重点区域，所以在用色上不宜喧宾夺主，可以考虑用与侧栏相同或相近的颜色，也可以用深一些的颜色。

在网页色彩设计中，最忌讳的是将所有颜色都上，同一页面尽量控制在三到四种色彩以内，太多必然让人眼花缭乱。此外，背景色和页面文字的颜色对比尽量要大一些，以便突出主要文字内容。

三、新闻网页的色彩特点

新闻网站以传播新闻信息为主要功能，对其风格的总体要求是清新整肃、稳重大方，新闻网页的色彩应当符合网站的总体风格，或者说为网站的总体风格服务。经过多年的实践，新闻网页在色彩方面已经体现出一些特色。

1. 具有一定的色彩冲击力

与商业性网站的色彩斑斓和个人网站的简约清淡相比，新闻网站宜采用对比鲜明、具有冲击力的色彩作为首页的主体色，以吸引眼球。这种冲击力常常来自富有个性的一两种主体色的搭配，以彰显新闻网站的个性——具有整肃感并富有竞争力与号召力。由于主体色构成相对单一,所以宜通过较浓烈的色彩来强化人们的视觉。如果色彩过淡,会有轻飘感,压不住阵。

千龙网作为首家开通的省级重点新闻网,2000年3月8日首次亮相时选择了黑与白作为主体色,给人留下了较深的印象。而两个多月后开通的东方网,其首页以淡黄色为基调,过分强调了"高雅",却未能形成"色彩冲击"方面的后发优势,这不能不说是东方网在开通三个月后就进行改版的一个重要原因。东方网改版后给人的第一印象,就是大胆地一扫众多网站首页"轻描淡写"的风格,以红与黑相间的主体色,给人以前所未有的视觉冲击。其后,东方网虽然又进行了几次改版,但一直保留了这一色彩个性极其鲜明的主体色至今。2001年5月25日,千龙网在正式运行一年后首次改版,断然放弃了开网之初的黑白之色,代之以"京城故宫围墙赭红与皇宫金黄色调的搭配"①,色彩对比依然鲜明,又成功地体现了千龙网地处首都地域的风格定位,并给其他新闻网站提供了从地域特色和文化内涵方面寻找首页主体色的设计理念,开拓了人们在首页主体色定位方面的思路。相形之下,东方网则很难回答其"红与黑"与上海这个城市或"东方文化"之间的内在联系,而更多是纯美术层面的选择,因为"红与黑"历来是很抢眼的色彩搭配。

2. 首页的色彩色调偏冷

新闻网站的主旨是发布新闻信息或其他综合性资讯,与传统新闻媒体一样,新闻网站也应以客观、公正、冷静的姿态出现在受众面前。报道内容的客观性这一特质,对新闻网站的色彩提出了相应的美学诉求。由于冷色可以满足这一诉求,故色相环中偏冷的色彩在新闻网站的首页得到了广泛的应用。尤其是蓝色系列的色彩最受新闻网站的欢迎,据了解,世界上70%以上新闻网站的首页都为蓝色系列,如人民网的首页就是蓝色的,其蓝色主要是通过首页所选用的字体颜色来体现的。除了蓝色外,还有不少新闻网站的主体色选用黑色与灰色,如纽约时报网站、泰晤士报网站都是黑色的,法兰克报网站是灰色的。由此可见,新闻网站的首页色彩不但颜色偏冷,而且常常只用一种主体色,从而强化了这类色彩选择所体现出的严肃性及其象征意义。需要注意的是,选用这种单一冷色,色彩的明度不可过高,即页面的颜色不宜太浅,因为新闻网站上通常会有各类新闻照片,还要考虑页面主体色与照

---

① 张旭光:《改名改版 千龙欲作网络新闻领头羊》,载《中国经营报》2001年5月23日。

片色彩的搭配问题,深一些的颜色能够更好地适应新闻照片中可能出现的各种色彩。

此外,大多数新闻网站的背景色与字色之间都是"白底黑字"的关系,这不仅是因为这种方式对带宽要求最低,也因为人们平时习惯于这样阅读报纸,所以在潜意识中,这种色彩对于把新闻传达到用户的大脑中的效率最高。所以在新闻网页色彩设计中,通常可以遵循"浅底深字"的原则,而不宜底色太深,否则网页上的文字难以辨认。

3. 各频道均有不同的主体色

新闻网站一般会有多个频道,国家级新闻网站的频道数多在 20 个以上,地区级新闻网站的频道数通常也有十多个。虽然新闻网站首页的主体色相对单一,但从整个网站来看,色彩却不应是单一的,而应该相当丰富。这里的原则就是,各个频道应该具有自己的主体色,从而形成网站丰富而统一的色彩。新闻网站在确定了首页的主体色后,就可以确定各个频道的主体色了。确定频道主体色的原则,一是要与首页的主体色相谐调,尤其不能喧宾夺主,以致某个频道的主体色比首页的色彩还要抢眼;二是要使频道的内容特色与色彩的基本属性和象征意义相适应。如健康、旅游、军事、体育频道可以选择绿色系列的色彩,女性、娱乐、音乐类频道可以选择红色或粉色系列的色彩,游戏、汽车频道可以选择灰色或褐色系列的色彩。频道首页的主体色不要像网站首页的主体色那么浓烈、突出,只需要在导航条或栏目名称的条块上适当显现,就可起到以色彩区别频道的作用,这样也不至于冲淡首页的色彩效果。需要注意的是,各频道的色彩(色相)不同,色彩的调性却应基本相同,即明度与纯度大致都应在一个级别上,才会统一和谐。

新闻网站 logo 的色彩一般是不变的,logo 除出现在首页外,一般也应该出现在各个频道及其下级页面的首页,这样 logo 就从一个侧面对色彩的连贯性与统一性起到了串联作用。

第三节 网络新闻版面的布局设计

网页布局设计,即页面元素在网页上的合理安排与分布。网络的超链接特性使得网页与网页之间具有远比传统平面媒介更为复杂的关系,页面布局包括网页的内在结构和层级关系,此外,网页上的文字样式,也是页面布局应该涵盖的内容。

一、网页结构

网页布局和结构与报纸版面的不同之处在于,它是一个"平面+立体"的双重信息发布体系,"既要考虑一个平面中内容的组织,又要考虑页面与页面之间的层次与递进关系"[1]。一般来说,一屏网页的页面面积比报纸版面要小得多,可谓"寸土寸金"。然而,其多层页面的结构性特点,又使得它承载信息的容量远远超过了报纸版面。这里,关键是要在布局中把握好它的平面与立体相互交叉的特性,科学地设计网页结构与安排信息内容。

1. 页面的平面性特征

页面的平面特征包括页面尺寸与页面的整体造型两个方面。

(1) 页面尺寸。页面尺寸与电脑显示器的分辨率有关系。分辨率在 640×480 的情况下,页面的显示尺寸为 620×311(像素);分辨率在 800×600 的情况下,页面的显示尺寸为 780×428(像素);分辨率在 1 024×768 的情况下,页面的显示尺寸为 1 007×600(像素)。从以上数据可以看出,分辨率越高,页面尺寸越大。浏览器的工具栏也是影响页面尺寸的一个因素。一般的浏览器的工具栏都可以取消或者增加,要注意到当工具栏全部显示时,页面尺寸会减小,工具栏全部关闭时,页面的尺寸会增加。向下拖动页面,也可以增加某个页面的尺寸,但通常不要让访问者拖动页面超过三屏。很多英文网站的首页只有一屏或一屏半,而中文网站中超过三屏的比比皆是,其实完全可以利用超链接向纵深处拓展网页容量。如果必须在同一页面显示超过三屏的内容,则应该做上页面的内部链接[2],以方便用户。

(2) 整体造型。造型就是创造出来的物体形象,这里是指页面的整体形象。显示器与浏览器都是矩形,但这并不意味着页面造型也都要中规中矩,而完全可以根据网页的内容性质,采用其他的形状,如圆形、三角形、菱形等,也可以采用这些形状的组合,如在矩形中结

---

[1] 彭兰:《网络新闻学原理与应用》,新华出版社 2003 年版,第 370 页。
[2] 内部链接指一个页面内的链接,又叫锚链接。

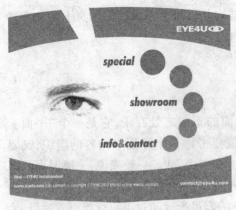

合弧形。图9.7中的eye4u网站,就采用了椭圆形的页面造型。

不同形状的页面造型代表着不同的意义。如矩形可以代表正式、规则,故很多新闻网站和政府网站的首页都以矩形为整体造型;圆形代表柔和、温暖、安全等,是时尚类站点喜欢的造型;三角形代表力量、权威、牢固等,为一些大型的商业

图9.7 eye4u网站首页的椭圆形造型

站点所采用。一般来说,个人网站在造型上可以更加随意与多样。

2. 页面的结构性特征

页面的结构性特征包括页面的区域划分和立体结构两部分。区域划分在二维空间展开,立体结构则反映了页面的超链接特性与由此带来的页面层级结构。

(1) 页面区域划分。在页面色彩搭配部分,我们已经介绍了网页的区域划分,概括起来可分为四大区,即头区、导航区、内容区和尾区,这里从布局进行分析。头区通常在网页的最上部;导航区通常在头区下面和内容区的上面,它是由网站首页进入到各个频道或栏目的入口。导航区一般为一个横向长条形区域,也有的导航区呈竖立状,位于logo之下的左上角区域;内容区一般位于导航区与尾区之间,是网页的主体部分;尾区位于网页的最下部(见图9.8)。

(2) 页面立体结构。立体结构是由网页超链接的基本特性产生的。用户访问一个网站总是从首页进入其他下级页面,这说明一个网站的网页显然具有不同的层级。位于不同层级上的页面,反映了信息内容在重要性方面有所不同。通常,可以把一个网站的众多页面分为四个层级。

● 首页

即网站的首页,它既是网站内容的总目录,又是网站最新更新的内容和最热门信息的展示台。首页是一个网站的"脸面",其地位、功能以及重要程度远远超过了报纸头版。网页的层级关系通常也应该体现在各级页面的域名上,首页即是网站的一级域名对应页。如新浪网首页的域名即是该网站的域名:www.sina.com.cn。

第九章　网络新闻版面设计　205

图 9.8　凤凰网首页的四个区域

● 频道首页

频道是对网站内容根据不同主题所进行的第一次归类划分之汇总。一个综合性内容网站通常会有若干个频道，也就会有若干频道的首页。频道首页是网站的二级域名对应页。仍以新浪网为例，其新闻频道首页的二级域名为 news. sina. com. cn，体育频道首页的二级域名为 sports. sina. com. cn，游戏频道首页的二级域名为 games. sina. com. cn。

● 栏目首页

栏目是对频道内容根据不同主题所进行的下一个层次的归类划分之汇总。栏目首页数量自然比频道首页要多得多。栏目首页是三级域名对应页。如新浪新闻频道国内新闻栏目首页的三级域名为 news. sina. com. cn/china，国际新闻栏目首页的三级域名为 news. sina. com. cn/world，社会新闻栏目首页的三级域名为 news. sina. com. cn/society。

● 内容页

内容页是网站具体信息的最后落脚点,是用户最终的阅读页面。

首页、频道首页、栏目首页的定义和划分既是为了使用户方便、快捷地找到内容页,也可以使各级网页有一个合理的立体性结构。这个结构也可以看成是域名结构,必要时,可以通过某个级别的域名直接进入相应层级的页面。

二、网页版式

网页版式的总体设计原则,应该体现实用性与审美性的统一。实用性主要表现在网页的内容安排层次分明,轻重得当,易于阅读;审美性则表现为文字、图片及其他页面元素得到很好的综合利用,和谐美观。

1. 网页版式的类型①

(1)"T"结构布局。所谓"T"结构,就是指页面顶部为横条网站标志+广告条,下方左面为主菜单,右面显示内容的布局,因为菜单条背景较深,整体效果类似英文字母"T",所以称之为"T"形布局(见图9.9)。这是网页设计应用最广泛的一种布局方式,这种布局的优点是页面结构清晰,主次分明,缺点是规矩、呆板,如果细节、色彩上不注意,很容易让人感到乏味。

图9.9 USNEWS网站首页呈"T"形

---

① 参见秦州:《新闻网页设计与制作》,福建人民出版社2005年版,第90—92页。

（2）"门"形布局。这是一个象形的说法，就是页面一般上下各有一个广告条，左面是主菜单，右面放友情链接等，中间是主要内容（见图 9.10）。这种布局的优点是充分利用版面，信息量大，缺点是页面拥挤，不够灵活。也有将四边空出，只用中间的窗口形设计。

图 9.10　德国法兰克福一家报纸网站的首页呈"门"形

（3）"三"形布局。这种布局多用于国外站点，国内用得不多。特点是页面上横向两条色块，将页面整体分割为四部分，色块中大多放广告条，如图 9.11。

图 9.11　"三"形版式

2. 版式单元

网页版式决定了页面的总体平面框架,在此框架确定之后,还有一个局部性布局、规划的问题,即做好版式单元的安排。所谓版式单元,指一屏网页内的基本组成单元,包括栏目、图片与功能区域等。

(1) 栏目。一屏网页从纵向看,其栏目通常分为3～4个长条形区块。在设置这些长条形区块的宽度(即栏目的宽度)时,要有差异,切忌等宽。同一区块里栏目的标题栏(可以称作 bar 条),其样式应一致,这是页面风格统一的重要一环。栏目的宽度由该栏目内要放置的标题的宽度来决定,一旦固定下来很难改变。报纸的标题长短不一,而网络标题的长度则应大致相等。因此,在具体设置栏目的宽度值时,既要考虑到尽量避免标题意外折行的情况发生,又要防止标题参差不齐影响美观。首页的栏目内不可全被标题所充斥,可设置一些标题加提要的栏目,以避免版面陷于呆板。

(2) 图片。图片是活泼版面的重要单元,它可以与某个标题相配合,突出这一标题所代表的文章内容,还能丰富版面的色彩。在标题内容不足时,它还可以起到很好的补白作用。一屏上的多幅图片在尺寸与方位上都要体现出差异性,图片切忌一般大小。内容性网站的首页应该有一幅主打性图片,并能确保其每日更新,其他图片的尺寸应该比该主打图片小一些,方位上也不要都在一个水平方向或竖直方向,而应在栏目与文字块里起到间隔、调剂与点缀作用。一屏页面内图片也不宜太多,图片太多既影响页面下载速度,也减少了表意性信息量。

(3) 功能区域。功能区域包括用户登录区(含 E-mail、BBS 和聊天室服务)、站内搜索服务、短信平台、友情链接等,这些重要的服务功能应安排在突出位置,但不要罗列、堆积在一起,而是可以把它们在栏目与图片当中间插式布局,作为调剂版式的又一活性因素。重要的功能区域,一般应安排在网站首页的首屏页面之内。

三、网页文字设计

网页文字是信息内容的重要载体,是网页上最主要的元素。不同的文字样式会在网页上体现出不同的风格,文字不仅可以美化页面,在凸显网站的风格方面也发挥着重要的作用,因此可以把它看成是网页布局中的要素之一。

网页正文字体的选择,应以阅读轻松、容易识别为原则。长期的阅读习惯使人们对宋体"情有独钟",宋体也是中文系统平台和浏览器的默认字体。因此,一般内容性网站尤其是新闻网站的正文,都采用宋体。在这种情况下,无需对网页正文字体进行设置,文字的颜色也可采用默认的黑色。但个人主页在字体选择上则不必拘泥于此。

文字的大小即字号一般要进行设置。在新闻网页中,网页正文文字通常选用的字号为 9 pt,如用像素为单位,则相应的字号为12 px①。文章标题的字号一般应该大于正文字号。如果讲究一点,一篇文章的标题、副标题、正文、作者名、发布日期和信息来源等信息,都应在字体、字号与字色上有所区别。

网页中的文字颜色,除了本身可以选择外,还会受超链接的影响,这一点在设置文字样式时要通盘考虑。

网页上的文字还有一个字距与行距的问题。设置出合理的字距与行距,可以增强文字内容的可读性,使版面看上去更舒适。通常利用网页制作工具中关于字距与行距的缺省设置就可以了,即使要修正,也只需要在缺省值的基础上略加调整,一般就可以收到满意的效果。

四、新闻网页的布局要点

一般网页的布局方法,基本适用于新闻网页的布局,在这方面两者之间共性多于个性。新闻网页的页面特点主要是频道入口多,信息密集度大,因此,如何将众多页面元素安排得逻辑清晰并井然有序是十分重要的。这里,突出的一个问题是解决好新闻网站导航栏区域的频道入口布局,另一个是解决好首页导读方式的问题。

1. 导航区域的架构

对于以媒体为背景的新闻网站来说,其新闻信息是网站的重点内容和核心竞争力所在,网站的新闻频道理应在导航区内位置突出,成为最主要的一个频道。但另一方面,新闻网站又要充分利用网络这个宽广的平台,发布其他综合类资讯信息。因此,受传统网页布局思路和框架的束缚与影响,绝大多数中文新闻网站的首页,都未能在频道架构与布局方面,解决好如何突出新闻频道的问题。大型新闻网站导航栏区

---

① 字号的单位有两种,即点(pt)与像素(px),其换算关系为 3 pt = 4 px。

域的频道架构,有两种布局方法。

(1)频道制架构。频道制架构在导航栏区域把新闻频道与其他综合资讯类频道等量齐观,新闻频道在频道入口上与其他频道处于同等的地位。例如,北方网共有 20 个频道,采用了频道制架构的布局,其"新闻"频道尽管排在第一个,但从版面上看,它只占了导航栏的 1/20(见图 9.12)。

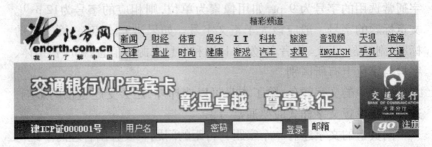

图 9.12　北方网的导航区:频道制架构

显然,这一布局方法没有有效地突出新闻频道在首页上的地位,用户看不出新闻频道比财经、体育、娱乐、IT、科技等众多其他频道更为重要。目前,绝大多数省级重点新闻网站的导航栏都采用这一布局方法。

(2)版块制架构。版块制架构摒弃了传统的以频道为单位进行布局的思路,而是在导航栏区域内形成"新闻"、"资讯"、"服务"等几大版块,从而使新闻频道高于其他综合资讯类频道或服务性频道,突出了新闻频道在众多频道中的地位(见图 9.13)。

图 9.13　中国江苏网的导航区:版块制架构

2. 两种导读方式

一般来说,新闻网站的首页主要起到导读作用。除了导航区域可以引导用户进入各频道外,首页的其他栏目通常都由标题和提要组成,以引导用户直接阅读各频道内的精彩内容。不同的导读方式,使首页版式外观也不尽相同,所以导读方式也是一个与页面布局有关的问题。

（1）标题主导式。采用标题主导式导读方式的新闻网站首页,几乎所有导读链接都由标题组成,由于标题所占面积小,所以首页的信息量很大。这种导读方式的首页,通常长达5—6屏（如新浪、搜狐、网易的首页）,故也称为平面主导式。标题主导式可以让用户在一个页面中进行大范围的信息选择,以决定重点阅读对象,其获取新闻的效率较高。但由于页面繁杂,阅读的负担也较重,并可能使用户点击进入下一级页面的几率下降。中文新闻网站多采用这种导读方式。"这可能在一定程度上与中国用户上网的成本有关。在高成本的情况下,用户都希望在一个页面上提供的信息能更多些。此外,中国新闻网站在整体新闻数量上的追求,也必然会在导读页上反映出来。"①

（2）提要主导式。采用提要主导式导读方式的新闻网站首页,页面上的新闻标题要比标题主导式少得多,多数重要新闻除标题外,还有新闻内容提要,所以首页的信息量不大,但重要信息更加集中,单条信息的信息量加大,版面也比标题主导式更为美观。这种方式的首页长度一般也比较短,通常只有1—2两屏,也被称为立体主导式。提要主导式导读方式可以更好地突显重要新闻,引导用户进行深度阅读并节省用户的时间。

网络新闻版面的设计需要美学、计算机、新闻学、传播学等多种知识的实际应用,本章的内容只是着重介绍色彩和布局的设计,随着网络新闻版面的不断发展,将会有更多精彩的实践案例。作为研究、学习和从事版面设计的人员来说,需要在大量实践的基础上,不断地深入拓展、跟踪观察、适时总结,以提高自己的设计水平与创新能力。

思 考 题

1. 网络新闻版面设计的评判准则是什么？为什么？
2. 网络新闻版面设计具体要遵循哪些原则？

---

① 彭兰:《网络新闻学原理与应用》,新华出版社2003年版,第372页。

3. 色彩的属性可以用哪些特征值来描述?
4. 以具体网页为例,分析其中的色彩搭配。
5. 列举几种网页的版式,并分析其长处和短处。
6. 简单分析网页的两种特征。

第十章

草 根 媒 体

由于互联网技术的发展,出现了一些称为自媒体的新闻传播方式,代表性的事物就是博客,它与 RSS、P2P、SNS 等传播方式构成了 Web 2.0 大潮的生力军。这些新传播方式在新闻发布和新闻搜集中,逐渐形成了一种非主流媒体的传播形态——"草根媒体"(Grassroots Media)。"草根媒体"的称号来自一个倡导"公民新闻学"的组织,该组织的创始人丹·吉姆(Dan Gillmor)认为,博客正在改变新闻业的面貌,目击者的照片和在线报道将会重塑传统新闻媒体的角色,新闻不再是媒体组织和专业记者自上而下传播的过程,而是受众、记者、编辑共同参与的自下而上的"互播"过程,对话将成为新闻生产过程中的重要一环,新闻生产者和消费者的界限将日益模糊,大众传媒结构将变成某种更有草根意味和深化民主的东西,这种改变不是破坏的而是建构的。

以博客为代表的"草根媒体"的出现,开创了由用户提供新闻信息内容的传播新格局。随着技术的发展,现在已经出现了播客、视客等,当然这些都是由文字为主的博客延伸出来的。本章重点介绍草根媒体现象及博客、播客的概念及其传播特征。

第一节 草 根 媒 体

草根媒体现象最核心的变革在于推动大众媒体向小众媒体和个人媒体转变,它不仅是一种技术,更是一种传播理念。

一、草根媒体的出现

随着科技进步和社会发展,新闻传播主体的悄然变化改变着传统新闻学的面貌。

1. 参与式新闻

2004年12月,印度洋海啸,网络日志异军突起,来自一些现场目击者的报道成为该次报道中一个不可忽视的力量。海啸发生时,博客上传了大量的录像和日记式的叙述。《中国网友报》当时以"印度洋海啸大灾难 传统媒体不敌博客"为题对该现象进行了专门报道。

2004年美国总统大选,民主党及共和党均向一些著名的平民博客颁发记者证,方便他们采访,使参与式新闻的非传统记者第一次受到美国的官方肯定,也证明美国一向重视舆论的政坛已不能再忽视参与式新闻的存在及影响力[1]。

2005年7月7日,英国伦敦地铁发生爆炸案。在爆炸的最后余波还在震荡的时候,关于爆炸的最早的图片和叙述就已经在网络上传播了。伦敦地铁大爆炸的第一张图片就是由名叫亚当·斯塔西(Adam Stacey)的伦敦市民拍摄的。他拍摄后迅速将图片通过网络发出去,天空电视台、美联社、BBC、《卫报》等主流媒体后来也陆续收到了来自市民的有关爆炸的图片和录像片断。

2005年7月23日,在埃及发生连环爆炸后,央视国际频道在次日早上8点的新闻节目中,播放的有关埃及爆炸的视频画面是一名波兰游客用家用摄像机拍摄的。在2005年这两次爆炸事件中,普通的民众成了传播的主体,成了地道的市民记者[2]。

2005年10月,当美国新奥尔良市遭受"卡特里娜"飓风袭击,造成罕见灾害之际,在CNN的新闻网站主页上,细心的读者可以看到增加了一个栏目——"公民记者"。CNN网站通过这个栏目刊登了大量普通网民发来的有关灾难的文字和图片,真实地记录了这场灾难的全过程。

---

[1] Bowman & Willis, We Media, How Audiences are Shaping the Future of News and Information, The American Press Institute, 2003.

[2] 张羽、赵均峰:《从伦敦和埃及大爆炸看市民记者的兴起》,载《新闻知识》2005年第12期,第32页。

以上事实说明,"草根媒体"正迅速崛起并成为一种强有力的传播新锐,它在新闻传播方面所展现出的强大影响力,也越来越引起传播学界的关注。如果单纯从传统意义上的受众直接参与到媒体报道中来说,这应该是一种巨大的突破。从传播学理论视野来看,出现这一现象,就是所谓"参与式新闻"的印证,可以被视为实现了从"公共新闻"到"草根媒体"的转型。"参与式新闻"的概念起源于公共新闻(civic journalism)。最早提出"公共新闻"理论的学者是纽约大学新闻系主任杰伊·罗森(Jay Rosen),他认为新闻记者不应该仅仅报道新闻,还应该致力于提高社会公众获得新闻信息基础上的行动能力。我国传播学者蔡雯认为,在美国,提倡"公共新闻"的学者开始了新的试验,并且认识到,"公共新闻"可以从20世纪由媒体发动公众讨论、寻求公共问题的解决方案的模式,进入到社会公众可以不依赖传统媒体,自主发表观点、形成舆论甚至组织进而影响媒体、影响公共事务决策的新阶段。因此有人提出,"公共新闻"的下一步发展将和"参与式新闻"融为一体,进入一个新的阶段[1]。

2. 草根媒体出现的原因

2005年10月12日,互联网巨头雅虎宣布在它的新闻搜索结果中加入"博客"内容。也就是说,在雅虎新闻页面进行搜索的电脑用户将同时搜索到主流新闻和博客内容。雅虎通过将来自全球各地的草根媒体整合进新闻搜索结果,消费者就可以通过由普通人提供的博客及重大新闻图片来分享他们的观点、分析和评论。在国内,《经济观察报》和《三联生活周刊》都在封面的特别报道中为博客留出了一席之地。至此,草根媒体"登堂入室",走进传统媒体,进入受众视野。那么,草根媒体出现的原因到底是什么呢?

(1)传播和通讯技术的发展。过去,传播工具和传播技术都掌握在少数专业化人士的手中,这就限制了普通民众参与新闻传播的可能性。但是随着智能手机、网络博客、移动博客、手机、数码摄像机、数码照相机等现代传播工具的出现和普及,越来越多的市民可以随时随地将自己在突发事件现场的所见所闻迅速记录下来并立即传播出去,从而扮演了一个媒体记者的角色。

---

[1] 蔡雯:《"公共新闻":发展中的理论与探索中的实践——探析美国"公共新闻"及其研究》,载《国际新闻界》2004年第1期,第31页。

(2) 草根媒体的产生与突发事件有密切关系。突发事件由于具有不可预知性和偶然性,大众传媒的记者不可能见证大多数此类事件的发生,因为他们从接到新闻线索,到组织采访队伍赶到现场,再到报道事件发生发展过程之间存在时间差,因此在突发事件发生的时候,市民比大众媒体记者更有资格和优势成为该事件的新闻报道者或传播者。

(3) 受众渴望参与的心理需要。在《在网络中建立社区》一书中,网络社区专家艾米·乔·基姆(Amy Jo Kim)把马斯洛的需求层次理论运用到了网络社区中。她认为,人们参与的动机在于对某一群体归属感的获得,在于通过贡献而建立自尊并获得承认[1]。在草根媒体中,受众为什么会参与也是基于同样的原因。另外,主流媒体长期以新闻把关人身份自居,报道什么、如何报道都由新闻机构来决定,新闻同质化、宣传虚假化迫使受众主动寻求信息,积极参与到新闻的交流中去。

当然,草根媒体出现的原因还有很多,现在传统媒体之间竞争加剧,为了扩大信息源,各大媒体也都竭力采取各种手段来扩大新闻采集的渠道,草根媒体的出现顺应了这一趋势。另外,社会经济的发展、人们的受教育程度提高等也催生了草根媒体。

二、草根媒体的运作模式——以 Ohmynews 网站为例

2000 年,韩国记者吴连镐成立了自称为"新闻游击组织"的网站[2],确立了"市民新闻学"这一全新理念。网站最初的目的是想在主流媒体之外发出自己的声音,充分调动每一位市民的潜能进行新闻报道,现在已经成功地将"每个人都是一名记者"的口号变成现实,成为韩国最具影响力的媒体之一。目前,每天有 200 万人上网收听、收看 Ohmynews 的新闻[3]。这个网站是目前最成功、也是唯一一个由平民组成的大型新闻网站,是市民新闻的典范例子(见图 10.1 和图 10.2)。

Ohmynews 并非不谈论政治,而是有十分明显的政治主张,它于 2002 年以高姿态介入韩国的总统选举,连续 12 小时吸引 50 万人次浏览,并发出大量短讯及电子邮件替代当时形势失利的总统候选人卢武铉,左右选举结果,并成功地把卢武铉推上了总统宝座。

---

[1] 顾彬:《"草根媒体"新探》,载《青年记者》2006 年第 7 期,第 59 页。
[2] 网址为 http://www.ohmynews.com。
[3] 陈晓守:《吴连镐:每个市民都是记者》,载《南方人物周刊》2005 年 5 月 12 日。

第十章 草根媒体 217

图 10.1　Ohmynews 韩文主页

图 10.2　Ohmynews 英文主页

那么,Ohmynews 作为一个草根媒体的案例,具体是如何运作的呢?

1. 自下而上的新闻传播方式

目前在韩国,Ohmynews 像任何一家报纸一样具有影响力,其新闻来源主要是社会最底层的普通市民。网站创办时,市民记者是 727 人,现在已经有 38 000 人以上,包括大学生、教师、白领、家庭主妇,甚至是专业记者,年龄从 10 岁到 71 岁不等。每天有 150—200 条市民记者写的新闻发布在 Ohmynews 上,平均每篇文章有 3 500 条评论①。

2. 有偿写作的平民式操作

Ohmynews 创办者吴连镐说,虽然有 38 000 名市民记者参与写作,但他们都不是为了赚钱而写作,而是为了改变这个世界。而他们的写作并非是完全无偿的,该网站也会给予供稿者象征性的稿费,每篇稿件最高大约 20 美元。表面看 20 美元不算多,但是该网站也有一个读者奖赏好文章的制度。读者阅读文章后,可以自愿支付一些阅览费用,利用手机可以向文章作者提供 1 美元至 10 美元不等的费用。2004 年,曾有一名大学教授发表了一篇关于韩国迁都的文章,吸引了 600 名网民提供的 24 000 美元的稿费,而这是韩国人平均一年的收入②。

3. 专业和非专业配合的编发模式

Ohmynews 除了写作有偿之外,其运作不是一般博客的全平民化操作。一开始运作的时候,就由职业编辑及记者统筹并做一些基本工作,包括改错字及决定刊出的位置,市民记者只负责供稿。当 Ohmynews 收到市民记者传来的稿件时,会有文稿编辑负责核对稿内所叙述的是否属实,而并非把文稿完全不作任何检查就刊登在网站上,发稿者要为他们的文章负全部责任。同时,Ohmynews 受聘的记者也会负责采访每天的硬新闻并进行调查报道,也就是说,单靠市民参与的话,整个网站就会缺少大众阅读最需要的重大新闻。

4. 不拘一格的新闻写作模式

Ohmynews 自称它们的新闻是对已有的新闻报道的"创造性的毁灭"。市民报道所用的文体,不再局限于一般的消息、通讯等,可以是对话体,可以是书信体,只要能正确传达新闻信息即可。网站创办者吴连镐认为,新媒体一定要有新的表达方式,所以他奉劝市民记者不要模

---

① 肖洒:《"市民记者"在韩国兴起 键盘产生权利》,载《青年记者》2006 年第 7 期,第 67 页。

② Oh Yeon Ho(2004),"Korean Netizens Change Journalism and Politics"。

仿专业记者的新闻格式,要有自己的个性和独创性,所以 Ohmynews 上有各种稀奇古怪的新闻播报方式。

三、草根媒体存在的问题

草根媒体虽然在一定程度上表明大众新闻参与意识的增强,但是也因为受众个体的新闻把关意识参差不齐,导致草根媒体存在着一些问题。草根媒体把关度低,易对社会造成损害,这是草根媒体最大的弊端。由于任何人都可以自由编辑、发布,网络道德秩序的保证就成了一个重大难题。Ohmynews 在 2003 年 6 月把属于韩国国家机密的 22 名国家情报院的高级官员的相貌毫无遮掩地在网站上公开,刊登了 41 个小时才删除,严重危害了国家安全①。事后 Ohmynews 拒绝对此事负责,声称情报院工作人员给他们这张照片时没有提出任何要求。这就是没有训练有素的专业编辑执行把关工作的结果。围绕博客等草根媒体引发的侵权、隐私、责任等问题也很多,各国政府都拟对博客加强管理,如博客的发源地美国已经开始对博客实行审定制,合格者可以获得官方颁发的许可证,而印度政府也准备给博客写手和那些自由网络记者颁发官方资格许可证。

作为人们传播信息工具的草根媒体是一柄"双刃剑",草根媒体出现的问题,关键还是使用草根媒体的人的问题。法律虽然可以在一定程度上惩戒和警示人们的不法行为,但是在网络法律还不健全和完善的今天,当务之急是加强传播主体的自律。草根媒体虽然存在诸多问题,但是正如任何新生事物一样,都是在不断完善中成长。相信随着网民新闻素养的不断提高,草根媒体对社会产生的积极意义将大于消极意义。

第二节 博 客

博客(即 Blog 或 Weblog),指的是一种表达个人思想和信息,内容

---

① 《韩国高级情报人员身份曝光》,http://www.harbin.china.com.cn/chinese/kuaixun/352841.htm 2003.6.24。

按照时间顺序排列,并且不断更新的网络出版方式。由于这种沟通方式比电子邮件、讨论群组更简单和便利,博客由此成为"继 E-mail、BBS、ICQ 之后出现的第四种网络交流方式"。

一、博客发展大事记

博客的崛起和繁荣,大都是因为一些重大和突发事件,使得博客进入人们的视野,这些事件的出现,引发了对博客的报道和关注,这种关注进一步促进了博客的繁荣。下面从国内外的一些重大事件入手,梳理博客的历史。

1. 国外

美国的戴夫·温纳(Dave Winer)被誉为"博客之父"。他不仅是最早的博客之一,他的公司还最早开发出了博客软件,为博客的发展提供了强大的驱动力。1997 年,戴夫·温纳创办、开通了他自己的博客网站(www.scripiting.com)。这是全球最早的博客网站之一,从某种程度上说,正是这个网站,引发了一场意义深远的网络发布与出版的革命——博客诞生了[①]。

2000 年前后,博客在美国发展红火,美国很多政治、经济和文化界的名流都有了自己的博客,并且这些博客有时就一些重大新闻事件的源头、对社会有着深远影响的事件进行报道、评论或转载。

2001 年,"9·11"恐怖袭击成为博客发展的分水岭。在"9·11"事件发生后的几个小时里,几乎所有的主要传统媒体网站都由于访问量过大而近乎瘫痪。在这种情况下,个人博客为人们带来了信息承诺。首先是戴夫·温纳的博客网站 Scripting News,在袭击发生的当时就担负起了传递最新消息的责任,当天发布的与"9·11"相关的消息有近 100 条,包括其他媒体上摘录的新闻和声明、目击者的直接描述、其他国家的人提供的当地反应以及最新的照片等[②]。另一博客站点 Fark 也成为事实上的新闻来源,它在"9·11"事件后的一天内共播发了 157 条相关的消息,博客从此正式

[①] 秦州:《网络客文化》,福建人民出版社 2006 年版,第 105 页。
[②] 陆宏兵:《DIY 新闻人记录"9·11"》,载《南方周末》2002 年 9 月 5 日。

步入美国主流社会的视野。

2002年6月,美国犹他州政府宣布了一个计划,要求州政府的2 000名IT职员和1.8万名其他政府雇员,都使用博客作为新的交流和沟通工具。

2002年7月,在美国的前20名新闻网站中,"德拉吉报道"排名第20位。作为一个完全的个人网站,它在当月吸引了170多万独立访问者,平均每个用户访问时间是37分钟,高居美国CNN、ABC、MSNBC等20大网站之首。

2002年9月,博客萨利姆·帕克斯开始进行有关伊拉克战争、巴格达局势的报道,因其报道比CNN、半岛电视台更真实和富有生活气息,被各大媒体竞相引用。成千上万的人每天在网络上搜索他的网络日志(http://dear_raed.blogspot.com),因为那里记载着战火下、围城中的巴格达最真实的生活,从西红柿的价格到炸弹的威力。但2003年3月底粘贴了最后一篇日记后,萨利姆·帕克斯就不再有任何音讯了,美英的炸弹已经切断巴格达的通讯。世界各大媒体为此发布相关专稿,其中一篇标题为"博客陷入沉默,世界屏住呼吸"的报道,最为贴切地表达出博客在美伊战事报道中的作用。

2003年6月,《纽约时报》总编辑和执行主编因博客揭露的真相下台,引爆了新闻媒体史上的最大丑闻之一。

2005年7月,伦敦地铁爆炸。一个名叫"现实随机行动"(Random Acts of Reality)的个人博客网站在伦敦遇袭当天一举成名。这个由救护车司机汤姆·雷纳德(Tom Reynods)创办的博客网站,当天对系列爆炸事件所影响的地区进行了报道。雷纳德的即时报道让他的博客网站一下子激增了5倍的浏览量,浏览人数达到了5万人次。

2005年10月,新加坡首次对两名在博客上发表种族煽动性言论的年轻男子判刑,其中一人被判处一个月监禁,另一个人被判处一天监禁,并被处以5 000新元(约合2 976美元)的罚款。

2. 国内

2002年8月,博客开始引入中国。中国第一家较有规模的专门的博客网站——博客中国(www.blogchina.com)成立,该网站由国内著名的IT评论人方兴东等人发起,定位于IT新闻和评论,迅速成为国内最有吸引力的博客网站,对于博客在中国的启蒙、普及和发展起到很大的推动作用。

2003年6月,王吉鹏在博客中国发起"反黄"运动,被认为是第一个引起公众关注的博客事件。

2003年8月—12月,中国博客用户已经达到了20万人,同年6月,中国博客网用户"木子美"发表的网络性爱日记《遗情书》给中文博客网站带来了巨大的访问量,博客在中国开始进入大众化视野。

2004年1月5日,网名为"竹影青瞳"的博客在天涯社区张贴个人写真照片,导致社区访问在短短的三天内倍增,服务器承载不了而瘫痪。

2004年底,中国博客用户超过了100万,博客开始成为因特网上一种普遍的现象。

2005年10月,新浪推出大量名人博客。余华、刘震云、徐静蕾、余秋雨、吴小莉、张海迪、潘石屹等超过100位名人加入博客写作队伍,引发了博客写作中的"草根写作"和"精英写作"的争论。

2005年11月26日上午8时49分38.6秒,江西九江、瑞昌间发生5.7级地震。在地震发生14分钟、武汉感觉到较强震感后4分钟,国内最大的博客网站博客网的一名武汉网友在他的博客上发出了最早的地震消息。而新浪发出消息的时间是9点36分,搜狐是9点51分,腾讯网是9点50分。9点16分,博客网开通了九江地震联播,以实时滚动的方式报道各方面关于地震的消息,大部分消息完全来自第一线的最真实的感受,完全是一种个性化的随意记录[1]。这是国内博客第一次对于突发事件快速报道显示出巨大的威力。

2006年2月13日11时20分左右,徐静蕾的博客冲破1 000万点击量大关,由此,徐静蕾的博客稳稳地戴上了"中国第一博客"的桂冠。而取得千万点击的成绩,徐静蕾仅用了112天时间。

今天的博客,已经是一种人人可以写,人人可以参与,经过简单的注册,就可以立即拥有的网络发布平台。目前,国内比较著名的博客网站有博客中国(www.bokee.com)、DoNews的博客(blog.donews.com)、中国博客网(www.blogcn.com)等(见图10.3)。

---

[1] 方兴东、张笑容:《大集市模式的博客传播理论研究和案例分析》,载《现代传播》2006年第3期,第68页。

博客网	中国博客	博客中国	DoNews	QQ Zone	和讯博客	博客大巴
天涯博客	MSN Spaces	博客动力	网易部落	新浪博客	搜狐博客	TOM 博客
豆瓣网	教育博客	北美中文	中国教育	博客天下	51.com	博客之家
武鸣博客	博易网	天极博客	强国博客	歪酷网	博客乐园	罗维博客
我要响	ITPUB	Blogjava	敏思博客	中华部落	计世博客	中国假日
天天在线	价值中国	西湖博客	村庄博客	知识博客	网贝博客	博客行
水木博客	湖南博客	悠游blog	成长博客	铁血博客	中计博客	好博客
蓝色月光	阳光博客	沪江博客	友博博客	UU地带	勾引博客	八千亿博客
SOHO小报	中金在线	鼎盛博客	博客堂	博客龙	部落格	宠儿博客
拇指博客	博客生活	加拿大博客	致印博客	慧诚博客	我爱博客	更多>>>

图 10.3 博客导航

博客现象正在成为世界瞩目的焦点。据说,全球现在每40秒钟就会产生一个新博客。中国互联网络信息中心(CNNIC)也对中国的博客做了一个调查。结果显示,截至2006年8月底,中国的博客作者规模已达到1 750万,其中活跃博客作者(平均每个月更新一次以上)接近770万,而博客读者则达到7 500万以上,其中活跃博客读者高达5 470万人。报告还显示,从活跃博客的注册年份构成来看,2003年以来,博客规模每年都以2—3倍的速度快速增长,目前的规模较2002年增长了30多倍[①]。

二、博客的传播特征

(1)就传播者而言,博客是"零进入壁垒"的网上个人出版方式。要想成为一名博客,不需要任何新技术,不需要注册域名或租用服务器空间,不需要学习网页制作知识。博客是很傻瓜式的工具,只需几分钟就可以申请架构起属于自己的博客领地,建立自己的博客家园。而且,博客的书写没有主题的要求,也没有文本的限制,纯粹是一种个人的自发行为。

(2)就传播的内容而言,博客具有开放性。目前来看,博客的传播内容包罗万象。2005年10月发布的首份全球中文博客调查报告显

---

① 资料来源:中国互联网络信息中心。

示,博客内容具备多元化的开放性趋势:主要以感性生活为主,占调研中博客的 81.3%;其次是娱乐休闲,其比例占调研中博客用户的 34.4%;再次是教育学习、电脑技术,分别占 21% 和 18.5%;其他的内容相对较少,新闻时政、互联网相关技术和应用、IT 业界、程序人生、商业财经分别占 15.9%、14.7%、12.3%、10.1% 和 7.5%[①]。与传统媒体相比,博客内容没有把关人控制,也没有政治、经济等权力的传播控制,博客的空间是一个开放型的场域,任何话题、任何话语,只要不违反国家的现行法律,都可以在博客上自由表达。

(3) 就传播的渠道而言,博客实现了集"制作者、销售者、消费者"于一体的系统。博客架起了人们沟通的桥梁,在博客里,你可以是主编、编辑、记者,不用看任何人的脸色,可以随心所欲地传播你的思想或所见所闻,对于传统媒体是一种彻头彻尾的颠覆。博客强化了交互主体性的特征,将人际传播、组织传播、群体传播、大众传播等各种传播行为网罗其中。

(4) 就受众而言,博客的传播指向两种受众——特定的和非特定的。几乎每个博客都有自己的朋友圈子,他们写的博客,朋友圈内的人可以看到,这部分人是特定的;还有一种受众就是偶然接触到该博客的人,这部分人看博客有很大的随意性。

(5) 从博客传播的时间来看,博客是即时性传播。博客的草根性质使得信息的发布者往往就是事件的亲历者,现场信息在第一时间就能由博客传播,甚至每一分钟变动和细微感受都会被置身现场的博客写作者捕捉,并在博客上随时更新。这种及时性、生动性和感染性是其他传播方式所不能达到的。

三、博客发展趋势

博客未来发展如何?有人预测博客未来发展遭遇的瓶颈就是垃圾评论。美国著名博客网站 Boing Boing 两年前取消了评论选项,主要是因为评论中充斥着辱骂和个人攻击。Boing Boing 的联合创始人马克·福伦菲尔德表示:"垃圾评论就像污染一样可怕。它像烟雾一样,使你无法看到真正有价值的东西。如果你拥有了自己的博客,就必须

---

① 参见首份全球中文博客调查报告,http://it.sohu.com/20051003/n240492087.shtml。

费尽心思清除文章后面的垃圾评论。"但是也有人表示,只要采用合适的技术,博客垃圾评论并不是一个大问题。要确保自己的网站不受垃圾评论的困扰,最有效的方式就是采用比其他博客更有效的技术。不管如何,不能因为垃圾评论的出现就阻止博客的发展。总的来说,博客存在的优势大于劣势。

(1) 博客网站与专业媒体组织互补并存。博客网站迅速发展,但是业余传播力量要取代专业传媒组织,恐怕还不现实。历史上,每次出现新的媒体,旧的媒体并没有消失,发展到后来,要么是共存共荣,要么是相互渗透、融合。在报纸独霸天下的时候,广播、电视相继出现了,再到后来网络出现了,我们发现现在是几大媒体并存共荣的局面,谁也取代不了谁。参与博客撰写的人增加,并不意味着对信息需求的充分满足,只有专业机构才能通过规范的、持续的信息采写、发布活动,满足整个社会的需求。在突发事件发生的时候,博客会给专业的媒体提供来自现场的、一手的录像、文字记载,这些信息经过传统媒体的"放大"传播,影响才会扩散得更快。在现在的局势下,博客和专业传媒机构之间将形成一种互补竞争、相互渗透的关系。

(2) 博客信息成为专业媒体的重要信息源。由于博客不受政治、经济和文化的限制,经常爆出轰动性消息,促使专业媒体对信息进行跟踪和报道[①]。芙蓉姐姐在清华 BBS 上发布自己的照片和文字说明,被转载至天涯博客,后来引起专业媒体的注意,成为全国各地媒体争相报道的新闻。现在越来越多的传统媒体的记者、编辑开始关注博客,从中搜集新闻线索。

(3) "记者博客"出现。通常,专业记者能在媒体上刊登的内容,只是其在采访中获得信息总量的 20%,剩下的也只能忍痛割爱,而博客则可以供他们披露这些传统媒体没有刊登的文字和图片,当然严禁刊登泄漏国家机密、危害国家安全和社会稳定的信息。"记者博客"主要由传统媒体或新闻网站的记者组成,他们是一支有着较强专业精神和熟悉媒体流程的"专业队伍",他们掌握新闻采集要领,拥有较多信息源,相比部分素质低下、为求名利而哗众取宠的博客来说,他们的博客更具有新闻价值和公信力。

(4) 博客成为传统媒体的监督者。庞大的博客队伍来自社会不同

---

① 赵雯:《美国博客写手沃尔夫事件透视》,载人民网 2007 年 6 月 6 日。

的领域、不同的阶层,他们中不乏新闻事件的目击者或者所报道领域的业内人士。这些人对事件非常了解,所以可以通过博客对新闻事件做出实时反应,从而迫使传统媒体在发出错误报道之前就进行纠正。另外,还可以对新闻事件进行"事后"监督,使传统媒体承认所犯的错误。最著名的就是美国哥伦比亚广播公司新闻网承认它无法证实它在一篇报道中所用的文献,该文献与美国总统布什在国民警卫队的服役有关,博客经过证实认为该文献是伪造的。

总之,博客的出现有其必然性,博客给我们的生活带来了很大的便利,给普通民众提供了书写内心、发表意见的渠道,但是博客也带来了一些侵犯个人隐私权、网络诽谤等法律、道德伦理问题。这些问题应该引起相关管理部门的重视。

第三节 播 客

20世纪90年代至今,受众对于媒介的内容需求结构发生了巨大的变化,从过去的以一般性公共信息为主、个性化信息为辅,逐渐转化为个性化信息为主、一般性公共信息为辅,表现为对于专业化媒介或频道的接触率上升,对综合频道的接触率下降。即通过媒介传播个人思想与观点的意识越来越强,播客就极其符合这一趋势[①]。iResearch艾瑞市场咨询根据来自Nielsen/NetRatings的数据整理显示,2006年美国收听过音频类播客的成人网民数量达到了920万人,占美国成人网民6.6%的比例,收看过视频类播客的成人网民数量达到了560万人,占美国成人网民4%的比例(见图10.4)。

中文"播客"一词来自英文"Podcast",全称为Personal Optional Digital Cast,即个人自助式电子广播,兼具broadcast和webcast之意。中文翻译目前尚未统一,绝大多数都译为"播客"。现在关于Podcast的定义还在争议中。Podcast的推动者Doc Searls认为,Podcast是自助广播,是全新的广播形式,即通过电脑与互联网来制作、发布、传播与收

---

① 李建刚:《播客——网络时代的广播新力量》,载《传媒》2005年第10期,第31页。

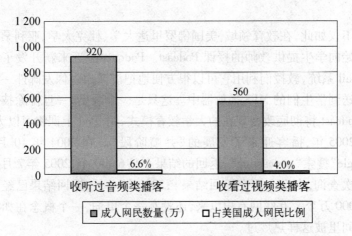

图 10.4　2006 年美国收看或收听过各类播客的成人网民数量

听广播节目①。传统广播的收听是被动的,而 Podcast 则是我们主动选择收听的内容、时间以及以何种方式进行收听。

一、播客的历史

20 世纪 80 年代,"播客"之父亚当·科利突发奇想:可不可以把音频文件附在 RSSFeed 上传送,如同 E-mail 的附件。于是发明了"ipodder"这个软件,通过这个软件能够将音频文件下载到音频播放器 MP3 中随时收听,实现管理和订阅"播客"。

2001 年,RSS(一种非常简便的聚合器)的发明者戴夫·温纳(Dave Winer)在 RSS 2.0 说明里面增加了声音元素,之后把这项功能内嵌到其博客软件中。

2004 年 6 月 28 日,美国苹果公司发布 iTunes 4.9 这款软件,用户下载达 100 多万次,导致播客网站的访问量暴增,甚至服务器瘫痪,美国著名的播客 Dawn and Drew Show 的网站就出现了三天无法正常访问的情况。

2004 年 8 月 13 日,世界上第一个专门的播客网站——亚当·科利的"每日源代码"(Dailysourcecode.com)诞生。至此,播客正式形成。目前,"每日源代码"已有超过 5 万的听众,而且这一数字还在急剧

---

① 秦州:《网络客文化》,福建人民出版社 2006 年版,第 109 页。

增加。

不仅如此,在教育领域,美国佛罗里达大学、杜克大学、亚利桑那大学开始向学生提供教师的授课 Podcast。Podomatic 近来新开发了一个 PodMail 系统,教授们利用它可以很方便地把讲课内容像发邮件一样直接发送到学生们的 MP3 播放器中。这只是一个开始,一旦排除技术障碍,Podcast 将彻底改变现在的大学教育模式,用 iPod 上课将习以为常。

2005 年,播客迎来了发展的"井喷阶段"。在 2004 年 10 月,用"Google"搜索"podcasting",返回的结果不足 6 000 个;2005 年 7 月又做了一次查询,有 768 万个返回结果①;2006 年 6 月,返回结果已经超过了 6 000 万个。互联网有史以来,还没有一个单词、一个概念在如此短的时间里被这样热炒过。

如果说博客是网络文字日记的话,那么播客就是网络音频日记。播客的实质就是把博客中的文字换成了音频或视频,可以将播客看做是博客的影音视频版。博客给了大众文字的话语权,而播客给了大众声音的话语权,这种自助广播可能带来新一轮网络革命。播客最大的特点是利用 RSS 技术来实现资源的简易聚合,人们利用它发布、分享诸如演讲录音、个人演唱等资讯。通过播客软件"ipodder",任何人只需要借助麦克风,就可以很方便地把自己的声音录制成文件并上传到互联网;播客软件可以定期检查并下载新的内容,并与用户的便携式音乐播放器形成内容同步。也就是说,播客可以让你自动及时地从网络上下载你定制的节目,同时把这些节目传输到你的便携终端(目前主要是 MP3 播放器)②。

播客在中国的发展也非常迅猛。2004 年底,中国第一个播客网站——土豆网(www.toodou.com)诞生。截至目前已有中国播客网、动听播客、播客天下、播客中国等知名网站。目前,国内播客人数已达近百万。2006 年,《中国 Web 2.0 现状与趋势调查报告》显示,在用户所了解的播客网站中,雅虎播客排名第一,其次是中国播客网、播客天下、土豆网和播客中国。每周访问播客网站 2—3 次和每周访问 1 次的人数分别占 22.6% 和 20.5%,每周访问 4—6 次的人数占 11.1%,还有 13.9% 的人每天都访问。号称中国最大的播客网站"播客天下"

---

① 朱红梅:《"播客"现象与传播学关照》,载《中国新闻传播学评论》2005 年 12 月 1 日。
② 金俊:《播客——传统广播的一次新革命》,载《视听纵横》2006 年 2 月。

(www.imboke.com)注册的播客近3万人,这在中国乃至世界也是绝无仅有的。

二、播客与其他传播方式的异同

播客是声音版的博客,除了具有博客的开放性、即时性、链接性、交互性等特征外,还有着自己的鲜明特征,如进入门槛低、收听制作自由性大、便于携带等。我们通过对播客与传统广播、网络个人电台、博客的比较来进一步认识播客。

1. 播客与传统广播

播客与传统广播相比,降低了准入门槛。广播频谱是被严格控制的,多数国家广播频道资源归国家所有,在广播电视国营化的体制下,个人根本无法获得广播许可证[①]。但是播客作者却不需要执照、频段和发射塔,绕过了广播的所有基础设施和经营限制,需要的只是一台可以上网的电脑、一个麦克风,就可以对不确定的人或确定的人进行传播。从理论上讲,任何人都有机会在全世界范围内传播声音信息,而拥有MP3、智能手机等便携终端播放器的接收者就可以通过一定的软件来订阅或下载并收听任何播客节目。

传统的广播节目是专业化制作,呈线性传播,节目内容转瞬即逝,受众只能被动接收。播客彻底颠覆了这种传播模式,受众可以选择自己喜欢的节目收听。从节目的质量来看,播客传播的内容和形式参差不齐,现在网上很多播客都是业余作者的自娱自乐。但是也出现了少量的专业播客,他们中很多人具有记者、播音员、DJ或者其他媒体从业背景。

2. 播客与网络个人电台

播客与网络个人电台具有一定程度的相似性,都是借助于音频来表达自我的一种方式,带有强烈的个人烙印[②]。不过播客更随意,更具有个性,唠嗑与倾诉替代了网络电台中主持人DJ与各色音乐的节奏。播客是借助于网络技术形成的一种无固定节奏的生活流式的播出状态,而网络电台则多少带有传统广播的播出方法和模式的印迹。播客

---

① 余大锐:《播客:网络广播的下一代》,载传媒学术网2006年1月11日。
② 朱红梅:《"播客"现象与传播学关照》,载中国新闻传播学评论2005年12月1日。

更具有自主性、开放性和便携性,它的订阅功能可以将自动更新的内容送入便携式终端,如 MP3、PDA,所以受众可以自由掌控收听情况,这是播客和网络个人电台的重要区别。

3. 播客与博客

播客和博客都是对于网络"个性"化存在的一种结构化的记录,都具有开放性、交流性和分享性。几乎所有的播客制作者都是博客写作者,在本质上,两者具有相通性。播客交流的是音频或视频信息,而博客交流的是文字或图片信息。文字具有固定性、准确性、保存性和便于远距离传送等特点,声音则具有天生的无法替代的感染力和亲和力。通过播客传送声音,保留了声音的原生态,也吸收了文字的各种优势,除了准确性之外,文字的长处播客都可以兼收并蓄。但是,文字的规范性则在播客中退位。

三、播客的发展趋势

(1) 播客和传统广播并存共荣。播客既不是对传统电台的一种替换,也不是一种新生的媒体,它更类似于一种订听(有别于订阅)的声讯杂志。就如博客并没有替代报纸、杂志一样,播客也是不可能替代传统电台的。现在很多广播公司吸收、采用播客,为其所用,在这种情况下,播客更像广播公司的改革或创新,并成为其盈利的又一种模式。

(2) 发展迅速,用途广泛。播客发展迅猛,原创内容逐步增加。播客的内容可以包括谈话节目、音乐节目、讲故事、小说、指南、科技说明书、解说词、运动比赛转播或实况说明等。播客甚至会开拓商界、广告界、公共关系等新的传播领域,如美国通用汽车公司为了改善时下频频受损的形象,提供了大量公司高层接受采访的播客文件;体重控制及营养品制造商 Herbalife 公司目前尝试推出播放广告的播客文件或视频节目等。一些名人也利用播客来做宣传,如豪门艳女帕丽斯·希尔顿推出自己的播客网站用于推广电影;美国加州州长施瓦辛格推出了自己的播客节目;美国白宫官方网站可以订阅总统布什的播客等。

(3) 专业和业余互补并存。回顾整个传媒发展的历史,我们会发现,新的媒介出现,总会从混乱无序走向有序。无线电刚出现的时候,无线电业余爱好者占据波段,凭借个人兴趣进行"广播"。由于频道资源的限制和人们对广播影响力的警惕、对内容的批评,广播最终从业余时代走入专业时代。今天的播客有充足的在线资源,技术也为人们自娱自乐、分享交流提供了保障,尤其是互联网的发展目标永远是刺激个人对网上播出的兴趣,即使互联网出台各种规定限制网上交换某些内容,但是很难限制量的发展。可以想象,未来播客会成为业余的、松散的、个人化的、非专业性的"大众媒介",同时也不排除专业"播客"的出现。

总之,播客的出现,对于广播电台和电视台而言,是一种挑战,也是一种机遇,它们的市场在受到分割的同时,它们也完全可以利用播客来发展自己。就广播电台和电视台来说,只有丰富的节目才能吸引更多的受众,但是购买和制作高品质的节目需要很多的资金投入,如果能够吸纳播客这样庞大的创作群体,播客和电台、电视台将获得双赢。

以博客为代表的草根媒体彰显了自由、开放的网络精神。草根媒体是一种新的文化传播现象,是对传统媒体的补充,其出现凸显了网络的知识价值,标志着互联网的发展跨上了一个新的台阶。本章通过对草根媒体及博客和播客的探讨,以期在新闻传播的嬗变中重新树立新闻媒介的权威形象,达到传统媒体的优势与草根媒体传播方式的有机结合。

思 考 题

1. 什么是草根媒体?其出现的原因是什么?
2. 博客具有什么样的传播特性?
3. 播客的发展趋势如何?
4. 试比较一下播客与传统广播的异同性。

第十一章

微　博

"媒介即是讯息"作为"麦克卢汉式"的奇思妙想,蕴含着丰富而独到的见解。加拿大传播学者马歇尔·麦克卢汉在其著作《理解媒介——论人的延伸》中这样解释:"所谓媒介即是讯息只不过是说:任何媒介对个人和社会的任何影响,都是由于新的尺度产生的;我们的任何一种延伸,都要在我们的事务中引进一种新的尺度。"[①]所以,按照麦氏的观点,不是媒介的内容而是媒介本身在人类社会实践活动中产生了相关的生活方式和标准,而这一理论也恰恰映射出当今互联网技术发展的真实写照——我们正处于自媒体时代。美国新闻学会媒体中心于2003年7月发布的"We Media"(自媒体)研究报告中为"自媒体"下了严谨的定义:"自媒体是普通大众经由数字科技强化与全球知识体系相连之后,一种开始理解普通大众如何提供与分享他们本身的事实、他们本身的新闻的途径。"[②]根据这一定义我们不难发现,私人化、平民化、自主化的传播者以现代化、电子化的手段(如QQ、手机短信、博客、微博、播客、维基、P2P下载、社区、分享服务等),向不特定的大多数或特定个体传递关于他们自己信息的新媒体,均被认为是自媒体。其中最有代表性的托管平台是美国的Twitter和中国的微博。

微博,即微博客,源自于英文单词micro-bloging,又被称为"围脖"。作为Web 2.0的产物,微博属于博客的一种形式,但单篇的文本内容通常限制在一定范围内(通常为140个汉字),使用户能够通过微博融合

---

① 〔加〕马歇尔·麦克卢汉:《理解媒介——论人的延伸》,何道宽译,商务印书馆2000年版,第33页。
② 刘景东、孙岳:《浅析自媒体》,载《中国信息界》2011年第3期,第41页。

的多种渠道(包括网页、手机、即时通讯、博客、SNS 社区、论坛等)发布文字、图片、视频、音频等形式的信息①。在 Web 2.0 的世界里,用户的自媒体性和信息的即时性让微博开始逆转传统媒体至高无上的地位。本章重点介绍微博的传播特点、发展现状及其发展前景。

第一节 微博概述

以微博的方式将个人的见解和观点发布给自己的听众,以最精练的词汇来表达最高深的观点,这就是微博的力量。在深入了解微博现象、发展和前景之前,我们先简单回顾一下微博的历史,看一看,微博这个充满神奇色彩的事物,是怎样从无到有,悄然来到我们身边的。

一、发展历程

Twitter(非官方中文惯称:推特)是一个社交网站及微博客服务网站。2006 年 7 月,Twitter 的创始人杰克·多尔西(现任董事长 Jack Dorsey,Twitter 账号@ jack)、伊万·威廉姆斯(现任首席执行官 Evan Williams,Twitter 账号@ ev)和比兹·斯通(现任创意总监 Biz Stone, Twitter 账号@ Biz)以"What's happening?"为口号,在美国加州旧金山创立了行动社区网络服务和微博平台——Twitter. com。至此,作为微博始祖的 Twitter 登上互联网历史的舞台,影响和改变着人类传播方式和生活方式。目前,Twitter 的服务范围为全世界,使用语言包括了英语、西班牙语、日语、德语、法语、意大利语、韩语以及繁体中文在内的 8 种语言,全球注册账号总数已经超过 2 亿,其中 70% 的流量来自美国以外的地区。根据互联网流量监测机构 com-Score 发布的统计数据,截至 2010 年 8 月,Twitter 的全球独立用户访问量达到 9 600 万,成为全球第三大 SNS 网站②。截至 2011 年 6 月,Twitter 在 Alexa 上的排名

---

① 谢耘耕、徐颖:《微博的历史、现状与发展趋势》,载《现代传播》2011 年第 4 期,第 75 页。
② 沈玮青:《Twitter 成第三大社交网站》,http://epaper. bjnews. com. cn/html/2010 - 09/30/content_152657. htm? div = -1。

为12①。此外，Twitter 还被 Alexa 网页流量统计评定为最受欢迎的50个网络应用之一②。

图 11.1　Twitter logo

　　2005 年，诺亚·格拉斯创立了 Odeo 播客平台，这被认为是 Twitter 的前身。伊万·威廉姆斯是该公司的早期投资者之一，其后成为公司首席执行官。随着 Odeo 的扩展，杰克·多尔西和布雷恩·库克等人加入。

　　2005 年秋，Odeo 业务受到美国苹果公司发布的内置播客功能的 iTunes 影响而大幅下降。伊万·威廉姆斯决定改组业务，首先将 Odeo 员工分为数个小组开展不同的项目。其中，诺亚·格拉斯、杰克·多尔西组成的"全日智囊团"着手进行名为"Twttr"的项目，格拉斯负责营运并确定项目名称为"Twttr"，杰克·多尔西则提出了微博产品发明的直接动因，即将手机短信发布到一个共用平台上与小组成员进行沟通交流，以便提高工作效率。

　　2006 年 3 月 21 日，"Twttr"项目完成。当时美国短信服务短码为 5 位，开始使用"89887"作为公司短码，但为了方便使用和宜于记忆，后来采用"40404"作为公司短码。杰克·多尔西于太平洋标准时间 21：50 发表了第一条 Twitter 消息："just setting up my twttr"③。这一时期，Twitter 服务对象为 Odeo 公司雇员，为他们提供内部服务。而有关 Twitter 名称的由来，则是源于英文 Twitter，它指代一种鸟叫声，创始人认为鸟叫是短、频、快的，符合网站的内涵，因此选择了 Twitter 为网站名称。

　　2006 年 7 月，Twitter 向公众开放。

　　2006 年 10 月，比兹·斯通、伊万·威廉姆斯、杰克·多尔西和其他来自 Odeo 公司的成员获得了 Odeo 公司及其包括 Odeo.com 和 Twitter.com 的所有资产，随即成立 Obvious 公司，并推出大围脖服务。

---

　　① Twitter.com-Traffic Details from Alexa, Alexa Internet,Inc, 2009.7.
　　② Ibid.
　　③ Dorsey, Jack, just setting up my twttr, Twitter, 2006.

图 11.2 Twitter 指代一种鸟叫声,创始人认为鸟叫是短、频、快的,符合网站的内涵,因此选择了 Twitter 为网站名称

而在最初阶段,此项服务只限于向好友的手机发送文本信息。手机短信是私密性的,它采用的是"一对一"的方式,而多尔西设计的这个新工具带有一个公共选项,其设计目的在于实现信息在移动工作小组成员当中的共享。为了做到这一点,公司同时必须选择"关注"(follow)选项①。直至 2006 年底,Obvious 公司升级此项服务,使得用户无需输入自己的手机号码,而可以通过即时信息服务和个性化 Twitter 网站接收和发送信息。

2007 年 3 月,一个名为 Twitter 的网站在伊万·威廉姆斯的策划下正式上线②。

---

① 〔美〕谢尔·以色列:《微博力》,任文科译,中国人民大学出版社 2010 年版,第 16 页。
② 张力:《浅析微博的传播形态》,载《青年记者》2010 年第 4 期,第 80 页。

真正使得 Twitter 一炮而红是 2007 年 3 月举行的 SXSW(South by Southwest)活动,活动期间 Twitter 的使用量从每天 20 000 推增长到 60 000 推①。在此次活动中,美国著名的 SXSW 公司的嘉年华给了 Twitter 一个大显身手的机会,让它的各种特点尽情彰显。开始,Twitter 利用嘉年华会过道上的两块大屏幕推广自己,让 Twitter 很出彩(这个时候 Twitter 还是一种单向传播信息的模式);继而,大会的组织者在 Twitter 刊登当天的节目信息;后来,许多人了解到自己也可以在 Twitter 上发布消息,于是各种互不相关的信息在大屏幕上排列起来滚动发布,有的是在找人,有的是在赞叹昨天自己感兴趣的某个演讲和某个观摩,有的是尖锐的批评……这些消息虽然仍然属于碎碎语的范畴,但是已经有了导航的作用。到了最后,大会的演讲者纷纷以提到 Twitter 为荣,博客作者们也对它热情有加,Twitter 最终夺得了那届 SXSW 嘉年华的网络奖②。《新闻周刊》曾报道说:"数以百计的与会者通过他人的 Twitter 消息不断地监视着他人的动态,小组成员与演讲者都提到了这个服务,并且在场的博客们都在吹捧这项服务。很快在场的所有人都在讨论并发表有关这一新事物的文章,他们认为这个东西与即时通信很相似,与博客也很相似,或者说与发送电报很类似。"③

2007 年 7 月 15 日,Twitter.com 网站及其业务从 Obvious 公司中独立,并成立了独立运营的私人公司。

2008 年 10 月 16 日,伊万·威廉姆斯担任公司首席执行官,杰克·多尔西担任公司董事长,公司仍然保持快速发展的状态,2008 年平均每季度产生 1 亿条消息,相比较 2007 年的 400 000 条消息而言,增长了 250 倍。从技术角度看,从 2007 年春季至 2008 年,Twitter 的原始消息均是通过名为"Starling"的持续性数据结构服务器进行处理运营的,而从 2009 年开始,Twitter 逐渐用 Scala 编程处理消息。

2009 年 6 月 25 日,美国摇滚歌手迈克尔·杰克逊去世,Twitter 用户每小时发布含有"迈克尔·杰克逊"关键词的消息达 100 000 条,致使 Twitter 服务器一度崩溃。

2010 年 1 月 22 日,国际空间站的美国国家航空航天宇航员提摩西·克林姆在 Twitter 上发布了第一条来自地球外的消息。截至 2010

---

① Douglas, Nick, Twitter blows up at SXSW Conference, Gawker, 2007.3.
② 指尖柔沙:《微博营销一本通》,人民邮电出版社 2011 年版,第 4—5 页。
③ Levy, Steven, Twitter: Is Brevity The Next Big Thing, *Newsweek*, 2007.4.

年 11 月,在 Twitter 账号@ NASA_Astronauts 上,平均每天都有一定数量的消息。

2010 年世界杯足球赛期间,Twitter 网站信息量发生猛增,仅日本队与喀麦隆队竞争得分的 30 秒钟之内,每秒信息量为 2 940 条。同年 6 月 17 日举行的 2010 NBA 总决赛,洛杉矶湖人队赢得比赛胜利时每秒钟为 3 085 条消息,随后这一纪录再次在世界杯比赛中日本队击败丹麦队时发生,每秒钟的纪录为 3 283 条消息。在各类赛事中,Twitter 的潜力逐步被发掘。

2010 年 9 月至 10 月,Twitter 公司推出全新的"New Twitter"网页版本。截至 2010 年 10 月,Twitter 已经拥有 1.5 亿用户,独立访客达到 9 600 万,每秒钟新增 1 000 条微博。

2011 年 4 月 6 日,Twitter 正式启用新的首页登录界面,并逐渐淡化旧版本的 Twitter 设计。而因新版本主页启动后发生技术性小错误,导致 Twitter 公司在推出新版本不久后便不得不回溯到旧版本,直至 2011 年 4 月 20 日,新版本再次被引入的同时,仍然保留了与旧版本切换的功能。

简而言之,Twitter 的特色在于围绕着追随者(Follower)这一概念。正如史蒂文·约翰森在 2009 年接受《时代》杂志采访时评价的一样:"作为一个社交网站,Twitter 围绕着追随者(Follower)这个概念。当你打算去跟随(Follow)一个 Twitter 用户的时候,那个用户所发布的消息就会按照时间顺序全部出现在你的 Twitter 主页上。假设你跟随了 20 个人,那么你可能在一个页面上看到这 20 个用户的混合在一起的消息,比如会有有关早餐的消息、感兴趣的网址链接、音乐推荐甚至是对未来教育的假想。"①Twitter 上的消息可以采用添加"标签"(hashtags)形式进行分类,即在单词、短语前面加上一个"#"构成的标签。类似的,在@符号后边紧跟一个用户名可以让用户直接给对方发送信息。例如,一条包含有@ example 的消息可以直接送达对方,并且在"Reply"中显示,同时,别人也能看到这条消息。如果用户转发另一用户的消息,这种行为被称作"RT 消息"。

Twitter 的巨大成功在第一时间吸引了中国大陆投资人和创业者的目光。2007 年,Twitter 还在竭尽全力网罗用户、改善用户体验的时候,

---

① How Twitter Will Change the Way We Live, *Time*, 2009.6.

一批中国创业团队已经着手打造中国人自己的微博网站了①。第一个先行者是王兴创建的"饭否"。2007年5月,饭否网由人人网的创始人王兴建立,其最初定位于"随时随地交流,可以随时记录自己心情、简洁发表自己观点的东东"②。因此,饭否网用心致力于客户端的构建,用户不但可以通过网页与好友交流,还可以通过 WAP 页面、手机短信、手机彩信、IM 软件(包括 QQ、MSN、Google Talk)和上百种 API 应用,且交流内容不再是只局限于文字,而是把其扩展为文字和图片。这一创新也被后期的微博网站借鉴并发展③。到2009年上半年,饭否的用户数量增长至百万之多。与此同时,叽歪、嘀咕、做啥等一批效仿 Twitter 的微博服务在国内上线。中文用户有了自己的微博服务。但令人遗憾的是,2009年年中,饭否、叽歪等第一批中文微博服务网站停止服务,宣告了第一批探路者的陨落。和后来兴起的新浪微博、腾讯微博等门户微博网站相比,人们通常把这第一批的探路者称为独立微博网站④。

2009年8月14日,新浪微博开始内测,目前已成为我国用户数量最大的微博产品,成为我国最早规模化推出微博服务的门户网站。与 Twitter 相似,新浪微博也是以140字为限制,可以通过手机、IM 软件(QQ、MSN、Gtalk、Skype)等途径发布消息。它更像是我们常用的 MSN、QQ 的签名档,直接反映我们的心情⑤。新浪微博支持文字、视频、音乐、图片的发布,其特色是公众人物用户众多,领域覆盖文体明星、企业高管、媒体人士等。2010年初,新浪微博还推出了 API 开放平台。截至2010年6月,新浪微博独立访问用户数达4 400万⑥。

2010年3月20日,网易微博上线公测。网易微博支持文字、图片发布,将微博标志性的140字上限改为163字,与其品牌相呼应,VIP 用户的字数上限为188,以此呼应新近采用的188域名。与其他三大门户微博不同的是,网易坚持草根路线,尚未推出名人认证类功能。

2010年4月,搜狐微博正式公测,其支持文字和图片发布,不限字

---

① 李开复:《微博改变一切》,上海财经大学出版社2011年版,第29页。
② 资料来源: http://help.fanfou.com/about.html。
③ 于连民、车蓓蓓:《中国微博成长与发展综述》,载《网络与信息》2010年第6期,第7页。
④ 李开复:《微博改变一切》,上海财经大学出版社2011年版,第30页。
⑤ 〔美〕谢尔·以色列:《微博力》,任文科译,中国人民大学出版社2010年版,第19页。
⑥ 阳淼:《新浪发布微博白皮书》,http://www.cnhubei.com/news/ctdsb/ctdsbsgk/ctdsb26/201009/t1430187.shtml。

数。搜狐微博的特点在于整合博客、视频、相册、圈子以及新闻。

2010年4月1日,腾讯微博开始小规模内测。目前,腾讯微博支持文字形式,图片功能暂未开放,字数限制在140字内。其特点在于拥有细致的产品功底和庞大的用户群体,目前腾讯微博用户已可在国内最多的客户端——QQ上使用①。

目前,国内排名前10的微博平台有新浪微博、百度i贴吧、搜狐微博、网易微博、腾讯微博、做啥网、嘀咕网、同学网、9911微博客及Follow5。此外,新华网、人民网、凤凰网及和讯财经等多家网站也不甘人后,推出了自己的微博产品②。

由此可以看出,Twitter在最初发展时,只是以其便捷的特点等待人们的关注,但正是这种方便简单的特点,使得互联网互动这一核心价值得以显现、张扬、普及,实现了人人平等参与的目标。正是这个核心价值的解放,以及它后来可能释放的魅力,帮助我们进入了互联网的一个新时期。无论后续的微博服务如何创新,提供何种丰富的功能,微博作为社会化传播和社交通信工具的地位都是由Twitter建立的③。

与中国众多互联网产品一样,微博是从国外互联网传播到中国的"舶来品"。总体看来,我国微博的发展大致经历了以下三个阶段:第一阶段是微博进入中国大陆市场(2007年),以2007年5月中国大陆第一个微博产品——饭否(fanfou.com)诞生为标志。第二阶段是微博在中国的初步发展(2007年—2009年7月),以饭否、叽歪、腾讯滔滔开通公测为发展标志,随后微博网站数量增加。至2009年7月8日,饭否、叽歪等中国市场上最早的微博产品相继停止运营。这一时期,中国微博尚处于初始、发展缓慢阶段,探索过程举步维艰。而进入第三阶段,即微博快速崛起阶段(2009年8月—2011年),中国微博市场呈现出竞争态势,一批新的微博网站相继涌现。而以2009年8月开始公测的新浪微博发展最快,随后其在中国微博领域居于领先地位。

二、当前格局

2010年被称为中国微博元年,微博以其"碎片化"信息渗透到社会

---

① 张雪超:《微博客在中国》,载《互联网天地》2010年第8期,第20页。
② 指尖柔沙:《微博营销一本通》,人民邮电出版社2011年版,第2页。
③ 李开复:《微博改变一切》,上海财经大学出版社2011年版,第26页。

生活的众多领域，掀起了中国社会信息传播的"微博热"。在中国现有互联网市场中，四大门户网站均以 Twitter 为原型发展各自的微博业务。新浪主要是以媒体的方式运营微博，腾讯则是以 IM 的方式，而网易、搜狐兼而有之。

以微博的媒介价值以及业务创新能力两个维度来分析国内微博的市场格局，把国内表现较为突出的微博网站划入四个象限，这四个象限分别为市场领先者、挑战者、理想者和参与者，如图 11.3 所示。以新浪为代表的微博是市场的领先者，这些网站依托庞大内容资源发展，媒介价值高。市场理想者则多为市场的开拓者，其业务创新能力高，能开发出面向用户的应用，但运营风险大，大多现已处于关闭状态。而以中国移动 139 说客为代表的市场挑战者，虽然用户基数大，但是现阶段发展还不成熟，尚有较大改善空间。另外，传统的 SNS 网站、论坛也加入了微博元素，但没有被受众重视，且发展缓慢，暂时成为市场的参与者。

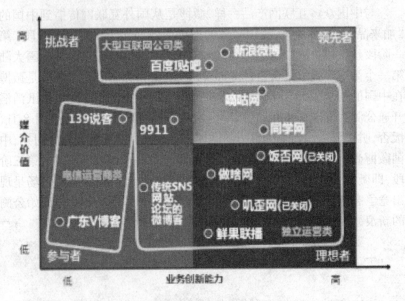

图 11.3　国内微博市场格局[①]

---

① 郭志凌：《微博客的发展现状及对电信运营商的策略建议》，载《移动通信》2010 年第 13 期，第 63 页。

中国互联网络信息中心(CNNIC)2011年1月发布的《第27次中国互联网络发展状况统计报告》显示,截至2010年12月底,我国网民规模达到4.57亿,其中,微博客用户规模达到6 311万,使用率为13.8%,手机网民中手机微博客的使用率达15.5%[①]。2010年6月11日,艾瑞咨询发布报告称:中国微博用户规模正在上升。从3月1日到5月23日止,其用户规模增长率为128.3%,增长迅速[②]。2010年9月9日,新浪发布国内首份针对微博的白皮书,即《中国微博元年市场白皮书》,其中,来自艾瑞IUT的数据显示,2010年3月至6月,国内微博市场月覆盖人数从5 452.1万增长到10 307万。《白皮书》预计,在未来三年,各家微博服务商的微博账户数的年增长将在140%—200%内,而微博用户的爆发性增长将出现在2012、2013年左右[③]。图11.4反映出2009—2012年中国微博市场注册用户数量变化,由2009年注册用户800万增长到2012年注册用户24 000万,同比增长率为837.5%。图11.5反映了国内微博用户在2010年上半年内,新增用户比例过半,中国微博行业潜力巨大。图11.6从中国互联网用户使用微博与SNS网站的频率统计分析反映出,用户每天都在使用微博产品的频率为41.7%,2—3天使用频率为26.9%,均高于SNS。媒体黏性与忠诚度均高于SNS,媒介价值凸显。

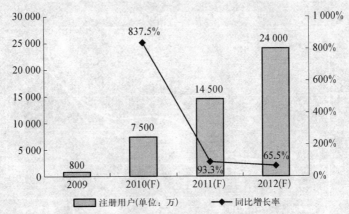

图11.4 2009—2012年中国微博市场注册用户数量变化
(数据来源:易观智库@易观国际2010。www.enfodesk.com,www.analysys.com.cn。)

① 中国互联网络信息中心(CNNIC):《第27次中国互联网络发展状况统计报告》,2011年1月,http://www.chinanews.com/it/z/cnnic27/。
② 张雪超:《微博客在中国》,载《互联网天地》2010年第8期,第19页。
③ 蔡伟:《新浪发布中国微博元年市场白皮书》,载《南方日报》2010年9月10日。

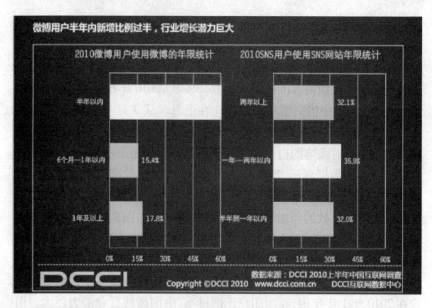

图 11.5 微博用户半年内新增比例过半,行业增长潜力巨大

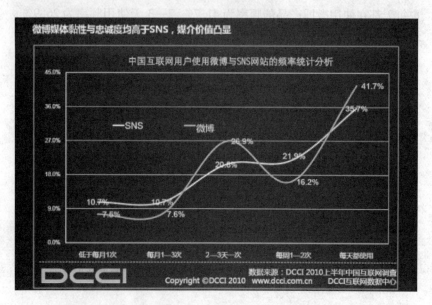

图 11.6 微博媒体黏性与忠诚度均高于 SNS,媒介价值凸显

从 2010 年 DCCI 互联网数据中心发布的调查数据显示,从总体上看,新浪微博用户"更爱唠叨",用户记录自己心情的比重为 59.3%,更

关注社会名人,且具备有媒体性质;腾讯微博用户更爱娱乐休闲,比重为53.8%,更关注朋友和同事;网易微博用户则有更明显的社交拓展目的,结交新朋友、扩展人脉的比重为51.7%[1]。由此可见,不同微博网站的用户关注内容呈现差异化,这一点也体现出不同网站的差异。

另外,2010年DCCI互联网中心报告显示,在微博新功能的需求差异方面,网易微博用户更希望增加电子邮件功能,而腾讯微博用户则更希望增加微博音乐功能。由此可见,目前微博的关注点应在打通内部产业链上,这样不仅能够帮助门户网站增加黏性,同时也可以构建竞争壁垒。

第二节 微博的传播特征

微博作为一个全新的互联网交流工具,正在改变着我们的生活、我们与周围人沟通的方式,乃至于沟通的范围。作为时代宠儿的微博打通了移动通信网与互联网的界限,具有媒介融合时代的典型特征,其具体传播特征可概括如下:

一、嵌套式的发展逻辑

嵌套,从字面的意思看,是嵌入并套在一起的意思,现实生活中有大量使用嵌套的方式对物体加以固定的实例,最常用的就是螺丝与螺母之间的嵌套[2]。而对于微博来说,其根本差异在于其嵌套性的技术逻辑。嵌套式发展主要表现在三个方面,首先是微博以开放API的形式允许第三方开发者将功能软件嵌套在其产品上而吸引大量用户[3];其次在于微博的每个用户节点包含他所关注的其他节点的全部内容,信息传播链条具有明显的嵌套特点;第三则是以每个用户为中心的人际关系网络在关注他人或被他人关注时,会嵌套到另外一个用户的圈

---

[1] 张雪超:《微博客在中国》,载《互联网天地》2010年第8期,第20页。
[2] 张佰明:《嵌套性:网络微博发展的根本逻辑》,载《国际新闻界》2010年第6期,第81页。
[3] 同上。

子里，从而扩展了自己的社会网络。

微博从其技术逻辑上来看，具有明显的嵌套特点：微博网站方提供基础性功能，具有延伸的、外围的、复合性的功能绝大多数由第三方来开发。实现这一点的关键在于微博网站开放了 API（Application Programming Interface，应用编程接口），通过第三方软件与微博网站对接的接口，主动嵌套至微博网站，从而实现微博整体功能不断扩展和完善。API（Open API）是 SaaS（Software as a Service，软件即服务）模式下常见的一种应用，网站的服务商将自己的网站服务封装成一系列 API 开放出去，供第三方开发者使用，即开放 API[1]。所谓 API，即应用程序编程接口，它一般指外部应用程序为利用操作系统功能或硬件设备资源而使用的公用接口，API 对应用程序的抽象屏蔽了实现的细节而从一方面使得应用程序的开放更为方便，更重要的是使得应用程序能够在不同的系统或平台间进行移植。对于微博来说，API 开放就意味着使用者无须登录微博网站就可以发布和接受信息，人们可以开发基于任何设备、任何平台的客户端软件，从理论上来说，人们具有加入微博传播网络的无限种可能方式[2]。因此，对微博网站来说，其需要完成的便是搭建基础性的平台以便第三方嵌入，这里的第三方不仅可以是即时通讯工具、邮件、博客等网络产品，还可以是浏览器和桌面。用户可以通过移动设备、即时通讯软件和外部 API 接口等途径向用户的微博发布消息。调查显示，有 22% 的用户就是因为手机可以登录微博而开始使用微博的；到目前为止，已经有 31% 的用户经常通过手机来登录微博[3]。而据《2007 年中国博客市场调查报告》显示，有一半的博客用户因为没时间而放弃了对博客的更新[4]。

以新浪微博的用户界面为例，如图 11.7 所示，新浪微博的界面中，每条微博都既显示文字信息，也显示图片信息，还同时显示了转发和评论的数量。用户转发的别人的微博，也会用嵌套的方式显示在时间流中。其他人对该用户每一条微博的评论，都聚合在该微博的页面内，实

---

[1] 卢金珠：《微博客传播特性及盈利模式分析》，载《新闻记者》2010 年第 4 期，第 59 页。

[2] 王冠男：《微博客的信息流动机制与传播形态》，载《机电产品开发与创新》2010 年第 6 期，第 74 页。

[3] 燕道成：《微博的传播形态与本土化发展》，载《中国青年研究》2011 年第 2 期，第 34 页。

[4] 孙卫华、张庆永：《微博客传播形态解析》，载《传媒观察》2008 年第 10 期，第 52 页。

际上是将微博本身与转发、评论用不同的方式分别聚合和显示。新浪微博的这种用户界面的设计，综合了传统的微博服务与Facebook等社交网站服务集成度强的特点，使微博更近似于一份可以天天阅读的网络媒体，所有相关信息都在页面上展示无遗。

图11.7　新浪微博用户界面

随着数字技术与网络技术的发展以及在媒介中的广泛应用，各种媒介呈现出多功能一体化的趋势，媒介融合是大势所趋。微博以信息的数字化技术为基础，使用数字通讯与数字广播技术，融合了音频、视频、文字和图像等多种信息格式。微博与传统媒体、企业营销、博客、即时通讯技术、社会活动融合，将数字技术、互联网技术和移动通信技术紧密地融合在一起。

二、多级复合的传播渠道

作为一种新的"自媒体"传播形式，微博的传播机制最初为人内传播，以记录个人生活和随感为基础。"粉丝"和"关注"的出现形成了人际传播,微博使用者关注的他人的信息更新会出现在自己的页面中,可以选择回复、转发、评论等形式进行交流沟通。当面对突发事件或出现公共议题时,微博使用者形成圈子进行交流互动,微博不强调"好友"关系,跟随者可以单向关注某一微博,而被关注者可以选择不关注跟随者,对其跟随者可以选择自主回复与否,从而发展成为群体传播。而当一个微博具有相当数量的粉丝或者说是追随者时,它便具有了大众传播的功能。这样,微博的传播渠道出现了多级复合的模式。

相对于电话、短信、MSN、QQ 等其他即时通讯工具而言,微博这一平台可以在个人页面上发布有关心情、感悟、生活、情感等个人内容,"我手写我心"成为个性化需求的有效选择。通过这样的行为达到自我传播的目的,不仅能形成自我内心互动,而且能够通过不断发送自己的状态和随时随地发布的简短消息进行个人内省式的思考,从而形成自我传播。相对于博客而言,微博可以实现随时随地碎片化、个人化的叙事模式。微博的微小性使得更多的留言更频繁地涌现出来,它的讯息直截了当且速度迅捷,这样在交流过程中传者受者的位置在不断转换之中。这种交流观是一种类似詹姆斯·凯瑞所言的"仪式观",强调"言说"与"交流",这不仅因为从文化传承与价值持守的维度来看,在传播中"言说"胜过"所察","交流"重于"拍照",而且蕴含着在一定程度上回归口语传统的潜台词[①]。

微博借鉴并采用了 SNS 网站的实名制,在微博网站中可以找到同事、朋友、同学,有利于挖掘真实的人际关系,实现了人际传播。微博因其媒介属性使得地理位置正在变得无关紧要,字符限制使其在一定程度上达到了交流共享,因其交流速度消除了人与人的沟通障碍。因此,与标准博客相比,微博上的交流运转得更快,往往也更加深入。基于此,企业也利用微博和用户直接交流,从而实现无障碍对话沟通。《赫芬顿邮报》(*Huffington Post*) 专栏作家艾琳·怀斯特(@ queenofspain)通过描述她购买新电脑的经历,展现了企业微博与个人用户沟通交流的过程。艾琳·怀斯特考虑购买何种品牌电脑时遇到戴尔公司微博团队成员,通过人际沟通方式建立一种传播模式,最终购买了电脑。事后,她描述道:"我们一直谈论的是别的事情,政治、会议以及养育子女

---

① 〔美〕詹姆斯·凯瑞:《作为文化的传播——"媒介与社会"论文集》,华夏出版社 2005 年版,第 122 页。

什么的,聊了好一阵子后,才提到我需要台电脑这档事。他们已经是我的社区的一部分了。人们支持他们的朋友、他们的社区,不管是真实的,还是虚拟的。当我最终掏银子的时候,你肯定猜到了,我买了一台戴尔电脑。"[1]这反映出微博在人际交往中的特点和作用,它将人际交流变为一种关系的发展,一种管理自我信息的过程。

微博这种多级复合传播模式,还有利于企业通过建立平行多渠道与顾客沟通。戴尔公司全球社会性媒体事务的负责人之一门查卡利用微博扭转客户情绪的经验让我们懂得一个道理,即微博在企业层面的一个重要作用——聆听——一种比其他方式拥有更快速度、更低成本的方式。当客户看到某家大公司的人在聆听时,他们会变得更加礼貌、更愿意合作[2]。这或许印证了一句俗语:你想学会说话,首先要学会不说话。聆听是一种战略,是企业利用微博进行博客监测的一个手段:通过 140 个字符尝试开导不可知论者信奉企业的价值理念。微博的价值不仅仅在于追踪人们对于你的看法,更重要的是一种不间断的反馈循环。微博最大的优势在于,服务是公开的,所以,当一位顾客得到企业微博团队中某位成员的帮助时,数千人都能看到这一切,是一场真实的"秀"。

可见,微博通过人际沟通把品牌和用户卷入了微众时代,每个节点都是一个自媒体,而微博上关注与被关注形成的网络则是构成这些微节点的放大器和传播渠道[3]。随着用户声音的传播和扩散,当话题吸引到一定数量的跟随者时,微博使用者将会根据自己的经验范围等因素进行选择性关注和参与,形成受众分化、细化,进而使得用户组成多个交流分享的小圈子,这时群体传播得到凸显。而话题可以是社会问题、热点问题、突发事件等,也可以是就某一事件的态度考察等。

当一个微博具有相当数量的粉丝或者说是追随者时,它具有了大众传播的功能,这集中体现在名人、明星微博效应上。图 11.8 是新浪微博名人排行榜及其各自粉丝数量,可以看出,随着网络微博技术的发展,中国微博成为个人、团体发布信息的高效传播平台。

---

[1] 〔美〕谢尔·以色列:《微博力》,任文科译,中国人民大学出版社 2010 年版,第 42 页。
[2] 同上书,第 36 页。
[3] 《2010 年上半年中国微博用户市场现状和发展趋势》,载《互联网天地》2010 年第 8 期,第 26 页。

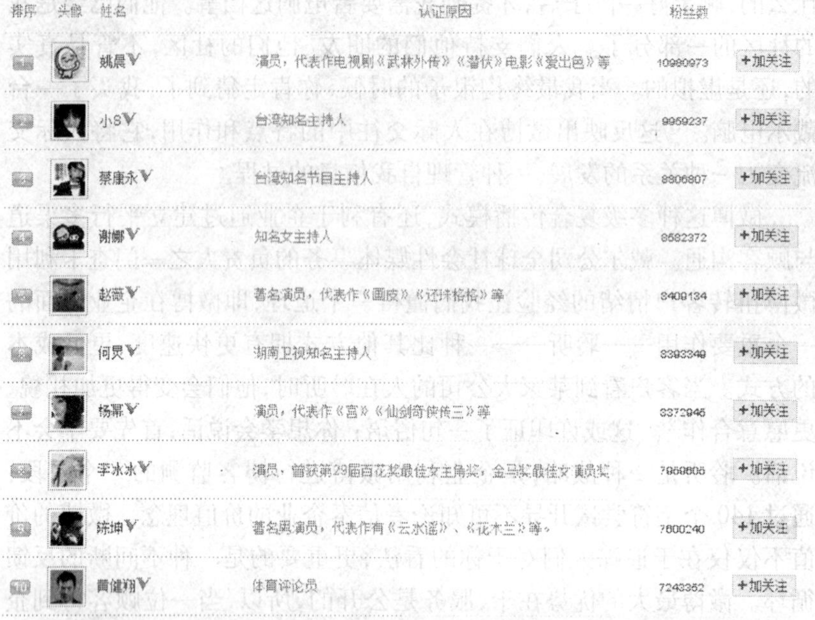

排序	头像	姓名	认证原因	粉丝数	
		姚晨	演员，代表作电视剧《武林外传》《潜伏》电影《爱出色》等	10980973	+加关注
		小S	台湾知名主持人	9959237	+加关注
		蔡康永	台湾知名节目主持人	8806807	+加关注
4		谢娜	知名女主持人	8582372	+加关注
		赵薇	著名演员，代表作《画皮》《还珠格格》等	8409134	+加关注
		何炅	湖南卫视知名主持人	8393349	+加关注
		杨幂	演员，代表作《宫》《仙剑奇侠传三》等	8372945	+加关注
		李冰冰	演员，曾获第29届百花奖最佳女主角奖，金马奖最佳女演员奖	7959605	+加关注
		陈坤	著名男演员，代表作有《云水谣》、《花木兰》等。	7600240	+加关注
10		黄健翔	体育评论员	7243352	+加关注

图 11.8 新浪微博名人排行榜①

总之，微博相较传统媒体和其他网络应用而言，实现了人际传播、群体传播和大众传播在同一层面的共存和融合，这是相较于其他传播平台的突出优势②。

三、信息分布的消费模式

传统信息传播过程中，传播者和受众的角色区分很明显，传播者处于中心地位。然而，随着传播媒介的发展，网络环境给人们提供了表达的自由平台，人们的话语权、知情权得到大大提升。微博充分体现出 Web 2.0 网站的信息聚合与共享原则，每个用户既是传播主体也是接受主体。有人曾经如此评价道："在微博上，140 字的限制将平民和莎

① 数据截至 2011 年 8 月 24 日 10:27:11。资料来源：http://weibo.com/?c=spr_sw_sq_lm2_weibo_t882030。

② 周来光、范夏薇：《微博——传播时代的微革命》，载《新闻爱好者》2011 年第 1 期，第 17 页。

士比亚拉到了同一水平线上。"①的确,微博上的文本多是不成系统、碎片化的生活工作细节,对写作者的文字功底要求不高。以 Twitter 为例,在首页仅显示 9 条用户发来的信息,它们按照时间先后顺序排列,如果隔秒刷新就会出现变化。"在 Twitter 中,即便只有一个人关注你,仅仅通过若干分隔空间,你便可以同全世界数百万正在使用 Twitter 的人产生联系。"②

简单地说,在微博这个社会化的媒体中,内容的创建者和内容通常是联系在一起的。你的关注者是基于信任才在那么多信息发布者中,筛选收听你发布的信息内容。这种筛选与微博本身实名/半实名的特性、微博的人性化特征、微博的实时性综合作用,造就了微博基于信任链的传播模式——我们把这种模式称为基于信任的"病毒传播"③。

信息分布的消费模式推动了公民新闻的发展。正如有人称,微博给予了人们一台印刷机,给予了每个人一家自费出版社。这一点在自然灾害、突发事件中表现明显,在地震、海啸、飓风袭击时,公民记者运用社会性媒体及时发布消息,通过文字、图片、视频、音频等形式来向人们讲述他本人见到的景象,让读者切实了解正在发生的事件,这一点也体现了互联网的黏性功能。例如,当卡特里娜飓风于 2005 年 8 月袭击美国海湾地区时,传统媒体几乎没有对这场北美有史以来最严重的飓风袭击进行任何报道,全国性媒体只是在距离灾难现场 1 000 英里的华盛顿特区采访了几位联邦官员。而欧内斯特·斯文森运用 Twitter 讲述了他所见到的景象。在暴风雨中断了网络连接之后,斯文森通过手机把文本传给一位居住在佛罗里达的朋友,这位朋友以斯文森的名义把消息发布出来④。

微博带给了我们很多方便,让人们迅速知晓一些通过传统途径很难知晓的东西,也能使人很快地把自己的想法用最快的速度传递给别人,微博直播甚至开启了一种新的信息传播方式⑤。但另一方面,由于任何人都能够作为信息源发布信息,因此其真实性和客观性不能完全保证,虚假信息和新闻也难以避免。史蒂芬·列维特就曾在《魔鬼经济学》中

---

① 张雪超:《微博客在中国》,载《互联网天地》2010 年第 8 期,第 19 页。
② 〔美〕谢尔·以色列:《微博力》,任文科译,中国人民大学出版社 2010 年版,第 2 页。
③ 李开复:《微博改变一切》,上海财经大学出版社 2011 年版,第 60 页。
④ 〔美〕谢尔·以色列:《微博力》,任文科译,中国人民大学出版社 2010 年版,第 113 页。
⑤ 齐浩:《从金庸"被去世"看微博自纠与自律》,载《传媒观察》2011 年第 4 期,第 20 页。

谈到:"在微博中,有价值的信息占到的比例仅为4%左右。"①

2010年12月微博中金庸"被去世"事件就反映出微博在内容真实方面的缺陷,而这一事件随后通过微博进行自纠自律也反映了微博信息分布的消费模式。2010年12月6日19时许,在新浪微博上发布了一条内容为"金庸,1924年3月22日出生,因中脑炎合并胼胝体积水于2010年12月6日19点07分,在香港尖沙咀圣玛利亚医院去世。请转发哀悼这位武侠大家吧!"的帖子,随即这条消息被大量传播。消息虽短,却说得煞有介事。因为金庸先生的知名度,更重要的是,因为微博上的消息传播往往是顺着"关注"和"被关注"的信任链条快速传播开来的②。当日20时,《中国新闻周刊》新媒体某编辑看到并通过《中国新闻周刊》杂志的官方微博以"即时新闻"的形式发布,因没有注明转发,很多网友信以为真。作为具有权威性和公信力的《中国新闻周刊》,其微博粉丝数量超过30万,也正是这些粉丝的推动,使得这条假新闻的传播速度和关注度达到顶点。直至当日20时41分,凤凰卫视知名记者闾丘露薇发微博辟谣:"假消息,金庸昨天(后被证实为12月3日)刚出席树仁大学荣誉博士颁授仪式。"③随后,《人民日报》文化版、金庸好友老榕等也纷纷辟谣。新浪微博也于次日宣布其为假新闻,并放置于错误信息曝光区。至此,金庸"被去世"事件才告一段落。

综上所述,一方面,微博作为媒介融合大背景下出现的一种全新的信息传播形态,兼有手机与互联网的传播特征,有着自身独特的传播优势;另一方面,微博的低门槛会带来前所未有的表达自由,而过于自由的表达会使信息显得杂乱无序、难以管理④。

四、裂变式的传播模式

通常来说,微博的传播路径有两种:一种是"粉丝路径"。珍妮·

---

① 〔美〕史蒂芬·列维特、史蒂芬·都伯纳:《魔鬼经济学》,广东经济出版社2006年版,第82页。
② 李开复:《微博改变一切》,上海财经大学出版社2011年版,第45页。
③ 齐浩:《从金庸"被去世"看微博自纠与自律》,载《传媒观察》2011年第4期,第20页。
④ 韦红亮:《微博的传播初探》,载《三峡大学学报(人文社会科学版)》2010年12月,第168页。

史特格曾说:"在每个人一生中,或多或少都曾经是某种程度上的粉丝。"①而在微博的世界里,则真正可以称得上是"全民粉丝"②。例如用户 A 发布一条微博之后,其所有关注者用户甲、乙、丙、丁等人都可以实时接收到信息。由于 API 的开放,微博传播网络节点被无限拓展,而"Follow 模式"又轻松地将这些节点之间密集地连结起来,微博拥有了一个覆盖面极广且网络密度极大的覆盖全球的信息传播网络③。另一种模式是"转发路径"。如果用户甲认为用户 A 的某条微博不错,将其转发到自己的微博中,随后,用户甲的关注者用户 1、2、3、4 等人都可以实时接收这条信息,依此类推,实现信息的大范围极速传播。可见,微博传播并非点对点、点对面的传播,而是点到面、多点到面的裂变式滚动传播。一个人的微博可以被"粉丝"转发,再被"粉丝的粉丝"层层转推,快速蔓延,纵深循环④。

例如,面对突发事件,用户可以通过微博发布所见所闻,若他的跟随者中有 10% 的"粉丝"采用转发功能,即作者所发布的微博传播点增加了 10 个,若这 10 个发布者各自的跟随者数目为 100 名,再对此条微博进行转发,受众就上升至 1 000 人。依此类推,当转发这一机制进行第二轮、第三轮……受众数量将呈几何级数增长。这种传播方式不同于网络社交中线性传播模式(One To One),也不同于大众传播媒介中一对多的传播模式(One To N),而是一种点到面、多点到面的滚动裂变式传播(One To N To N)。

梅特卡夫法则(Metcalfe's law)指出:网络价值随着网络节点数量的增加而呈指数增加。在微博中,我们都成为一个网络节点。分享某个既定话题的消息和想法的人越多,我们这个整体的能量就越大。"Twitter 网站的最大吸引力之一就在于这种交流感。"⑤

例如,2010 年 9 月 10 日上午,江西省抚州市宜黄县凤岗镇强拆钟家房屋引发自焚事件。该事件导致了钟家一户三人烧伤,一名伤者因抢救无效死亡;宜黄县委书记、县长被免职。2010 年 9 月 16 日

---

① 陶东风:《大众文化教程》,广西师范大学出版社 2008 年版,第 286 页。
② 蔡骐:《微博时代的粉丝传播》,载《东南传播》2010 年第 8 期,第 4 页。
③ 王冠男:《微博客的信息流动机制与传播形态》,载《机电产品开发与创新》2010 年第 6 期,第 75 页。
④ 倪琳:《微博的传播特性及影响力研究》,载《上海商学院学报》2011 年第 3 期,第 41 页。
⑤ Mary Ann Bell, What's all the noise of about Twitter, 2010.2.

早晨,钟家两姐妹欲从南昌昌北机场乘飞机飞往北京,准备接受凤凰卫视《社会能见度》节目组的采访,两人准备登机时被宜黄干部围堵拦截,最后两人被迫躲进机场女厕并反锁在内,用手机打电话与《新世纪》周刊的记者刘长取得联系并告知现场情况,于是刘长以"紧急求助!"为题发布微博,随即经过资深网友慕容雪村转发,于是此事件的关注程度呈几何级数增长,随后《凤凰周刊》记者邓飞根据两姐妹在电话中的转述,进行了昌北机场现场状况直播,并取名为"女厕攻防战"。由此,此事件进入关键时期,有人评论说"女厕版'保持通话'应该写进历史",由此可以看出微博裂变式的传播特点。

这一场以微博平台为主战场的救助行动成为2010年最具影响力也是最感人的事件。通过亿万网民的集体行动,悲剧最终没有继续,在亿万网民的转发、关注和救助下,宜黄相关领导受到调查处分①。通过微博裂变式的传播,民意得以体现,关爱通过微博平台延伸。

从博客到微博,是Web 2.0时代网络技术的又一次突破和创造。微博快速迅捷的特性和强大的新闻聚合功能,赋予了它在新闻报道特别是突发事件中的天然优势②。如何发挥这一优势,是微博今后生存的一条重要途径,而对传统媒体来说也是一个新机遇,需要进一步探索与其进行有效合作的方式。

第三节 中国微博的发展现状

当Twttier在全世界取得巨大成功后,中国微博也开始在Web 2.0时代崭露头角。从早期的饭否和叽歪到现在各大门户网站纷纷建立起自己的微博平台,微博已经不仅是一种传播媒介,更成为了一种生活方式和文化符号。纵观中国微博的发展过程,具有策略差异化、功能多样化的特点,同时由于发展时间短等原因也存在着一定的问题。

---

① 李开复:《微博改变一切》,上海财经大学出版社2011年版,第41页。
② 潘亚楠:《微博客Twitter探析》,载《东南传播》2009年第12期,第119页。

一、策略差异化

虽然新浪、网易、腾讯、搜狐四大门户都提供微博服务,但却各具特色。四大门户微博不仅用户结构不同,提供的服务有区别,而且在运营理念方面也存在差异。

1. 新浪微博——名人战略

2009年8月14日新浪微博内测版开始运营,一举成为中国微博市场的领头羊和开拓者。从创办至今,新浪微博发展成为用户数目最大的微博网站。在新浪发布的2010年全年财报中新浪首席执行官曹国伟表示现在微博的注册用户总数已超过1亿。

在新浪微博眼中,国内同行已然不是他们的对手,因而不值得一提,他们瞄准的竞争对手是国际行业大佬Twitter[①]。新浪微博较之网易、腾讯、搜狐这三大微博网站,其差异化发展表现较明显。

名人认证是新浪微博的首要特点。新浪微博的认证功能分为两类,一类是名人认证,另一类是机构企业身份认证。名人认证即新浪微博邀请体育娱乐明星、文化名人以及社会焦点人物开设新浪微博,并对其进行实名认证。在认证成功后,用户的昵称后则会出现字母"V",以表示和普通用户的区别。但认证只是一种在身份上的认同,其微博的功能和普通用户并不存在差异。机构企业身份认证的本质属性和名人认证类似,认证成功的企业用户名后也会加上一个字母"V"。新浪微博的实名认证虽然独具特色,但并不是所有人和所有的企业机构都可以申请进行身份认证的。可以申请认证的用户包括:(1)在某领域内有一定知名度和影响力的人。(2)知名企业、机构、大学、媒体及其管理人员。(3)重要新闻当事人。(4)有一定知名度的演艺、体育、文艺界人士[②]。新浪的名人认证策略由于大量的体育娱乐明星、文化名人、社会精英的入驻,吸引了大批草根网民的注册,不仅增加了微博用户数目,而且丰富了用户身份结构,在增强用户公信力的同时,又扩大了微博的社会影响力。

其次,新浪的微博营销开展得较成功。2010年南非世界杯期间,

---

① 蔡玉梅:《三大门户:谁是下一个Twitter》,载《新财经》2011年第4期,第78页。
② 新浪教育:《如何申请新浪微博名人认证》,http://edu.sina.com.cn/l/2010-06-10/1510189352.shtml,2010年6月10日。

新浪微博开通了"围观世界杯"的专题,一时间微博评球成为了一种全新参与世界杯的互动模式,新浪微博也成为了中国球迷聊畅世界杯的第一互动平台。据新浪《2010年世界杯球迷报告》显示,截至7月12日,围观世界杯专题中披上国旗的用户(为了更好支持自己喜欢的球队,新浪专为微博用户设置了批上国旗功能,每个用户名字旁边会显示自己喜欢国家的国旗,这里"球迷"的概念也是指此类用户)已经超过250万,世界杯相关微博数已经超过4 200万,单场比赛2小时期间微博数突破300万,峰值突破3 000条/秒①。这些数据表明微博评球这一新的足球赛事的转播形式扩大了世界杯的传播影响力。新浪微博不仅具有针对重大体育赛事的专题,在面临众多社会热点事件时,也都会开通相应的专题。舆论领袖们选择在新浪微博上及时地公布事件信息并发表自己看法和见解,普通用户则可以对名人的微博进行即时性的转发和评论。这种全新的对公共事件发表看法和观点的参与方式,不仅满足了广大受众的知情权和参与需求,也促进了新浪微博的个性化发展和持续化进步。

图11.9 新浪微博世界杯专题

---

① 刘颖:《体育赛事的微博客传播特点探析——以世界杯期间新浪微博为例》,载《今传媒》2011年第2期,第46页。

2. 网易微博——草根战略

2010年1月20日网易微博开始内测,3月20日上线公测,支持文字、图片发布。与新浪的140字数为限不同,网易微博的字数限制为163个字,其目的是与品牌相呼应。就目前发展状况来看,网易微博虽落后于新浪和腾讯的发展,但也拥有着自身的特色和潜力。

网易微博运营总监胡漾用他的"水池理论"解释了网易微博的重要战略地位,"在微博这种形式还未出现之前,网易的各个产品都是彼此独立的。而微博出现之后,我们可以依托微博将各个产品打通。用户从任何一个入口进入,都可实现各个产品的信息共享。这就好比有一个水池,它有诸多进水管,这些进水管分别是邮箱、论坛、博客、跟帖、相册、游戏、有道、网易八方等。而微博则将这些水管打通,在微博平台上实现资源整合。几个进水管同时放水,池子里就会不断有活水"①。

首先,网易微博是网易邮箱用户之间交流互动的新平台。网易微博的特色之一就是用邮箱写微博,让工作和生活任意切换。网易微博是四大门户中唯一设置邮箱微博,并将邮箱微博与网易微博实施信息同步的网站。进入邮箱,用户可以在主页"邮箱推荐"一栏里看到位于右下角"网易微博"的链接。而点击左侧任务栏收件箱下的"网易微博",即可在邮箱里直接上微博。

其次,区别于其他三大门户微博的是网易微博坚持草根路线,为邮箱用户、游戏玩家、博客用户等普通用户提供微博服务。2011年1月7日,网易推出"i达人"计划,首次启用身份识别认证,各个领域影响力较大、身份真实、具有领域内专家级别的微博用户都可以成为达人用户。

网易用户基数较大,拥有3.5亿用户,论坛、邮箱、博客的发展也具有一定的规模,网易微博要想得到更迅速、更广泛的发展必须要做好内部资源的优化整合,将用户关系顺利地平移至网易微博,同时努力培养用户忠诚度,提升品牌服务。在四大门户网站中,网易微博总体表现低调,比较中庸,在营销宣传、活动推广等方面未有大幅动作。

---

① 孙晓红:《网易微博:组合拳》,载《互联网周刊》2010年第21期,第36页。

图 11.10　网易微博登录首页

3. 腾讯微博——腾讯 QQ 的黏性产品

腾讯早在 2007 年 8 月 13 日就创办了腾讯滔滔,作为早期的微博平台,腾讯滔滔的发展并不成功并最终被迫关闭。在新浪微博、网易微博大幅发展的情况下,腾讯微博于 2010 年 4 月 1 日开始小规模内测。腾讯微博的比较优势在于腾讯 QQ 的用户基础。腾讯 QQ 有 6 亿多用户,腾讯微博只要将用户关系链接到 QQ 上就会产生强大的黏性。

腾讯在经历了腾讯滔滔之痛后,进入新的微博市场的时间相对较迟,但由于其将腾讯微博与 QQ2010 融合,同时加强技术改进和用户体验,迅速地占领了市场,分得了一杯美羹。

同新浪、网易一样,腾讯微博也采用了身份认证策略。如果某位用户的名字后出现一个黄色的"√"的标志,则证明其已经过了腾讯微博的身份认证。身份认证并不是微博市场上的核心竞争力,而腾讯的比较优势更多地体现在移动用户终端对腾讯 QQ 的使用上。

由于手机登录腾讯 QQ 具有广泛参与性和便捷性,作为 QQ 的黏性产品的腾讯微博利用这种优势开发了腾讯微博的 Android 版、S60/Kjava 版、iPhone 版等客户端给用户带来全新的沟通体验,占领了手机移动用户的大部分市场份额。2011 年 2 月 5 日,腾讯宣布腾讯微博用户过亿①。

图 11.11　刘翔腾讯微博听众人数突破 1 000 万

4. 搜狐微博——后来居上

搜狐微博起步较晚,2010 年 4 月 12 日搜狐微博才正式公测。与新浪微博的 140 字限制和网易的 163 字限制不同,搜狐微博没有字数限制,满足了用户文字表达的最大化需求。同时搜狐微博并没有坚持搜狐博客的草根策略,而是采取了与新浪竞争主打名人牌的方法。凭借张朝阳自身在娱乐行业多年积累的优势和深厚的人脉,搜狐顺利地把明星、名人好友拉进了搜狐微博阵营。仅仅半个月时间,搜狐微博就突然爆发,大批明星名人粉墨登场,赵本山、崔永元、朱军等国内一线明

---

① 腾讯科技:《腾讯微博注册用户量超过一亿》,http://tech.qq.com/a/20110205/000038.htm,2011 年 2 月 5 日。

星纷纷开通了搜狐微博,而且入驻名单还在不断加速扩大①。

搜狐微博从创办至今发展迅速。张朝阳透露 2010 年 11 月至 12 月底,搜狐微博用户量已翻三番②。但搜狐微博想要"超越并追赶新浪",并不是喊喊口号这么容易。对于搜狐而言,微博市场尽管尚存有机会,但仍不得不面临一些困难。早有业界人士指出,搜狐和新浪在资源上没有很明显的差异化特征,与"先来者"新浪相比,搜狐并没有绝

图 11.12　赵本山开通搜狐微博连发三篇

---

① 蔡玉梅:《三大门户:谁是下一个 Twitter》,载《新财经》2011 年第 4 期,第 78 页。
② 辽宁新闻网:《张朝阳透露 11 月至今搜狐微博用户量已翻三番》,http://www.ln.chinanews.com/html/2010-12-22/181777.html,2010 年 12 月 22 日。

对的优势①。

虽然新浪、网易、腾讯、搜狐四大门户网站根据自身的发展状况、目标受众的不同制定出了不同的微博发展策略,但无疑都表明中国微博市场的巨大发展潜力。在 Web 2.0 时代,微博的出现和发展以及微博多样化的功能对所有的用户都产生了重大影响。

二、功能多样化

1. 文化功能

施拉姆指出:"查尔斯·赖特在《大众传播:功能的探讨》一书中从社会学的角度勾画对传播的看法时,在拉斯韦尔的三个范畴之外又增加了第四个功能——娱乐。"②

微博拥有网络传播媒介的信息的丰富性、传播方式的交互性、多媒体综合性、传播速度快等众多特点,同时还存在着自身的优势,其提供的文化娱乐功能明显。它是精英们表达观点意见的场所,同时也为草根文化提供了话语平台。普通农民和娱乐明星不分级别都享有同样的用户体验和微博功能使用权。各大门户网站的某些草根微博的人气十分旺,如新浪的"冷笑话精选"、"精彩语录"、"微博搞笑排行榜"等微博就吸引了大量的粉丝。

提供娱乐是大众传播的基本社会功能之一。作为新的网络传播的平台,微博的文化娱乐功能显著。就目前微博发展现状来看,用户开微博、刷微博、关注微博的最大驱动力应归结为是微博的娱乐功能。用户可以通过微博接受最新的信息,可以用 140 个字自由地表达看法、意见,能够随时关注名人的最新动态,还有令人激动的便捷性互动。用户可以看到其他微博用户发的文字、图片,可以点击音乐播放,视频也可以通过微博进行上传。微博已成为一种全新的时尚和生活娱乐方式。受众通过微博接受娱乐信息,参与或发起娱乐活动,尽情释放在生活中的压力,积极寻求自我表达与自我实现。微博的娱乐文化功能已成为微博生存和发展的主要因素之一。

---

① 刘佳:《搜狐微博:不成功便成仁》,载《互联网周刊》2010 年第 21 期,第 33 页。
② 施拉姆:《传播学概论》,中国人民大学出版社 2010 年版,第 29 页。

2. 社会功能

微博在提供文化娱乐功能的同时,也承担着部分的社会功能。微博的存在和发展对中国社会的发展和进步起到了重要影响和作用,其社会功能在微博辟谣、微博打拐、微博追捕、微博救援四方面表现出了影响和作用。

(1) 微博辟谣。

1947年,奥尔波特和波兹曼在《谣言心理学》中提出了一个决定谣言的公式:谣言(R) = 重要性(i) × 模糊性(a)。在这个公式中指出了谣言的产生和事件的重要性与模糊性成正比关系,事件越重要而且越模糊,谣言产生的效应也就越大。网络谣言是谣言新的存在方式,伴随着微博的迅速发展,网络谣言也声势喧嚣起来。对网络谣言的控制和击破一直是网络媒体应尽的责任和义务。

2011年3月日本发生地震引发了国内的"抢盐"事件。在面对"抢盐"事件时,微博成为粉碎虚假信息和假新闻的有力武器。首先,微博辟谣的时效性快,辟谣微博以几何数字增长并传播。一些实名认证用户和名人明星发表理性评论或转发辟谣微博后,由于"关注"和"粉丝"双向互动关系,各种辟谣消息在全国传播开来,人们迅速认识到"抢盐"的无知,使谣言瞬间被粉碎。其次,微博辟谣的消息来源广,多方合作表现明显。专家学者提出理性见解,媒体机构提供真实新闻,网友们相互转发,以及政府管理部门的参与等,多方相互合作、交流沟通,对现实世界的舆论进行引导。在抢盐风潮中,中国盐业总公司共发50条微博辟谣,两天内就有一万多粉丝力顶①。

在门户网站中,新浪微博开通了"微博辟谣"的官方辟谣账号,腾讯微博开通"谣言终结者"的官方辟谣账号。微博作为一个开放性、全球性的互动平台,虚假信息和谣言在微博世界中将难以生存,微博将成为检阅信息正确与否的有效途径,并可以对谣言进行过滤,净化信息传播环境。

(2) 微博打拐。

2011年春节期间,一场"微博打拐"行动轰轰烈烈地在微博中展开,成为了一起全民关注的公共事件。2011年1月25日,中国社会科

---

① 凤凰网资讯:《盐业公司50条微博辟谣 两天内一万多粉丝力顶》,http://news.ifeng.com/mainland/detail_2011_03/19/5250222_0.shtml,2011年3月19日。

学院农村发展研究所教授于建嵘在新浪微博开通了名为"随手拍照解救乞讨儿童"的微博。经过热心网友随手拍，贴出乞讨儿童照片，以及娱乐文化名人的评论、转发，媒体的不断跟进以及公安部门的及时参与，形成了一股强大的舆论力量，解救了许多被拐儿童，让一位位丢失孩子的家长与被拐儿童相聚。

图11.13 "随手拍照解救乞讨儿童"的微博引发强烈关注

在微博打拐中存在着两极传播模式，但更多的是一种泛传播模式。意见领袖和微博用户之间的互动明显，同时微博使普通用户打破时间和地域的限制，利用微博的多媒体化功能，拍到乞讨儿童的照片可以随时上传并辅之以文字介绍，并且进行实时的互动交流。

微博打拐是微博发展中的重要过程和内容，在中国互联网发展历史上具有重大的意义。它促进了社会各界对乞讨儿童的关注，同时也增进了相关政府部门的重视与参与，促进政府执政方法的改进和执政能力的提高。此外，微博打拐体现出了人性的光辉，在一定程度上培养了用户的公民意识，有利于促进公民社会的形成。

虽然微博打拐的作用和影响重大，但同时也面临着一些问题。首先，在用户拍照上传照片的同时，可能会对乞讨儿童的肖像权和隐私权产生侵害。其次，解救出来但未找到父母的孩子该何去何从。另外，微博打拐可能会将未被解救的儿童置于更危险的境界。微博打拐只是解救乞讨儿童的催化剂,并不是解救乞讨儿童的终极方法,具体操作还需要政府有关部门制定出完善的管理政策和惩治制度。

(3) 微博追捕。

微博追捕是微博发挥其社会功能的另一表现形式,具体指以微博为平台发布追凶信息以达到追捕罪犯的目的。由公安机关或媒体在微博上发布追捕信息,热心的网友们回复、转发并及时地提供追捕线索以协助公安机关顺利破案。

目前已经有许多地方开通了"公安微博",其中厦门警方就利用"厦门警方在线"微博顺利地侦破一起女童杀害案。2010 年 11 月中旬,厦门高崎海滩发现一具女童尸体,身上伤痕累累,系受虐致死后被投入大海。为尽快破案,厦门警方在微博上悬赏征集线索,得到了网友们的积极响应,相关内容被转发过万次。12 月 1 日,涉嫌杀害女童的犯罪嫌疑人(即女童父母)被押回厦门。据了解,在这起虐杀女童案中,知情者在"厦门警方在线"微博上为警方提供了关键证据①。

微博追捕能够有效地调动全体公民,对违法犯罪分子进行最大范围的监控和追捕,促进公安机关顺利开展追捕计划并协助其早日结案。但微博只是给警方和群众提供了一个良好的交流互动平台,微博追捕并不是处理刑事案件的万能钥匙。在涉及有关国家机密、财产安全等方面的案件时,微博追捕的优势则体现不出来。

(4) 微博救援。

2010 年 4 月 14 日,青海玉树发生 7.1 级地震,随后救援队伍和慈善组织迅速赶往玉树参加救援,新闻记者也及时地报道救援情况。微博成为此次救援的信息枢纽。当很多记者还未能及时地报道援救情况时,中国国际救援队已经在微博上发布了上百篇博文,使全国人民及时了解掌握了玉树的救援情况。

2010 年 9 月 26 日,"宜黄拆迁自焚事件"两名当事人伤情较重,生命垂危,家属发微博求救,经网友们在微博上的积极讨论和热心帮助,病人在 36 小时内成功转院并接受治疗②。

---

① 魏英杰:《微博追凶,警务公开意义大于破案》,http://opinion.hexun.com/2010-12-03/125976793.html,2010 年 12 月 3 日。
② 腾讯新闻:《网友微博 36 小时接力驰援助宜黄自焚者成功转院》,http://news.qq.com/a/20100929/001417.htm,2010 年 9 月 29 日。

图 11.14 钟如九"微博救母"

在面对突发事件时，作为"一句话的博客"的微博短小精悍，适合大范围内的多次传播，能够迅速形成舆论力量并促进产生集体行动。同时微博伴随着同步的图文或视频，给人以真实感。微博救援能够将所有的救援资源进行整合，从人力资源到物资支持，可以实现资源的最大化利用。

微博救援虽然具有传统媒体所不具备的及时性、互动性等优势，在面对突发事件时能够承担一定的功能和作用，但微博救援也存在着一定的缺陷。比如微博的不断转发造成信息的冗余和泛滥，发出救援微博的信息是否具有真实性和可靠性，线上微博救援的呼吁和线下救援活动的配合水平有待进一步提高。

3. 政治功能

（1）微博问政。

2010 年 3 月，伴随着"两会"的召开，微博问政登上了中国政治发展的历史舞台。据统计,截至 2011 年 3 月 20 日,全国范围共有实名认证的政务机构微博 1 708 个,政府官员微博 720 个①。政府机构与官员开微博已然成为一种新趋势。微博是政府官员收集民意、凝聚民智的重要途径,也成为了政府机构发布最新信息的新通道,同时也为网民们了解政情、参与执政打开了一扇窗。在 2011 年 7 月 23 日甬温线特别重大铁路交通事故的救援行动中,人们对于迅速掩埋车头这一行为颇为不解,网友们心生猜疑,为什么如此迅速掩埋车头,怀疑是否另有隐情。这些强大的怀疑声最先发端于微博,来自以微博民意为代表的网络舆论的压力,迫使铁道部作出回应,车体最终被挖出。

图 11.15 网友质疑掩埋车头②

微博反腐是微博问政的重要内容之一。微博反腐的案例屡见不鲜,在 2011 年 6 月份江苏溧阳局长"微博直播开房"事件和"郭美美事件"中,公民通过微博对事件的发生和发展给予及时的关注与揭露,合理地使用了手中的监督权,实现了对政府官员、机构的有效监督和民意的表达。

在微博问政推动中国代议制民主制度发展的同时,政府和网民应保持冷静的头脑,认清微博问政现存的问题,思考解决的方案,从而更有效地发挥微博问政的作用。一方面,网民应提高自身的媒介素养,努

---

① 张志安、贾佳:《中国政务微博研究报告》,载《新闻记者》2011 年第 6 期,第 34 页.
② 来源: http://nf.nfdaily.cn/nfdsb/content/2011-07/26/content_27218587.htm.

图 11.16　郭美美微博回应网友质疑①

力培养公民精神。另一方面,政府必须要保障公众的言论自由的权利。只有公民敢于说真话,能够说真话,微博问政才可能会走得更远。2010年之所以会出现"两会"期间"微博问政热"的现象,是与我国社会当下日益宽松、自由的民主氛围密不可分的②。其次,政府应努力控制网络谣言的散布,掌握网络舆论中的理性情绪,增强微博问政的可行性、有效性和科学性。

(2) 民意表达。

网络是了解民意的晴雨表,而微博开启了民意表达的新方式。从儿童到老人,从农民到富豪,从平民百姓到文化名人,人人都可以通过微博平台发布自己的信息、发表对某件事情的看法。它大大降低了民众的表达门槛,给予了民众更多的话语权。

但网络舆论中存在着大量的非理性的言论,作为网络舆论一部分的微博意见并不能代表民意的全部,而且网络民意也并不是整个中国

---

① 来源:南方报业网,http://opinion.nfdaily.cn/content/2011-07/04/content_26327679.htm。

② 黎福羽:《微博问政的发展对策》,载《领导科学》2010年第23期,第26页。

民意的代表。网民们在利用微博表达观点时,既要懂得维护自己的言论自由的合法权利,同时也要坚持自己的理性和责任。媒体应加强对舆论的引导,政府部门则应制定出相关的法律法规以保障公众的言论自由,净化网络舆论环境。同时,微博这一表达民意的新工具对社会所产生的影响不能一味地进行鼓吹。工具的发明并不造成改变,它必须与我们相伴足够久并让社会里绝大多数人都用上它。只有当一项技术变得普通,而后普遍,直到最后无处不在而被人们视若不见,真正的变革才得以发生[①]。微博所表达的网络民意最终还需转化为现实层面的表达。人们在网上积极的关注和激情的讨论必须通过现实的具体操作才能完成最终的价值实现。微博中的民意还有待于转化为现实的集体行动的力量。

三、存在的问题

微博在人们的普通生活和公共领域内均发挥着许多重要作用的同时,其自身也面临着一定的问题,存在着一定的负面影响。

1. 导致信息与生活的碎片化

短小精悍的140字微博,可以在闲暇时记录自己的点滴生活,随手写下对人生的看法,随时发表自己的观点,微博让生活中的碎片时间得到充分的利用,但同时也使生活更加碎片化。首先,微博具有信息碎片化的特征。微博的内容大多局限在200字以内,其内涵和深度由于字数上的限制在很大程度上不及博客。博客的内容需要考虑内在逻辑、表达的准确、观点的清晰、表述的完整等方面因素,而微博的文字却没有这些要求,买一件新衣、读一本好书、看到美丽的风景,都可以成为微博的内容。如果博客是作为"面"存在的话,微博则呈现出散状的"点"的传播模式。

其次,微博使人的思维碎片化。微博本来是利用碎片化的时间来进行记录、传播和娱乐,最后的结果却是微博把时间割裂成了碎片。关注的人越多,所获得的信息就越多,人们的闲暇时间就越会被更新微博的时间所占去,可以用来思考的时间越来越少,大量的经历耗费在获取信息的过程中,从而直接导致了人们无法系统地、深入地思考,最终造成人

---

① 克莱·舍基:《未来是湿的》,中国人民大学出版社2009年版,第66页。

的思维碎片化。信息碎片化和思维碎片化直接导致人们的生活碎片化。

虽然微博导致了人们生活的碎片化,但人们对生活碎片化的看法却褒贬不一。一方面,在碎片化生活中的人们无法安心思考,全心全意办事。另一方面,微博契合了现代化的生活节奏和工作方式。简单的描述、迅速的转发与评论、自由的主题能够适应紧张多压的生活状态,满足时代的发展需要。

2. 把关机制与管理制度不健全

作为一种新兴的网络传播媒介,微博尚未确立严格的信息管理机制,同时缺乏把关人对信息进行筛选和审核,信息的发布更多是取决于用户在道德上的自律。

首先,对微博内容的把关存在一定的局限性。多样化的传播渠道带来的即时性和互动性赋予了传者和受者平等的地位,但同时也对信息的把关提出了严峻的考验。网友既扮演受众,同时也作为传者而存在,这种双重身份为确认消息来源的真实性和合法性带来了困难。另外,微博所具有的自主性和开放性造成了大量的信息冗余,若想对所有信息进行筛选和审核则需耗费大量的社会成本。媒介应不断提高把关技术,注重在把关机制上的创新,增强把关效果,努力提供一个良好的网络传播环境。

其次,公民的伦理道德水平面临严峻的考验。微博赋予了人们无限的话语自由权,用户会摆脱现实角色的束缚,容易逾越伦理道德的底线,导致其伦理道德水平的下滑。更有甚者会超出法律的界限,产生违法犯罪的行为。这就需要加强对微博网络主体的道德自律的建设。微博用户应自觉提高自身的道德水平,加强培养公民意识,在微博时代承担起相应的责任与义务。

最后,目前我国关于网络传播的法律法规的建设远远滞后于网络传播本身的发展速度,这很大程度上制约着网络传播的发展水平的提高。微博作为新的网络传播媒介,关于其发展的法律法规更有待于完善。政府应加强宏观把关,对微博的现状和特点进行系统调查,制定出恰当的、可操作的、与时俱进的法律法规,使微博成为有责任、有态度、自由但又理性的话语平台。

3. "过度民主"与舆论审判

微博在一定程度上推动了网络环境下的民主进程,但微博是把双刃剑,其对民主发展带来的负面影响也不容小觑。民主是建立在公共论述之上,因此,论述的种类与品质,影响极大,仅仅可以更快地得到更多量、更多元的资讯,并且有快速回馈的机会,并不表示民主的过程更丰富①。微博为人们参与公共事务提供了便捷的平台,人们可以了解掌握更多的社会资讯,并能够迅速地进行回馈和互动,但并不代表完全实现了民主。在网络中还存在着一些"伪民主"、"过度民主"的现象。很多网友并不是基于理性展开对公共事务的讨论,而是基于一种简单的情感宣泄和对优势意见的附和。一些非常不文明、叫嚣、挑衅、谩骂的言论充斥着整个网络空间,民主的热情似乎高涨,但民主的本质却被忽视。

网络舆论对公共事件的影响越来越大。在"杭州飙车案"、"钱云会事件"、"我爸是李刚事件"、"药家鑫事件"中,网络舆论均彰显了其重要的影响力,但在网络舆论中的非理性表达大量存在。在"我爸是李刚"案件中,"下地狱"、"杀鸡儆猴"、"重判不饶"等字眼比比皆是,人们对李刚以及对河北大学校长进行人肉搜索,展开无情的谴责和谩骂。道德评判似乎取代了司法审判,舆论监督很容易转化为网络舆论冷暴力。这些都是关心网络传播与微博平台健康发展的人们需要警惕与重视的。

第四节 微博未来发展趋势

虽然中国的微博与国外典型微博客形式 Twitter 相比仍处于早期发展阶段,但是从当今"微博热"我们不难看出,中国的微博具有广阔的发展前景。前面已经讨论了中国微博的发展历程以及中国微博的特点,那么中国式的微博客未来将会走上什么样的道路呢?下面就对中国微博的未来趋势进行相关的预测分析。

一、微博的发展趋势及前景分析

1. 整合化的网络平台

五十多年前,加拿大学者麦克卢汉提出了"地球村"概念,他预言

---

① 波兹曼:《通往未来的过去》,台湾商务印书馆2000年版,第162页。

随着传播技术的发展,人类的联系将会越来越紧密。这种说法对于当时处于电力时代的人们来说当然是不可想象的。但在当今时代,随着国际互联网的普及与发展,"地球村"已不仅仅是个预言,而正在走向现实。

开放和共享是互联网的精神,带来互联网的两大作用即资源共享和信息交流。我们常将互联网与传统的报纸、广播、电视三大传统媒体相比较,称之为"第四媒体"。但是互联网本质上并非仅仅是一种传播媒介,而更应该称作平台。在这个平台上,人们可以任意"拉"取自己想要的信息,与他人分享自己的信息,任意地发表自己的意见观点,同时还可以展开实时交流互动等等。互联网带来了人类信息传播交流和生活方式的新模式。随着互联网的发展与普及,互联网中的竞争越来越激烈。在网络世界中,竞争主要是围绕"注意力资源"展开,谁获得了网民的注意,成为网民进入互联网的常用"入口",谁就会在激烈的竞争中掌握主动权,所以互联网中的竞争本质上是对互联网"入口"的争夺。

纵观互联网发展历史,互联网在形态上经历了门户时代、搜索时代,现在正在向社交时代迈进。无论在哪个时代,对网民进入互联网入口的优先选择地位的争夺都没有停止过。微博作为当今热门的网络应用,成为网民进入互联网的入口是微博未来生存与发展的关键。目前网民上网入口越来越多样化,所以微博还面临着保持用户的注意力和黏性的挑战。一个网络产品要成为互联网入口,功能性和内容是不可或缺的,功能性是容易模仿的,所以唯有做好内容才能真正发挥自己的优势。

微博是基于用户关系的信息分享、传播以及获取的平台,其发展前景是广阔的,但是与国外以推特为代表的微博客相比,中国的微博尚处于发展的初期阶段。首先,中国微博的同质化倾向比较严重,模式、内容以及应用程序都存在相互模仿的情况。其次,中国目前成功的微博多是挂靠在门户网站之中,尚未成为完全独立的网络平台,这种微博用户对原门户网站的依赖性大,而独立的微博网站面临着吸引用户的困境[1]。

---

[1] 于连民、车蓓蓓:《中国微博成长与发展综述》,载《网络与信息》2010年第6期,第7页。

微博未来将会走上社区、搜索引擎以及门户网站的融合之路,成为集合多种网络平台优势以及功能的整合化平台。以新浪微博为例,在微博界面上有搜索话题功能,但是其主要是针对微博内部,搜索到的内容十分有限,而且针对性不强,若用户选择直接进入信息源的页面,获得的也多只是最新更新的信息,所以微博未来必然要加强自主搜索引擎的深入开发。同时,拥有自主搜索引擎而不是与谷歌或百度之类的搜索引擎绑定,可以很好地保护自己的数据资源优势。以新浪微博为例,从 2011 年 3 月份,新浪微博就开始使用自动搜索引擎代替谷歌搜索;同时启用 weibo.com 域名。推出自有搜索功能和独立域名,体现了新浪微博正在整合搜索平台和社区平台,同时自有搜索功能将会成为微博未来竞争的支持性技术。

同时目前微博和社区是具有不同优势的网络主体,微博的优势在于信息的分享和交流,社区的优势在于提供多种服务,具有强大的用户黏性。如果微博在未来吸收整合社区的优势与功能,必然会在竞争中胜出。

当微博成为整合了搜索、门户、社区三种网络平台优势的整合化平台之后,会吸引大量的网络用户,并且整合化的强大功能与服务会形成强有力的黏性,最终成为网民进入互联网入口的优先选择。

2. 进一步开放 API

互联网的精神是开放与共享,随着网络的发展,越来越多的网络产品开始走向开放。众所周知,无论是从商业价值还是从影响力方面看,用户资源都是网站追求的最终目标,所以吸引用户并增强用户黏性是网站成功的关键。而要留住用户就必须满足用户的需求,给用户提供良好的应用服务以及互动交流平台,从国内外成功网站的经验来看,打造开放化的平台是一条成功之路。

微博作为一种信息交流与获取平台,具有很强的开放性,正在走向完全化开放 API 之路。开放 API 模式,是指网站服务商将自己的网站服务集合成一系列开放的 API 以便第三方开发者使用的一种技术应用模式。API 主要有两个功能:一个是 API 可以提供通用功能集,程序开发者通过使用 API 函数开发应用程序,从而可以避免编写无用程序,以减轻编程任务。第二个是 API 可以作为一个中间桥梁,为各种不同的网络平台提供数据的共享。

国内以新浪为例,2010 年新浪微博开放 API。新浪微博 API 的开放一是面向所有用户,二是覆盖了新浪微博几乎全部的功能,通过使用新浪微博 API 开发的应用已经接近 200 种。新浪微博 API 支持 OAuth 协议,让用户使用新浪微博 API 创建的应用和服务的时候可以由新浪微博的服务器来验证账号和密码,而无需向 API 开发者提供账号密码,这样也很好地保护了用户的隐私[①]。2011 年 6 月 30 号,新浪微博发出开放平台网站调整公告,从此之后第三方开发者在应用新浪开放 API 的时候需要提交相关身份信息,这有利于保证网站的安全。新浪微博在"应用广场"中将第三方应用予以展示,开发者可以通过"应用广场"左侧的"微博开放平台:我也要做开发者"按钮进入新浪微博开放平台,了解具体的合作模式以及最新的开发动态,查看开放的 API 函数等。

通过开放 API,各种第三方软件能够找到与微博网站对接的接口,主动嵌套到微博网站里,使其整体功能不断拓展和完善[②]。随着越来越多的第三方开发者的加入,微博搭建开放化的平台成为主要任务,以给第三方提供更加开放的 API 资源。这些第三方开发者的加入不仅可以减少微博的开发成本,而且由第三方开发的软件能够更好地满足客户的需求,会对客户形成更大的吸引力,所以,进一步开放 API,为第三方加入打造良好的开发环境,成为未来微博发展的必经之路。

3. 盈利模式的成熟化

微博作为当前热门的网络应用平台,在业界,其盈利模式受到了很大的关注。虽然目前中国微博发展迅速,新浪微博、腾讯微博等形成了一定的市场格局,但是纵观整个微博市场,还没有一个成熟的微博盈利模式。

(1) 国外成功微博盈利模式。

微博作为一种聚集了大量用户的网络产品,其受众资源往往受到企业的青睐,所以微博盈利与企业联系密切,出现了一些与企业有关的微博盈利模式。

首先是企业账户模式,推特是该模式的最成功实践者,推特创始之初就不以广告为盈利重点,而是致力于建立企业账户获得利润。企业

---

① 姚科:《开放 API:新浪微博的必经之路?》,载《互联网天地》2010 年第 8 期,第 71 页。
② 张佰明:《嵌套性:网络微博发展的根本模式》,载《国际新闻界》2010 年第 6 期,第 82 页。

和咨询公司在微博上开设账户,通过向微博支付一定的数据服务费获得所需要的微博用户服务费。但是这种模式只适合于拥有大量用户的微博,广泛的用户可以为数据提供支持,同时还能为企业网罗到足够的注意力①。其次就是搜索收费模式,微博的这个盈利模式类似搜索引擎的竞价排名收费模式,即通过向发布广告的企业收取费用,并与相关检索词结合放入检索库中,当用户使用检索服务来检索时,相对应广告就会出现在检索结果中。这种模式适用于刚刚起步或者技术还未达到一定水平的微博②。

(2) 新浪微博盈利模式探究。

成功的盈利模式必然是主体根据自身的优势来确定的,是在发展中逐渐形成的。中国微博目前仍处于发展的初期阶段,对国外成熟的微博盈利模式可以借鉴,但是更重要的是结合自身的特点来选择盈利模式,中国微博本土化盈利模式可从以下两个方面展望。

微博营销。虽然目前微博的盈利模式还都未完全走向成熟,但是无论从国外的 Twitter 还是中国微博目前状况来看,以电子商务为中心的企业微博营销是重要的盈利模式,关键就要看如何发掘自身优势,使营销更好地与自身优势结合。从新浪目前的状况看,微博营销正在逐渐完善化。"新浪微博可以对想利用新浪微博进行营销的公司提供有价值的数据和信息,让营销者通过深层次挖掘用户数据和信息数据,提炼出有价值的客户需求。可以有活动营销、植入式广告、客户服务的新平台、品牌宣传等。"③

增值服务。据 DCCI2010 中国互联网微博与社区调查研究报告显示,用户最期待的新浪微博新增功能有:电子邮件、音乐娱乐、搜索、电子支付、电子商务等。在未来的开放平台阶段,新浪打算吸引更多的第三方开发者为微博产生更多的应用和功能产品,极大丰富的功能和应用将再进一步吸引更多的用户使用微博,甚至在上面付费,形成一个良性的循环,而新浪则可以通过微博来与开发者共享收益并收取平台服务费④。

---

① 刘昱璇:《微型博客盈利模式分析》,载《九江职业技术学院学报》2010 年第 3 期,第 90 页。
② 同上。
③ 苗燕华、王丽:《新浪微博的未来盈利模式探讨》,载《科技资讯》2011 年第 8 期,第 242 页。
④ 同上文,第 244 页。

4. 微博市场的细分化趋势

随着微博的发展以及影响力的提高,微博市场的竞争越来越激烈,从微博市场现状以及微博用户的需求来看,市场细分化是微博未来的主要发展趋势,逐步细化并形成差异的微博功能内容和形式成为竞争关键。

在目前中国微博市场中,新浪、腾讯、网易、搜狐四大门户网站占据了微博的绝大部分市场,其他小的微博网站很难在竞争中取胜,微博市场形成了四家独大的局面,其他微博服务商在力量以及规模上难以与这四家进行全面抗衡。因此小的微博网站要想生存下去就必须寻找不同的发展模式,通过填补市场空白的方式而不是直接与大的微博服务商全面竞争的方式来寻找生存空间,细分化将是主要的发展模式。

纵观微博的发展历史,正是门户微博的出现抢夺了大量的早期独立微博的用户,造成独立微博用户的大量流失。门户微博也有一定劣势,目前以新浪为代表的四大微博服务商虽然规模和影响力大,但在内容上的区分不明显,信息的存在模式是"集合化"的,这种模式一是造成有价值的信息被淹没,二是加大了受众寻找所需信息的难度。另外微博用户也开始追求微博的细分化。目前许多独立微博网站已经开始根据自身资源优势进行微博细分,通过填补微博市场空白的方式寻求发展之路。例如,和讯网推出的财经微博,搜房网推出的房地产专业微博等①。

2011年4月份,第一视频网站开通了第一彩博,这是第一家垂直网站,打破了门户网站的统一格局。第一视频集团董事局主席张力军认为,中国微博行业发展到一定阶段,行业细分势在必行。

由此可见,未来微博将走上细分化之路,四大门户微博垄断微博市场的格局将会被打破,定位不同,提供不同服务与内容的微博将会逐渐出现,可以满足不同受众的需求。

二、微博未来影响力分析

1. 微博促进公共领域的建构

公共领域最早是由汉娜·阿伦特提出来的,哈贝马斯后来对此进

---

① 引自《我国微博的发展历程和发展趋势分析》,http://b2b.toocle.com/detail-5521994.html。

行了概念化,并在《公共领域的结构转型》一书中进行了论述,媒介被视为促进公共领域勃兴的主要力量。所谓公共领域,指的是一个国家和社会之间的公共空间,市民们假定可以在这个空间中自由地发表对社会公共事务的看法、意见,不受国家(政府)的干涉,是介于国家与社会之间并对其关系进行调停的领域。公共领域其实是一个独立于政治权力以及社会之间的自由的话语空间。在哈贝马斯看来,公共领域具有开放性、多样性和平等对话性的特点。

哈贝马斯认为理想沟通情境的理性规则有三点:每个有能力说话和行动的人都可以参与公共事务的讨论;每个人都可以质疑任何主张,提出新的主张,表达其态度、欲望、需求及偏好;不可借由内部或外部的强制力阻止参与者说话的权利。理性的公共领域是处于不闭合的公开状态下的[1]。

微博客作为 Web 2.0 时代的产物,具有开放性、即时性、交互性和自由性的特点,是一个交流与互动的场所。微博给公众提供了一个可以随时随地发布与接收信息的平台,信息以最快的速度在该平台上传播,这种迅速的交流与互动可以生发大量的话题,这些话题不是用权力强行规定的,而是在参与者的交流互动中产生的,这契合了公共领域的要义,为公共领域的构建提供了大量的话题。而多样性的话题又扩大了公民参与政治民主的深度和广度。

微博提供了虚拟场所,可以使人们实现虚拟的"面对面"交流。从心理学层面上来说,人们在公众场合发表意见观点的时候会有害怕被孤立的心理,所以传统的公共领域中的交流是会受到"从众心理"影响的。而在微博提供的虚拟场域中,主体之间有网络"匿名性"的掩护,几乎不存在群体压力,参与者可以任意地发表自己的观点意见而不用惧怕会受到群体的孤立,所以微博提供了更自由开放的言论平台。

哈贝马斯虽然把媒介作为促进公共领域勃兴的力量,但是他对传统大众媒介对公共领域的构建是悲观的,传统媒体的高门槛以及权力阶层的把关,使草根群体的声音淹没,这种媒介环境下的公共领域带有一定的虚假性。而网络出现之后,草根阶层开始获得话语权,尤其是微博的出现使人们在话语权实现方面更加平等。草根阶层可以表达自己的意见并能够广泛传播,同时草根阶层和精英阶层开始在同一个平台

---

[1] 李珺:《论微博客公共领域的构建》,东北师范大学硕士学位论文。

上对话,这打破了阶层之间的壁垒,能够更广泛地讨论社会公共事务。

交往理性是公共领域构建的基础。对话主体之间通过沟通交流达成相互理解,在交流中消除隔阂,这是构建公共领域最基本的条件。微博的出现为人们自由交流提供了公开的平台,而且微博具有关注、转发以及评论、回复等功能,这为微博主体之间的交流提供了技术性支持,主体之间可以实现对话,理解就会在对话的过程中达成,所以微博正在促进全新的公共领域的建构。

2. 微博对博客的影响

微博即微型博客,是一种新型的迷你型博客,它与传统博客成为当今博客的两种主要形式,微博的出现更大程度上提高了人们信息发布的自由。随着微博的迅猛发展,有人预测微博时代即将到来,还有人预测微博将取代传统博客成为博客时代的主导。对此种说法,全球中文第一家博客网站——博客网董事长方兴东认为,博客和微博的一体化才是未来的发展趋势,博客绝不会因为微博的出现而销声匿迹,博客和微博各有所长,想阐述一个观点,写些有深度的东西,博客就是最好的选择。如果你突然有些思想的火花想和朋友分享,那么微博就最适合,两者并不冲突。

(1) 博客与微博的特点及比较。

博客又被称作网络日志,是一种个人性的展示平台,注重个性化,是简单的网络个人出版形式。博客注重的是自我展示,是一个以博主为中心的平台,因此博客又常被看做是开放的私人空间。博客的传播是不平等的,只是一部分人发布言论的平台。而微博则与博客不同,它不要求长篇深刻的言论,而是将文字内容限制在一定的范围之内。这降低了对发布信息者的要求,任何人都可以发表信息,传播者的地位开始走向平等。

微博和博客的区别主要体现在下面三个方面:第一,就传播空间而言,"博客传播是在一个独立的个人空间中展开,除了用密码锁定的博客明确限定访问人数之外,绝大多数博客主页是一个开放性的个人空间"[①]。但是"作为博客圈基本单元的博客主页的特殊之处在于,尽管其页面是公开呈现,但是存在状态却相当隐秘,由于数量极多,许多

---

① 刘津:《博客传播》,清华大学出版社2008年版,第16页。

博客主页像冰山一样隐没于互联网的汪洋之中"①。而微博则是一个信息分享与交流的平台,而非个人化空间。微博网站提供一个平台,人们发表的微博文字可以在一个平台上同时展现,微博的存在状态完全开放化。第二,就传播通道而言,传统博客以个人电脑终端为主,而微博的终端是多元化的,既包括 Web 页面,也包括移动终端以及 IM 即时通讯软件等。第三,从信息的流动性来看,由于微博具有信息量大、传播迅速的特性,这导致了它的信息流动性大。虽然这可以扩充并及时更新信息量,但是这也使得人与人之间的联系更加松散,建立不起稳定而巩固的关系。而博客不同,它的固定性更强②。

(2) 微博对博客的影响。

博客本身就是一种注重个性化的产物,是一个相对比较正式的个人发布平台。而微博客,则更注重于互动与分享,更多的是自己即时性的感想、体会心得以及转发他人信息,追求的是信息的快速交流及获取。由此可见,微博和博客承担的任务是完全不同的,博客强调个性,微博强调分享。二者各自都有自身的优势,所以不会出现一方取代另一方的情况,未来微博和博客将会走向互补性发展的道路。

在时效性方面,博客会受到微博的冲击。由于博客是个性化的网络空间,传播者发出信息之后要等博客的关注者访问博客才能得到传播,信息传播会出现相对的滞后性。而微博可以实现实时传播,传播者的信息发出之后任何人都可以在微博平台上看到这个信息。而传统博客对写作水平要求比较高,许多普通传播者难以到达这个水平,所以博客必须发挥自己的深度优势,走精英化之路,而不能在时效与速度上与微博竞争。

微博的出现使信息的发布与传播迅速及时,而且微博碎片化的信息模式也更加具有吸引力,在微博上人们的话语权得到更进一步的实现,所以微博会对博客的用户造成争夺。但是不同的受众,要求是不同的,而且即使是同一个受众也会有不同的信息需求,所以传统博客与微博在未来将会依然各自拥有一定数量的受众并占有一定的市场。微博可以满足人们的大众文化需求,而传统博客则向精英文化

---

① 刘津:《博客传播》,清华大学出版社 2008 年版,第 24 页。
② 刘书琳:《试谈"微博与博客"》,载《电脑编程技巧与维护》2011 年第 10 期,第 73 页。

方向发展。

3. 微博对传统媒体的挑战

（1）微博对传统媒体的挑战与压力。

任何一个新事物出现都会给旧有事物带来压力与挑战，任何一个新媒体的出现也会给旧媒介带来压力与挑战。微博作为迅速发展的网络传播形式，在信息传播方面的影响力逐渐增强，而且微博是基于互联网这种新媒介技术的传播形式，与传统媒体相比具有明显的传播优势，这给传统媒体带来了一定的压力与挑战。微博作为网络新型媒介中的传播平台，对传统媒体的挑战主要体现在时效性、内容的丰富性以及交互功能上。

时效性方面。微博是建立在新型的网络传播技术上的，先进的传播技术保证了微博传播的速度。同时微博信息的传播不需要经过像传统媒体那些把关环节，网民得到信息之后可以在第一时间发出去，微博平台上的其他人就可以在第一时间接收到信息，信息发布的时效性提高。

信息内容方面。传统媒体在发布信息之前要经过多层把关，内容在把关的过程中会受到删减与过滤，而微博则不需要经过这些把关环节，保证了信息量的丰富，而且各种观点和意见也可以在微博中呈现。

互动性方面。传统媒体虽然也注重信息的反馈，但是这种反馈都会具有一定的延时性，传播者和受众之间的互动有一定的时间差。而微博具有的评论功能可以使信息发出者和信息接受者之间形成及时的互动交流，同时接收信息的网民之间还可以方便地进行互动，而这在传统媒体中是很难实现的。

（2）传统媒体对微博的应对之策。

微博的发展给传统媒体带来了挑战，但同时又是一种机遇，所以在面对微博时，传统媒体必须认清形势，同时看到自身和微博的优势和劣势，然后取长补短，发挥自身优势，克服微博的弱势。

传统媒体应对微博的挑战应该做到以下四点：第一，传统媒体应该积极主动应对微博，利用微博而不是排斥微博，将微博作为获取信息的平台以及拓展信息的渠道。传统媒体应该充分利用微博发掘新闻点，将微博作为获取素材的平台，但同时必须注意筛选。第二，传统媒体要按照微博的规律来运作，加强与网友的互动。传统媒体开设微博不仅仅是注册,而是要按照微博的规律来运作①。第三,发挥深度报道的优势。由于微博对文字字数的限制以及碎片化的传播模式,微博中的信息只能是浅层信息。而传统媒体有专业的采编队伍,可以通过在微博上发现新闻线索,然后进行深度的分析与阐释,满足受众对深度信息的需求。第四,传统媒体应该提高自己的交互性。传统媒体大多是一种带强制性的单方行为,媒介"说"什么,受众就"听"什么;媒介怎么"说",受众就怎么"听",这种方式在现代传媒的冲击下显然已陷入困境。面对微博的发展,传统媒体可以积极介入微博的话语平台,抢占一定的话语权,通过受众对自己所推行的微博的认可,引起受众对该媒体的"关注",扩大自己的影响力,争取在微博领域占有一席之地,从而增强与受众的互动,增强自己的吸引力。

虽然微博给传统媒体带来了巨大的压力与挑战,但是微博不会成为传统媒体的终结者。当然,面对微博的挑战,传统媒体必须积极主动应对,主动地利用微博,把微博作为自身寻找与发布信息的手段,促进自身与微博的融合度,与微博实现优势互补,共同发展。

思 考 题

1. 简述美国微博的发展历程。
2. 简述中国微博的发展历程。
3. 微博的传播特征有哪些?
4. 谈谈你对微博嵌套式逻辑的理解。
5. 微博的主要功能有哪些?
6. 试简要分析微博的发展趋势及前景。

---

① 引自《传统媒体与微博》,http://news.xinhuanet.com/newmedia/2011-04/07/c_121277242.htm。

附录一

信息网络传播权保护条例

中华人民共和国国务院令第 468 号
2006 年 5 月 10 日国务院第 135 次常务会议通过

第一条 为保护著作权人、表演者、录音录像制作者(以下统称权利人)的信息网络传播权,鼓励有益于社会主义精神文明、物质文明建设的作品的创作和传播,根据《中华人民共和国著作权法》(以下简称著作权法),制定本条例。

第二条 权利人享有的信息网络传播权受著作权法和本条例保护。除法律、行政法规另有规定的外,任何组织或者个人将他人的作品、表演、录音录像制品通过信息网络向公众提供,应当取得权利人许可,并支付报酬。

第三条 依法禁止提供的作品、表演、录音录像制品,不受本条例保护。

权利人行使信息网络传播权,不得违反宪法和法律、行政法规,不得损害公共利益。

第四条 为了保护信息网络传播权,权利人可以采取技术措施。

任何组织或者个人不得故意避开或者破坏技术措施,不得故意制造、进口或者向公众提供主要用于避开或者破坏技术措施的装置或者部件,不得故意为他人避开或者破坏技术措施提供技术服务。但是,法律、行政法规规定可以避开的除外。

第五条 未经权利人许可,任何组织或者个人不得进行下列行为:

(一)故意删除或者改变通过信息网络向公众提供的作品、表演、录音录像制品的权利管理电子信息,但由于技术上的原因无法避免删

除或者改变的除外;

（二）通过信息网络向公众提供明知或者应知未经权利人许可被删除或者改变权利管理电子信息的作品、表演、录音录像制品。

第六条 通过信息网络提供他人作品,属于下列情形的,可以不经著作权人许可,不向其支付报酬:

（一）为介绍、评论某一作品或者说明某一问题,在向公众提供的作品中适当引用已经发表的作品;

（二）为报道时事新闻,在向公众提供的作品中不可避免地再现或者引用已经发表的作品;

（三）为学校课堂教学或者科学研究,向少数教学、科研人员提供少量已经发表的作品;

（四）国家机关为执行公务,在合理范围内向公众提供已经发表的作品;

（五）将中国公民、法人或者其他组织已经发表的、以汉语言文字创作的作品翻译成的少数民族语言文字作品,向中国境内少数民族提供;

（六）不以营利为目的,以盲人能够感知的独特方式向盲人提供已经发表的文字作品;

（七）向公众提供在信息网络上已经发表的关于政治、经济问题的时事性文章;

（八）向公众提供在公众集会上发表的讲话。

第七条 图书馆、档案馆、纪念馆、博物馆、美术馆等可以不经著作权人许可,通过信息网络向本馆馆舍内服务对象提供本馆收藏的合法出版的数字作品和依法为陈列或者保存版本的需要以数字化形式复制的作品,不向其支付报酬,但不得直接或者间接获得经济利益。当事人另有约定的除外。

前款规定的为陈列或者保存版本需要以数字化形式复制的作品,应当是已经损毁或者濒临损毁、丢失或者失窃,或者其存储格式已经过时,并且在市场上无法购买或者只能以明显高于标定的价格购买的作品。

第八条 为通过信息网络实施九年制义务教育或者国家教育规划,可以不经著作权人许可,使用其已经发表作品的片断或者短小的文字作品、音乐作品或者单幅的美术作品、摄影作品制作课件,由制作课件或者依法取得课件的远程教育机构通过信息网络向注册学生提供,但应当向著作权人支付报酬。

第九条 为扶助贫困,通过信息网络向农村地区的公众免费提供中国公民、法人或者其他组织已经发表的种植养殖、防病治病、防灾减灾等与扶助贫困有关的作品和适应基本文化需求的作品,网络服务提供者应当在提供前公告拟提供的作品及其作者、拟支付报酬的标准。自公告之日起30日内,著作权人不同意提供的,网络服务提供者不得提供其作品;自公告之日起满30日,著作权人没有异议的,网络服务提供者可以提供其作品,并按照公告的标准向著作权人支付报酬。网络服务提供者提供著作权人的作品后,著作权人不同意提供的,网络服务提供者应当立即删除著作权人的作品,并按照公告的标准向著作权人支付提供作品期间的报酬。

依照前款规定提供作品的,不得直接或者间接获得经济利益。

第十条 依照本条例规定不经著作权人许可、通过信息网络向公众提供其作品的,还应当遵守下列规定:

(一)除本条例第六条第(一)项至第(六)项、第七条规定的情形外,不得提供作者事先声明不许提供的作品;

(二)指明作品的名称和作者的姓名(名称);

(三)依照本条例规定支付报酬;

(四)采取技术措施,防止本条例第七条、第八条、第九条规定的服务对象以外的其他人获得著作权人的作品,并防止本条例第七条规定的服务对象的复制行为对著作权人利益造成实质性损害;

(五)不得侵犯著作权人依法享有的其他权利。

第十一条 通过信息网络提供他人表演、录音录像制品的,应当遵守本条例第六条至第十条的规定。

第十二条 属于下列情形的,可以避开技术措施,但不得向他人提供避开技术措施的技术、装置或者部件,不得侵犯权利人依法享有的其他权利:

(一)为学校课堂教学或者科学研究,通过信息网络向少数教学、科研人员提供已经发表的作品、表演、录音录像制品,而该作品、表演、录音录像制品只能通过信息网络获取;

(二)不以营利为目的,通过信息网络以盲人能够感知的独特方式向盲人提供已经发表的文字作品,而该作品只能通过信息网络获取;

(三)国家机关依照行政、司法程序执行公务;

(四)在信息网络上对计算机及其系统或者网络的安全性能进行测试。

第十三条 著作权行政管理部门为了查处侵犯信息网络传播权的行为,可以要求网络服务提供者提供涉嫌侵权的服务对象的姓名(名称)、联系方式、网络地址等资料。

第十四条 对提供信息存储空间或者提供搜索、链接服务的网络服务提供者,权利人认为其服务所涉及的作品、表演、录音录像制品,侵犯自己的信息网络传播权或者被删除、改变了自己的权利管理电子信息的,可以向该网络服务提供者提交书面通知,要求网络服务提供者删除该作品、表演、录音录像制品,或者断开与该作品、表演、录音录像制品的链接。通知书应当包含下列内容:

(一)权利人的姓名(名称)、联系方式和地址;

(二)要求删除或者断开链接的侵权作品、表演、录音录像制品的名称和网络地址;

(三)构成侵权的初步证明材料。

权利人应当对通知书的真实性负责。

第十五条 网络服务提供者接到权利人的通知书后,应当立即删除涉嫌侵权的作品、表演、录音录像制品,或者断开与涉嫌侵权的作品、表演、录音录像制品的链接,并同时将通知书转送提供作品、表演、录音录像制品的服务对象;服务对象网络地址不明、无法转送的,应当将通知书的内容同时在信息网络上公告。

第十六条 服务对象接到网络服务提供者转送的通知书后,认为其提供的作品、表演、录音录像制品未侵犯他人权利的,可以向网络服务提供者提交书面说明,要求恢复被删除的作品、表演、录音录像制品,或者恢复与被断开的作品、表演、录音录像制品的链接。书面说明应当包含下列内容:

(一)服务对象的姓名(名称)、联系方式和地址;

(二)要求恢复的作品、表演、录音录像制品的名称和网络地址;

(三)不构成侵权的初步证明材料。

服务对象应当对书面说明的真实性负责。

第十七条 网络服务提供者接到服务对象的书面说明后,应当立即恢复被删除的作品、表演、录音录像制品,或者可以恢复与被断开的作品、表演、录音录像制品的链接,同时将服务对象的书面说明转送权利人。权利人不得再通知网络服务提供者删除该作品、表演、录音录像制品,或者断开与该作品、表演、录音录像制品的链接。

第十八条　违反本条例规定,有下列侵权行为之一的,根据情况承担停止侵害、消除影响、赔礼道歉、赔偿损失等民事责任;同时损害公共利益的,可以由著作权行政管理部门责令停止侵权行为,没收违法所得,并可处以10万元以下的罚款;情节严重的,著作权行政管理部门可以没收主要用于提供网络服务的计算机等设备;构成犯罪的,依法追究刑事责任:

（一）通过信息网络擅自向公众提供他人的作品、表演、录音录像制品的;

（二）故意避开或者破坏技术措施的;

（三）故意删除或者改变通过信息网络向公众提供的作品、表演、录音录像制品的权利管理电子信息,或者通过信息网络向公众提供明知或者应知未经权利人许可而被删除或者改变权利管理电子信息的作品、表演、录音录像制品的;

（四）为扶助贫困通过信息网络向农村地区提供作品、表演、录音录像制品超过规定范围,或者未按照公告的标准支付报酬,或者在权利人不同意提供其作品、表演、录音录像制品后未立即删除的;

（五）通过信息网络提供他人的作品、表演、录音录像制品,未指明作品、表演、录音录像制品的名称或者作者、表演者、录音录像制作者的姓名（名称）,或者未支付报酬,或者未依照本条例规定采取技术措施防止服务对象以外的其他人获得他人的作品、表演、录音录像制品,或者未防止服务对象的复制行为对权利人利益造成实质性损害的。

第十九条　违反本条例规定,有下列行为之一的,由著作权行政管理部门予以警告,没收违法所得,没收主要用于避开、破坏技术措施的装置或者部件;情节严重的,可以没收主要用于提供网络服务的计算机等设备,并可处以10万元以下的罚款;构成犯罪的,依法追究刑事责任:

（一）故意制造、进口或者向他人提供主要用于避开、破坏技术措施的装置或者部件,或者故意为他人避开或者破坏技术措施提供技术服务的;

（二）通过信息网络提供他人的作品、表演、录音录像制品,获得经济利益的；

（三）为扶助贫困通过信息网络向农村地区提供作品、表演、录音录像制品，未在提供前公告作品、表演、录音录像制品的名称和作者、表演者、录音录像制作者的姓名（名称）以及报酬标准的。

第二十条　网络服务提供者根据服务对象的指令提供网络自动接入服务，或者对服务对象提供的作品、表演、录音录像制品提供自动传输服务，并具备下列条件的，不承担赔偿责任：

（一）未选择并且未改变所传输的作品、表演、录音录像制品；

（二）向指定的服务对象提供该作品、表演、录音录像制品，并防止指定的服务对象以外的其他人获得。

第二十一条　网络服务提供者为提高网络传输效率，自动存储从其他网络服务提供者获得的作品、表演、录音录像制品，根据技术安排自动向服务对象提供，并具备下列条件的，不承担赔偿责任：

（一）未改变自动存储的作品、表演、录音录像制品；

（二）不影响提供作品、表演、录音录像制品的原网络服务提供者掌握服务对象获取该作品、表演、录音录像制品的情况；

（三）在原网络服务提供者修改、删除或者屏蔽该作品、表演、录音录像制品时，根据技术安排自动予以修改、删除或者屏蔽。

第二十二条　网络服务提供者为服务对象提供信息存储空间，供服务对象通过信息网络向公众提供作品、表演、录音录像制品，并具备下列条件的，不承担赔偿责任：

（一）明确标示该信息存储空间是为服务对象所提供，并公开网络服务提供者的名称、联系人、网络地址；

（二）未改变服务对象所提供的作品、表演、录音录像制品；

（三）不知道也没有合理的理由应当知道服务对象提供的作品、表演、录音录像制品侵权；

（四）未从服务对象提供作品、表演、录音录像制品中直接获得经济利益；

（五）在接到权利人的通知书后，根据本条例规定删除权利人认为侵权的作品、表演、录音录像制品。

第二十三条　网络服务提供者为服务对象提供搜索或者链接服务，在接到权利人的通知书后，根据本条例规定断开与侵权的作品、表演、录音录像制品的链接的，不承担赔偿责任；但是，明知或者应知所链接的作品、表演、录音录像制品侵权的,应当承担共同侵权责任。

第二十四条　因权利人的通知导致网络服务提供者错误删除作品、表演、录音录像制品,或者错误断开与作品、表演、录音录像制品的链接,给服务对象造成损失的,权利人应当承担赔偿责任。

第二十五条　网络服务提供者无正当理由拒绝提供或者拖延提供涉嫌侵权的服务对象的姓名(名称)、联系方式、网络地址等资料的,由著作权行政管理部门予以警告;情节严重的,没收主要用于提供网络服务的计算机等设备。

第二十六条　本条例下列用语的含义:

信息网络传播权,是指以有线或者无线方式向公众提供作品、表演或者录音录像制品,使公众可以在其个人选定的时间和地点获得作品、表演或者录音录像制品的权利。

技术措施,是指用于防止、限制未经权利人许可浏览、欣赏作品、表演、录音录像制品的或者通过信息网络向公众提供作品、表演、录音录像制品的有效技术、装置或者部件。

权利管理电子信息,是指说明作品及其作者、表演及其表演者、录音录像制品及其制作者的信息,作品、表演、录音录像制品权利人的信息和使用条件的信息,以及表示上述信息的数字或者代码。

第二十七条　本条例自2006年7月1日起施行。

附录二

互联网新闻信息服务管理规定

国务院新闻办公室、信息产业部
2005年9月25日联合发布

第一章 总则

第一条 为了规范互联网新闻信息服务,满足公众对互联网新闻信息的需求,维护国家安全和公共利益,保护互联网新闻信息服务单位的合法权益,促进互联网新闻信息服务健康、有序发展,制定本规定。

第二条 在中华人民共和国境内从事互联网新闻信息服务,应当遵守本规定。

本规定所称新闻信息,是指时政类新闻信息,包括有关政治、经济、军事、外交等社会公共事务的报道、评论,以及有关社会突发事件的报道、评论。

本规定所称互联网新闻信息服务,包括通过互联网登载新闻信息、提供时政类电子公告服务和向公众发送时政类通讯信息。

第三条 互联网新闻信息服务单位从事互联网新闻信息服务,应当遵守宪法、法律和法规,坚持为人民服务、为社会主义服务的方向,坚持正确的舆论导向,维护国家利益和公共利益。

国家鼓励互联网新闻信息服务单位传播有益于提高民族素质、推动经济发展、促进社会进步的健康、文明的新闻信息。

第四条 国务院新闻办公室主管全国的互联网新闻信息服务监督管理工作。省、自治区、直辖市人民政府新闻办公室负责本行政区域内的互联网新闻信息服务监督管理工作。

第二章　互联网新闻信息服务单位的设立

第五条　互联网新闻信息服务单位分为以下三类：

（一）新闻单位设立的登载超出本单位已刊登播发的新闻信息、提供时政类电子公告服务、向公众发送时政类通讯信息的互联网新闻信息服务单位；

（二）非新闻单位设立的转载新闻信息、提供时政类电子公告服务、向公众发送时政类通讯信息的互联网新闻信息服务单位；

（三）新闻单位设立的登载本单位已刊登播发的新闻信息的互联网新闻信息服务单位。

根据《国务院对确需保留的行政审批项目设定行政许可的决定》和有关行政法规，设立前款第（一）项、第（二）项规定的互联网新闻信息服务单位，应当经国务院新闻办公室审批。

设立本条第一款第（三）项规定的互联网新闻信息服务单位，应当向国务院新闻办公室或者省、自治区、直辖市人民政府新闻办公室备案。

第六条　新闻单位与非新闻单位合作设立互联网新闻信息服务单位，新闻单位拥有的股权不低于51%的，视为新闻单位设立互联网新闻信息服务单位；新闻单位拥有的股权低于51%的，视为非新闻单位设立互联网新闻信息服务单位。

第七条　设立本规定第五条第一款第（一）项规定的互联网新闻信息服务单位，应当具备下列条件：

（一）有健全的互联网新闻信息服务管理规章制度；

（二）有5名以上在新闻单位从事新闻工作3年以上的专职新闻编辑人员；

（三）有必要的场所、设备和资金，资金来源应当合法。

可以申请设立前款规定的互联网新闻信息服务单位的机构，应当是中央新闻单位，省、自治区、直辖市直属新闻单位，以及省、自治区人民政府所在地的市直属新闻单位。

审批设立本条第一款规定的互联网新闻信息服务单位，除应当依照本条规定条件外，还应当符合国务院新闻办公室关于互联网新闻信息服务行业发展的总量、结构、布局的要求。

第八条　设立本规定第五条第一款第(二)项规定的互联网新闻信息服务单位,除应当具备本规定第七条第一款第(一)项、第(三)项规定条件外,还应当有 10 名以上专职新闻编辑人员;其中,在新闻单位从事新闻工作 3 年以上的新闻编辑人员不少于 5 名。

可以申请设立前款规定的互联网新闻信息服务单位的组织,应当是依法设立 2 年以上的从事互联网信息服务的法人,并在最近 2 年内没有因违反有关互联网信息服务管理的法律、法规、规章的规定受到行政处罚;申请组织为企业法人的,注册资本应当不低于 1 000 万元人民币。

审批设立本条第一款规定的互联网新闻信息服务单位,除应当依照本条规定条件外,还应当符合国务院新闻办公室关于互联网新闻信息服务行业发展的总量、结构、布局的要求。

第九条　任何组织不得设立中外合资经营、中外合作经营和外资经营的互联网新闻信息服务单位。

互联网新闻信息服务单位与境内外中外合资经营、中外合作经营和外资经营的企业进行涉及互联网新闻信息服务业务的合作,应当报经国务院新闻办公室进行安全评估。

第十条　申请设立本规定第五条第一款第(一)项、第(二)项规定的互联网新闻信息服务单位,应当填写申请登记表,并提交下列材料:

(一)互联网新闻信息服务管理规章制度;

(二)场所的产权证明或者使用权证明和资金的来源、数额证明;

(三)新闻编辑人员的从业资格证明。

申请设立本规定第五条第一款第(一)项规定的互联网新闻信息服务单位的机构,还应当提交新闻单位资质证明;申请设立本规定第五条第一款第(二)项规定的互联网新闻信息服务单位的组织,还应当提交法人资格证明。

第十一条　申请设立本规定第五条第一款第(一)项、第(二)项规定的互联网新闻信息服务单位,中央新闻单位应当向国务院新闻办公室提出申请;省、自治区、直辖市直属新闻单位和省、自治区人民政府所在地的市直属新闻单位以及非新闻单位应当通过所在地省、自治区、直辖市人民政府新闻办公室向国务院新闻办公室提出申请。

通过省、自治区、直辖市人民政府新闻办公室提出申请的,省、自治区、直辖市人民政府新闻办公室应当自收到申请之日起 20 日内进行实地检查,提出初审意见报国务院新闻办公室;国务院新闻办公室应当自收到初审意见之日起 40 日内作出决定。向国务院新闻办公室提出申请的,国务院新闻办公室应当自收到申请之日起 40 日内进行实地检查,作出决定。批准的,发给互联网新闻信息服务许可证;不批准的,应当书面通知申请人并说明理由。

第十二条　本规定第五条第一款第(三)项规定的互联网新闻信息服务单位,属于中央新闻单位设立的,应当自从事互联网新闻信息服务之日起 1 个月内向国务院新闻办公室备案;属于其他新闻单位设立的,应当自从事互联网新闻信息服务之日起 1 个月内向所在地省、自治区、直辖市人民政府新闻办公室备案。

办理备案时,应当填写备案登记表,并提交互联网新闻信息服务管理规章制度和新闻单位资质证明。

第十三条　互联网新闻信息服务单位依照本规定设立后,应当依照有关互联网信息服务管理的行政法规向电信主管部门办理有关手续。

第十四条　本规定第五条第一款第(一)项、第(二)项规定的互联网新闻信息服务单位变更名称、住所、法定代表人或者主要负责人、股权构成、服务项目、网站网址等事项的,应当向国务院新闻办公室申请换发互联网新闻信息服务许可证。根据电信管理的有关规定,需报电信主管部门批准或者需要电信主管部门办理许可证或者备案变更手续的,依照有关规定办理。

本规定第五条第一款第(三)项规定的互联网新闻信息服务单位变更名称、住所、法定代表人或者主要负责人、股权构成、网站网址等事项的,应当向原备案机关重新备案;但是,股权构成变更后,新闻单位拥有的股权低于 51% 的,应当依照本规定办理许可手续。根据电信管理的有关规定,需报电信主管部门批准或者需要电信主管部门办理许可证或者备案变更手续的,依照有关规定办理。

第三章　互联网新闻信息服务规范

第十五条　互联网新闻信息服务单位应当按照核定的服务项目提供互联网新闻信息服务。

第十六条　本规定第五条第一款第(一)项、第(二)项规定的互联网新闻信息服务单位,转载新闻信息或者向公众发送时政类通讯信息,应当转载、发送中央新闻单位或者省、自治区、直辖市直属新闻单位发布的新闻信息,并应当注明新闻信息来源,不得歪曲原新闻信息的内容。

本规定第五条第一款第(二)项规定的互联网新闻信息服务单位,不得登载自行采编的新闻信息。

第十七条 本规定第五条第一款第(一)项、第(二)项规定的互联网新闻信息服务单位转载新闻信息,应当与中央新闻单位或者省、自治区、直辖市直属新闻单位签订书面协议。中央新闻单位设立的互联网新闻信息服务单位,应当将协议副本报国务院新闻办公室备案;其他互联网新闻信息服务单位,应当将协议副本报所在地省、自治区、直辖市人民政府新闻办公室备案。

中央新闻单位或者省、自治区、直辖市直属新闻单位签订前款规定的协议,应当核验对方的互联网新闻信息服务许可证,不得向没有互联网新闻信息服务许可证的单位提供新闻信息。

第十八条 中央新闻单位与本规定第五条第一款第(二)项规定的互联网新闻信息服务单位开展除供稿之外的互联网新闻业务合作,应当在开展合作业务10日前向国务院新闻办公室报告;其他新闻单位与本规定第五条第一款第(二)项规定的互联网新闻信息服务单位开展除供稿之外的互联网新闻业务合作,应当在开展合作业务10日前向所在地省、自治区、直辖市人民政府新闻办公室报告。

第十九条 互联网新闻信息服务单位登载、发送的新闻信息或者提供的时政类电子公告服务,不得含有下列内容:

(一)违反宪法确定的基本原则的;

(二)危害国家安全,泄露国家秘密,颠覆国家政权,破坏国家统一的;

(三)损害国家荣誉和利益的;

(四)煽动民族仇恨、民族歧视,破坏民族团结的;

(五)破坏国家宗教政策,宣扬邪教和封建迷信的;

(六)散布谣言,扰乱社会秩序,破坏社会稳定的;

(七)散布淫秽、色情、赌博、暴力、恐怖或者教唆犯罪的;

(八)侮辱或者诽谤他人,侵害他人合法权益的;

(九)煽动非法集会、结社、游行、示威、聚众扰乱社会秩序的;

（十）以非法民间组织名义活动的；

（十一）含有法律、行政法规禁止的其他内容的。

第二十条　互联网新闻信息服务单位应当建立新闻信息内容管理责任制度。不得登载、发送含有违反本规定第三条第一款、第十九条规定内容的新闻信息；发现提供的时政类电子公告服务中含有违反本规定第三条第一款、第十九条规定内容的，应当立即删除，保存有关记录，并在有关部门依法查询时予以提供。

第二十一条　互联网新闻信息服务单位应当记录所登载、发送的新闻信息内容及其时间、互联网地址，记录备份应当至少保存60日，并在有关部门依法查询时予以提供。

第四章　监督管理

第二十二条　国务院新闻办公室和省、自治区、直辖市人民政府新闻办公室，依法对互联网新闻信息服务单位进行监督检查，有关单位、个人应当予以配合。

国务院新闻办公室和省、自治区、直辖市人民政府新闻办公室的工作人员依法进行实地检查时，应当出示执法证件。

第二十三条　国务院新闻办公室和省、自治区、直辖市人民政府新闻办公室，应当对互联网新闻信息服务进行监督；发现互联网新闻信息服务单位登载、发送的新闻信息或者提供的时政类电子公告服务中含有违反本规定第三条第一款、第十九条规定内容的，应当通知其删除。互联网新闻信息服务单位应当立即删除，保存有关记录，并在有关部门依法查询时予以提供。

第二十四条　本规定第五条第一款第（一）项、第（二）项规定的互联网新闻信息服务单位，属于中央新闻单位设立的，应当每年在规定期限内向国务院新闻办公室提交年度业务报告；属于其他新闻单位或者非新闻单位设立的，应当每年在规定期限内通过所在地省、自治区、直辖市人民政府新闻办公室向国务院新闻办公室提交年度业务报告。

国务院新闻办公室根据报告情况，可以对互联网新闻信息服务单位的管理制度、人员资质、服务内容等进行检查。

第二十五条　互联网新闻信息服务单位应当接受公众监督。

国务院新闻办公室应当公布举报网站网址、电话，接受公众举报并依法处理；属于其他部门职责范围的举报，应当移交有关部门处理。

第五章 法律责任

第二十六条 违反本规定第五条第二款规定，擅自从事互联网新闻信息服务，或者违反本规定第十五条规定，超出核定的服务项目从事互联网新闻信息服务的，由国务院新闻办公室或者省、自治区、直辖市人民政府新闻办公室依据各自职权责令停止违法活动，并处1万元以上3万元以下的罚款；情节严重的，由电信主管部门根据国务院新闻办公室或者省、自治区、直辖市人民政府新闻办公室的书面认定意见，按照有关互联网信息服务管理的行政法规的规定停止其互联网信息服务或者责令互联网接入服务者停止接入服务。

第二十七条 互联网新闻信息服务单位登载、发送的新闻信息含有本规定第十九条禁止内容，或者拒不履行删除义务的，由国务院新闻办公室或者省、自治区、直辖市人民政府新闻办公室给予警告，可以并处1万元以上3万元以下的罚款；情节严重的，由电信主管部门根据有关主管部门的书面认定意见，按照有关互联网信息服务管理的行政法规的规定停止其互联网信息服务或者责令互联网接入服务者停止接入服务。

互联网新闻信息服务单位登载、发送的新闻信息含有违反本规定第三条第一款规定内容的，由国务院新闻办公室或者省、自治区、直辖市人民政府新闻办公室依据各自职权依照前款规定的处罚种类、幅度予以处罚。

第二十八条 违反本规定第十六条规定，转载来源不合法的新闻信息、登载自行采编的新闻信息或者歪曲原新闻信息内容的，由国务院新闻办公室或者省、自治区、直辖市人民政府新闻办公室依据各自职权责令改正，给予警告，并处5 000元以上3万元以下的罚款。

违反本规定第十六条规定，未注明新闻信息来源的，由国务院新闻办公室或者省、自治区、直辖市人民政府新闻办公室依据各自职权责令改正，给予警告，可以并处5 000元以上2万元以下的罚款。

第二十九条 违反本规定有下列行为之一的，由国务院新闻办公室或者省、自治区、直辖市人民政府新闻办公室依据各自职权责令改正，给予警告，可以并处3万元以下的罚款：

（一）未履行备案义务的；
（二）未履行报告义务的；
（三）未履行记录、记录备份保存或者提供义务的。

第三十条　违反本规定第十七条第二款规定，向没有互联网新闻信息服务许可证的单位提供新闻信息的，对负有责任的主管人员和其他直接责任人员依法给予行政处分。

第三十一条　国务院新闻办公室和省、自治区、直辖市人民政府新闻办公室以及电信主管部门的工作人员，玩忽职守、滥用职权、徇私舞弊，造成严重后果，构成犯罪的，依法追究刑事责任；尚不构成犯罪的，对负有责任的主管人员和其他直接责任人员依法给予行政处分。

第六章　附则

第三十二条　本规定所称新闻单位是指依法设立的报社、广播电台、电视台和通讯社；其中，中央新闻单位包括中央国家机关各部门设立的新闻单位。

第三十三条　本规定自公布之日起施行。（完）

附录三

互联网站禁止传播淫秽、色情等不良信息自律规范

第一条 为促进互联网信息服务提供商加强自律,遏制淫秽、色情等不良信息通过互联网传播,推动互联网行业的持续健康发展,特制定本规范。

第二条 互联网站不得登载和传播淫秽、色情等中华人民共和国法律、法规禁止的不良信息内容。

第三条 淫秽信息是指在整体上宣扬淫秽行为,具有下列内容之一,挑动人们性欲,导致普通人腐化、堕落,而又没有艺术或科学价值的文字、图片、音频、视频等信息内容,包括:

1. 淫亵性地具体描写性行为、性交及其心理感受;
2. 宣扬色情淫荡形象;
3. 淫亵性地描述或者传授性技巧;
4. 具体描写乱伦、强奸及其他性犯罪的手段、过程或者细节,可能诱发犯罪的;
5. 具体描写少年儿童的性行为;
6. 淫亵性地具体描写同性恋的性行为或者其他性变态行为,以及具体描写与性变态有关的暴力、虐待、侮辱行为;
7. 其他令普通人不能容忍的对性行为淫亵性描写。

第四条 色情信息是指在整体上不是淫秽的,但其中一部分有第三条中1至7的内容,对普通人特别是未成年人的身心健康有毒害,缺乏艺术价值或者科学价值的文字、图片、音频、视频等信息内容。

第五条　互联网站从事登载新闻信息、电子公告服务以及移动电信增值服务等业务,应当依照有关法律法规的规定,履行审批或备案手续,取得合法资格;新闻信息应来源于具有向互联网站提供新闻信息资质的媒体或其他合法的内容提供商。

第六条　不渲染、不集中展现关于性暴力、性犯罪、性绯闻等新闻信息;此类内容须严格控制数量,并不得在多个频道或栏目同时登载。登载这类新闻信息,应有利于弘扬社会正气和维护社会公德,确保导向正确。

第七条　登载有关医学医疗、生理卫生、婚姻家庭、人体艺术和与此相关的自然、社会科学信息内容,应建立信息内容的审核制度,做到内容健康、科学,来源合法、可靠。

第八条　不开设或变相开设为不道德性行为和性交易提供便利的频道或专栏;开设交友类专题频道或栏目,应明确说明该栏目的目的、网友行为规范和公布有关法律警示;非注册用户不得在该类频道或栏目张贴信息,对注册用户上传的信息实行先审后发。

第九条　对利用互联网电子公告服务系统、短信息服务系统传播淫秽、色情等不良信息的用户,应将其IP地址列入"黑名单",对涉嫌犯罪的,应主动向公安机关举报。

第十条　不与非法网站建立任何性质的合作关系;不与其他网站或企业建立违背政府有关部门规定的联盟或协作关系。

第十一条　不以任何形式登载和传播含有淫秽、色情等不良信息内容的广告;不为含有淫秽、色情等不良信息内容的网站或网页提供任何形式的宣传和链接。

第十二条　违反本自律规范的互联网站,应及时纠正违规行为;经劝说、警告无效的,互联网新闻信息服务工作委员会有义务向政府有关部门建议,取消其提供相关信息服务的资质。

第十三条　互联网信息服务提供商和从业人员均有自觉维护中华人民共和国法律法规、社会主义道德规范的责任和义务,自觉接受政府的管理。

第十四条　加入《互联网站信息服务自律公约》的成员单位应遵守本自律规范。

第十五条　《互联网站禁止传播淫秽、色情等不良信息自律规范》

由互联网新闻信息服务工作委员会负责监督执行。

第十六条　本规范从发布之日起执行。

中国互联网协会
互联网新闻信息服务工作委员会
2004 年 6 月 10 日

附录四

互联网等信息网络传播
视听节目管理办法

(颁布时间:2003年1月7日)

第一条 为规范信息网络传播视听节目秩序,加强信息网络传播视听节目的监督管理,促进社会主义精神文明建设,制定本办法。

第二条 本办法适用于在互联网等信息网络中开办各种视听节目栏目,播放(含点播)影视作品和视音频新闻,转播、直播广播电视节目及以视听节目形式转播、直播体育比赛、文艺演出等各类活动。

广播电视播出机构在广播电视传输覆盖网中开办广播电视频道播放广播电视节目的,由《广播电视管理条例》规范,不适用本办法。

第三条 本办法所称的信息网络,是指通过无线或有线链路相联接,采用卫星、微波、光纤、同轴电缆、双绞线等具体物理形态,架构在互联网或其他软件平台基础上,用于信息传输的传播系统。

本办法所称的视听节目,是指在表现形式上类同于广播电视节目或电影片,由可连续运动的图像或可连续收听的声音组成的节目。

本办法所称的信息网络传播视听节目,是指通过包括互联网在内的各种信息网络,将视听节目登载在网络上或者通过网络发送到用户端,供公众在线收看或下载收看的活动,包括流媒体播放、互联网组播、数据广播、IP广播和点播等。

本办法所称的视听节目的网络传播者,是指组织、编排视听节目并将其通过信息网络向公众传播的机构。

本办法所称的信息网络经营者,是指提供信息网络硬软件平台及其他技术支持的机构。

第四条　国家广播电影电视总局是信息网络传播视听节目的主管部门,负责制定信息网络传播视听节目的发展规划,确定视听节目网络传播者的总量、布局和结构。

原则上中央、国务院各部、委、局只可有一家下属单位从事视听节目网络传播业务。中国广播影视集团下属及控股、参股的企事业单位(除中央人民广播电台、中央电视台、中国国际广播电台外),只可有一家单位从事视听节目网络传播业务。

各级广播电视行政部门根据国家广播电影电视总局制定的全国视听节目网络传播发展规划,确定本辖区内视听节目网络传播发展规划,负责对本辖区内通过信息网络传播视听节目的活动进行监督管理。

第五条　国家广播电影电视总局对视听节目的网络传播业务实行许可管理。通过信息网络向公众传播视听节目必须持有《网上传播视听节目许可证》。

第六条　国家广播电影电视总局对通过信息网络传播的视听节目按以下四个类别实行分类管理：1. 新闻类；2. 影视剧类；3. 娱乐类,包括音乐、戏曲、体育、综艺等；4. 专业类,包括科技、教育、医疗、财经、气象、军事、法制等。

第七条　开办视听节目网络传播业务,应当同时具备以下基本条件：

（一）符合通过信息网络向公众传播视听节目的规划、技术标准和管理要求；

（二）有与业务规模相适应的自有资金、设备及场所；

（三）拥有与其业务规模相适应的符合国家规定的视听节目资源；

（四）拥有必要的专业人员；

（五）符合国家法律、法规及其他有关规定。

通过信息网络传播不同类别的视听节目,还应当具备相应的申办条件。

第八条　开办新闻类视听节目的网络传播业务,除具备本办法第七条规定的基本条件外,还应当同时具备以下条件：

（一）经国务院新闻办公室批准,具有网上发布新闻的资格；

（二）已取得从事娱乐类或专业类节目网络传播业务《网上传播视听节目许可证》3 年以上的机构,或依法设立 3 年以上的新闻机构。

第九条　开办影视剧类视听节目的网络传播业务,除具备本办法

第七条规定的基本条件外,还应当具备以下条件之一:

(一)取得《网上传播视听节目许可证》,从事娱乐类节目网络传播业务2年以上;

(二)依法经营3年以上的影视制作经营机构。

第十条 企业开办信息网络传播视听节目业务,须由地级以上广电、新闻、出版、文化等宣传单位作为业务主管部门。

第十一条 开办视听节目网络传播业务,须经省级广播电视行政部门审核同意后,报国家广播电影电视总局审批。中央直属单位和在国家工商行政管理总局注册的企业,可直接向国家广播电影电视总局提出申请。

审查合格者,由国家广播电影电视总局发给《网上传播视听节目许可证》。取得许可证后,只能按照《网上传播视听节目许可证》载明的标识、传播方式、传播载体、传播范围和节目类别开办传播业务。需变更以上事项者,应当按上述程序办理有关的变更审批手续。

第十二条 取得《网上传播视听节目许可证》后,如果开办单位的名称、地址、网址、网站名、法定代表人等项目发生变更时,应当在变更后的三十日内向原发证单位申请换证。

第十三条 申请成立专门机构开办视听节目的网络传播业务,由发起单位按本办法办理审批手续。以企业形式经营此类业务的,获得国家广播电影电视总局批准后,应当到工商部门办理注册登记手续。

第十四条 鼓励广播电台、电视台通过国际互联网传播本台广播电视节目。

第十五条 取得许可证的单位应当在一年之内正式开通业务;逾期不能开通的,由发证机关收回许可证。

第十六条 国家实行《网上传播视听节目许可证》年检制度。

《网上传播视听节目许可证》有效期为三年。在有效期内,取得《网上传播视听节目许可证》的单位,应当在规定的期限内提交年检报告,办理年检手续。年检不合格者限期整改,整改后仍不合格的,收回《网上传播视听节目许可证》。未按规定办理年检手续的单位,其许可证自动失效。有效期届满,需要继续经营的,应当在许可证届满前六十日办理续证手续。

年检的具体办法由国家广播电影电视总局另行制定。

第十七条 信息网络的拥有者和经营者不得以任何形式将网络出

租、出让给未持有《网上传播视听节目许可证》的单位用以向公众传播视听节目,不得向未持有《网上传播视听节目许可证》的单位提供网络硬软件平台和其他与传播视听节目有关的服务。

境内互联网站不得向未持有《网上传播视听节目许可证》的境内网站以及传播视听节目的境外网站提供视听节目的链接服务。

第十八条 用于通过信息网络向公众传播的新闻类视听节目限于境内广播电台、电视台、广播电视台制作、播放的节目。

用于通过信息网络向公众传播的影视剧类视听节目必须是取得《电视剧发行许可证》的电视剧和取得《电影片公映许可证》的电影片。

广播电台、电视台、广播电视台以外的机构开办娱乐类、专业类视听节目网络传播业务,一般只能传播广播电台、电视台、广播电视台制作、播出的节目,或者以广播电台、电视台、广播电视台制作、播出的节目作为节目素材进行编辑加工的节目。通过信息网络直播、转播、使用广播电台、电视台、广播电视台节目的,应取得该广播电台、电视台、广播电视台的许可。

经合法教学单位的授权或省级以上教育管理部门批准开办网上学历教育或职业教育的机构,可以申请播放授权专业以内的自制教学节目。

以视听节目形式在网上直播体育赛事、文艺演出、大型活动及访谈节目,在直播前二十日应报当地省级广播电视部门批准。

第十九条 禁止通过信息网络传播有以下内容的节目:

(一) 反对宪法确定的基本原则的;

(二) 危害国家的统一、主权和领土完整的;

(三) 泄漏国家秘密、危害国家安全或者损害国家荣誉和利益的;

(四) 煽动民族仇恨、民族歧视,破坏民族团结,或者侵害民族风俗、习惯的;

(五) 宣扬邪教、迷信的;

(六) 扰乱社会秩序、破坏社会稳定的;

(七) 宣扬淫秽、赌博、暴力或者教唆犯罪的;

(八) 侮辱或者诽谤他人,侵害他人合法权益的;

(九) 危害社会公德或者民族优秀文化的;

(十) 虚假的信息;

(十一) 从网络或境外媒体上收录下来的境外节目;

（十二）法律、法规规定禁止的其他内容。

第二十条 取得《网上传播视听节目许可证》的机构,应建立健全节目审查、播出等管理制度。

第二十一条 各级广播电视行政部门应通过监听监看、建立相应的公众监督举报制度等方式对信息网络传播视听节目进行监督管理。

第二十二条 违反本办法,有下列行为之一的单位,由县级以上广播电视行政部门责令停止违法活动,给予警告,可以并处人民币3万元以下的罚款。违反治安管理规定的,由公安机关依法给予治安管理处罚;构成犯罪的,依法追究刑事责任。

（一）未经许可,擅自开办视听节目网络传播业务的;

（二）违反本办法第十七条、第十八条、第十九条的规定传播视听节目的。

第二十三条 本办法自二〇〇三年二月十日起施行。

附录五

最高人民法院、最高人民检察院关于办理利用互联网、移动通讯终端、声讯台制作、复制、出版、贩卖、传播淫秽电子信息刑事案件具体应用法律若干问题的解释

(颁布时间：2004年9月3日)

为依法惩治利用互联网、移动通讯终端制作、复制、出版、贩卖、传播淫秽电子信息、通过声讯台传播淫秽语音信息等犯罪活动，维护公共网络、通讯的正常秩序，保障公众的合法权益，根据《中华人民共和国刑法》、《全国人民代表大会常务委员会关于维护互联网安全的决定》的规定，现对办理该类刑事案件具体应用法律的若干问题解释如下：

第一条 以牟利为目的，利用互联网、移动通讯终端制作、复制、出版、贩卖、传播淫秽电子信息，具有下列情形之一的，依照刑法第三百六十三条第一款的规定，以制作、复制、出版、贩卖、传播淫秽物品牟利罪定罪处罚：

（一）制作、复制、出版、贩卖、传播淫秽电影、表演、动画等视频文件二十个以上的；

（二）制作、复制、出版、贩卖、传播淫秽音频文件一百个以上的；

（三）制作、复制、出版、贩卖、传播淫秽电子刊物、图片、文章、短信息等二百件以上的；

（四）制作、复制、出版、贩卖、传播的淫秽电子信息，实际被点击数

达到一万次以上的；

（五）以会员制方式出版、贩卖、传播淫秽电子信息，注册会员达二百人以上的；

（六）利用淫秽电子信息收取广告费、会员注册费或者其他费用，违法所得一万元以上的；

（七）数量或者数额虽未达到第(一)项至第(六)项规定标准，但分别达到其中两项以上标准一半以上的；

（八）造成严重后果的。

利用聊天室、论坛、即时通信软件、电子邮件等方式，实施第一款规定行为的，依照刑法第三百六十三条第一款的规定，以制作、复制、出版、贩卖、传播淫秽物品牟利罪定罪处罚。

第二条 实施第一条规定的行为，数量或者数额达到第一条第一款第(一)项至第(六)项规定标准五倍以上的，应当认定为刑法第三百六十三条第一款规定的"情节严重"；达到规定标准二十五倍以上的，应当认定为"情节特别严重"。

第三条 不以牟利为目的，利用互联网或者移动通讯终端传播淫秽电子信息，具有下列情形之一的，依照刑法第三百六十四条第一款的规定，以传播淫秽物品罪定罪处罚：

（一）数量达到第一条第一款第(一)项至第(五)项规定标准二倍以上的；

（二）数量分别达到第一条第一款第(一)项至第(五)项两项以上标准的；

（三）造成严重后果的。

利用聊天室、论坛、即时通信软件、电子邮件等方式，实施第一款规定行为的，依照刑法第三百六十四条第一款的规定，以传播淫秽物品罪定罪处罚。

第四条 明知是淫秽电子信息而在自己所有、管理或者使用的网站或者网页上提供直接链接的，其数量标准根据所链接的淫秽电子信息的种类计算。

第五条 以牟利为目的，通过声讯台传播淫秽语音信息，具有下列情形之一的，依照刑法第三百六十三条第一款的规定，对直接负责的主管人员和其他直接责任人员以传播淫秽物品牟利罪定罪处罚：

（一）向一百人次以上传播的；

（二）违法所得一万元以上的；

（三）造成严重后果的。

实施前款规定行为，数量或者数额达到前款第（一）项至第（二）项规定标准五倍以上的，应当认定为刑法第三百六十三条第一款规定的"情节严重"；达到规定标准二十五倍以上的，应当认定为"情节特别严重"。

第六条 实施本解释前五条规定的犯罪，具有下列情形之一的，依照刑法第三百六十三条第一款、第三百六十四条第一款的规定从重处罚：

（一）制作、复制、出版、贩卖、传播具体描绘不满十八周岁未成年人性行为的淫秽电子信息的；

（二）明知是具体描绘不满十八周岁的未成年人性行为的淫秽电子信息而在自己所有、管理或者使用的网站或者网页上提供直接链接的；

（三）向不满十八周岁的未成年人贩卖、传播淫秽电子信息和语音信息的；

（四）通过使用破坏性程序、恶意代码修改用户计算机设置等方法，强制用户访问、下载淫秽电子信息的。

第七条 明知他人实施制作、复制、出版、贩卖、传播淫秽电子信息犯罪，为其提供互联网接入、服务器托管、网络存储空间、通讯传输通道、费用结算等帮助的，对直接负责的主管人员和其他直接责任人员，以共同犯罪论处。

第八条 利用互联网、移动通讯终端、声讯台贩卖、传播淫秽书刊、影片、录像带、录音带等以实物为载体的淫秽物品的，依照《最高人民法院关于审理非法出版物刑事案件具体应用法律若干问题的解释》的有关规定定罪处罚。

第九条 刑法第三百六十七条第一款规定的"其他淫秽物品"，包括具体描绘性行为或者露骨宣扬色情的诲淫性的视频文件、音频文件、电子刊物、图片、文章、短信息等互联网、移动通讯终端电子信息和声讯台语音信息。

有关人体生理、医学知识的电子信息和声讯台语音信息不是淫秽物品。包含色情内容的有艺术价值的电子文学、艺术作品不视为淫秽物品。

附录六

非经营性互联网信息服务备案管理办法

(颁布时间:2005年2月8日)

第一条 为规范非经营性互联网信息服务备案及备案管理,促进互联网信息服务业的健康发展,根据《互联网信息服务管理办法》、《中华人民共和国电信条例》及其他相关法律、行政法规的规定,制定本办法。

第二条 在中华人民共和国境内提供非经营性互联网信息服务,履行备案手续,实施备案管理,适用本办法。

第三条 中华人民共和国信息产业部(以下简称"信息产业部")对全国非经营性互联网信息服务备案管理工作进行监督指导,省、自治区、直辖市通信管理局(以下简称"省通信管理局")具体实施非经营性互联网信息服务的备案管理工作。

拟从事非经营性互联网信息服务的,应当向其住所所在地省通信管理局履行备案手续。

第四条 省通信管理局在备案管理中应当遵循公开、公平、公正的原则,提供便民、优质、高效的服务。

非经营性互联网信息服务提供者从事非经营性互联网信息服务时,应当遵守国家的有关规定,接受有关部门依法实施的监督管理。

第五条 在中华人民共和国境内提供非经营性互联网信息服务,应当依法履行备案手续。

未经备案,不得在中华人民共和国境内从事非经营性互联网信息服务。

本办法所称在中华人民共和国境内提供非经营性互联网信息服

务,是指在中华人民共和国境内的组织或个人利用通过互联网域名访问的网站或者利用仅能通过互联网 IP 地址访问的网站,提供非经营性互联网信息服务。

第六条 省通信管理局通过信息产业部备案管理系统,采用网上备案方式进行备案管理。

第七条 拟从事非经营性互联网信息服务的,应当通过信息产业部备案管理系统如实填报《非经营性互联网信息服务备案登记表》(以下简称"《备案登记表》",格式见本办法附录),履行备案手续。

信息产业部根据实际情况,对《备案登记表》进行调整和公布。

第八条 拟通过接入经营性互联网络从事非经营性互联网信息服务的,可以委托因特网接入服务业务经营者、因特网数据中心业务经营者和以其他方式为其网站提供接入服务的电信业务经营者代为履行备案、备案变更、备案注销等手续。

第九条 拟通过接入中国教育和科研计算机网、中国科学技术网、中国国际经济贸易互联网、中国长城互联网等公益性互联网络从事非经营性互联网信息服务的,可以由为其网站提供互联网接入服务的公益性互联网络单位代为履行备案、备案变更、备案注销等手续。

第十条 因特网接入服务业务经营者、因特网数据中心业务经营者以及以其他方式为网站提供接入服务的电信业务经营者和公益性互联网络单位(以下统称"互联网接入服务提供者")不得在已知或应知拟从事非经营性互联网信息服务的组织或者个人的备案信息不真实的情况下,为其代为履行备案、备案变更、备案注销等手续。

第十一条 拟从事新闻、出版、教育、医疗保健、药品和医疗器械、文化、广播电影电视节目等互联网信息服务,根据法律、行政法规以及国家有关规定应经有关主管部门审核同意的,在履行备案手续时,还应向其住所所在地省通信管理局提交相关主管部门审核同意的文件。

拟从事电子公告服务的,在履行备案手续时,还应当向其住所所在地省通信管理局提交电子公告服务专项备案材料。

第十二条 省通信管理局在收到备案人提交的备案材料后,材料齐全的,应在二十个工作日内予以备案,向其发放备案电子验证标识和备案编号,并通过信息产业部备案管理系统向社会公布有关备案信息;材料不齐全的,不予备案,在二十个工作日内通知备案人并说明理由。

第十三条 非经营性互联网信息服务提供者应当在其网站开通时

在主页底部的中央位置标明其备案编号,并在备案编号下方按要求链接信息产业部备案管理系统网址,供公众查询核对。

非经营性互联网信息服务提供者应当在其网站开通时,按照信息产业部备案管理系统的要求,将备案电子验证标识放置在其网站的指定目录下。

第十四条 非经营性互联网信息服务提供者在备案有效期内需要变更其《备案登记表》中填报的信息的,应当提前三十日登陆信息产业部备案系统向原备案机关履行备案变更手续。

第十五条 非经营性互联网信息服务提供者在备案有效期内需要终止提供服务的,应当在服务终止之日登陆信息产业部备案系统向原备案机关履行备案注销手续。

第十六条 非经营性互联网信息服务提供者应当保证所提供的信息内容合法。

本办法所称非经营性互联网信息服务提供者提供的信息内容,是指互联网信息服务提供者的网站的互联网域名或 IP 地址下所包括的信息内容。

第十七条 省通信管理局应当建立信誉管理、社会监督、情况调查等管理机制,对非经营性互联网信息服务活动实施监督管理。

第十八条 互联网接入服务提供者不得为未经备案的组织或者个人从事非经营性互联网信息服务提供互联网接入服务。

对被省通信管理局处以暂时关闭网站或关闭网站处罚的非经营性互联网信息服务提供者或者非法从事非经营性互联网信息服务的组织或者个人,互联网接入服务提供者应立即暂停或终止向其提供互联网接入服务。

第十九条 互联网接入服务提供者应当记录其接入的非经营性互联网信息服务提供者的备案信息。

互联网接入服务提供者应当依照国家有关规定做好用户信息动态管理、记录留存、有害信息报告等网络信息安全管理工作,根据信息产业部和省通信管理局的要求对所接入用户进行监督。

第二十条 省通信管理局依法对非经营性互联网信息服务备案实行年度审核。

省通信管理局通过信息产业部备案管理系统,采用网上方式进行年度审核。

第二十一条　非经营性互联网信息服务提供者应当在每年规定时间登陆信息产业部备案管理系统,履行年度审核手续。

第二十二条　违反本办法第五条的规定,未履行备案手续提供非经营性互联网信息服务的,由住所所在地省通信管理局责令限期改正,并处一万元罚款;拒不改正的,关闭网站。

超出备案的项目提供服务的,由住所所在地省通信管理局责令限期改正,并处五千元以上一万元以下罚款;拒不改正的,关闭网站并注销备案。

第二十三条　违反本办法第七条第一款的规定,填报虚假备案信息的,由住所所在地省通信管理局关闭网站并注销备案。

第二十四条　违反本办法第十条、第十八条、第十九条的规定的,由违法行为发生地省通信管理局责令改正,并处一万元罚款。

第二十五条　违反本办法第十三条的规定,未在其备案编号下方链接信息产业部备案管理系统网址的,或未将备案电子验证标识放置在其网站指定目录下的,由住所所在地省通信管理局责令改正,并处五千元以上一万元以下罚款。

第二十六条　违反本办法第十四条、第十五条的规定,未在规定时间履行备案变更手续,或未依法履行备案注销手续的,由住所所在地省通信管理局责令限期改正,并处一万元罚款。

第二十七条　非经营性信息服务提供者违反国家有关法律规定,依法应暂停或终止服务的,省通信管理局可根据法律、行政法规授权的同级机关的书面认定意见,暂时关闭网站,或关闭网站并注销备案。

第二十八条　在年度审核时,非经营性互联网信息服务提供者有下列情况之一的,由其住所所在地的省通信管理局通过信息产业部备案系统等媒体通告责令其限期改正;拒不改正的,关闭网站并注销备案:

(一)未在规定时间登陆备案网站提交年度审核信息的;

(二)新闻、教育、公安、安全、文化、广播电影电视、出版、保密等国家部门依法对各自主管的专项内容提出年度审核否决意见的。

第二十九条　本办法自2005年3月20日起施行。

附录七

互联网 IP 地址备案管理办法

(颁布时间：2005 年 3 月 8 日)

第一条 为加强对互联网 IP 地址资源使用的管理，保障互联网络的安全，维护广大互联网用户的根本利益，促进互联网业的健康发展，制定本办法。

第二条 在中华人民共和国境内直接从亚太互联网信息中心等具有 IP 地址管理权的国际机构获得 IP 地址的单位和具有分配 IP 地址供其他单位或者个人使用的单位，适用本办法。

第三条 直接从亚太互联网信息中心等具有 IP 地址管理权的国际机构获得 IP 地址自用或分配给其他用户使用的单位统称为第一级 IP 地址分配机构。

直接从第一级 IP 地址分配机构获得 IP 地址除自用外还分配给本单位互联网用户以外的其他用户使用的单位为第二级 IP 地址分配机构(以下各级 IP 地址分配机构的级别依此类推)。

第四条 国家对 IP 地址的分配使用实行备案管理。

第五条 中华人民共和国信息产业部(以下简称"信息产业部")对基础电信业务经营者、公益性互联网络单位和中国互联网络信息中心的 IP 地址备案实施监督管理。

各省、自治区、直辖市通信管理局(以下简称"省通信管理局")对本行政区域内其他各级 IP 地址分配机构的 IP 地址备案活动实施监督管理。

第六条 信息产业部统一建设并管理全国的互联网 IP 地址数据库，制定和调整 IP 地址分配机构需报备的 IP 地址信息；各省通信管理局通过使用全国互联网 IP 地址数据库管理本行政区域内各级 IP 地址分配机构报备的 IP 地址信息。

第七条　各级 IP 地址分配机构应当通过信息产业部指定的网站，按照 IP 地址备案的要求以电子形式报备 IP 地址信息。

第八条　各级 IP 地址分配机构在进行 IP 地址备案时，应当如实、完整地报备 IP 地址信息(需报备的 IP 地址信息参见本办法附录)。

第九条　各级 IP 地址分配机构应自取得 IP 地址之日起二十个工作日内完成 IP 地址信息的第一次报备。

第十条　各级 IP 地址分配机构申请和分配使用的 IP 地址信息发生变化的，IP 地址分配机构应自变化之日起五个工作日内通过信息产业部指定的网站，按照 IP 地址备案的要求以电子形式提交变更后的 IP 地址信息。

各级 IP 地址分配机构的联系人或联系方式发生变更的，应自变更之日起十个工作日内报备变更后的信息。

第十一条　基础电信业务经营者 IP 地址信息的报备，由各基础电信业务经营者集团公司(总公司)和基础电信业务经营者的省级公司(省级分支机构)共同完成。

各基础电信业务经营者集团公司(总公司)按照本办法的规定完成由其申请、使用和分配到省级公司(省级分支机构)的 IP 地址信息的报备。各基础电信业务经营者的省级公司(省级分支机构)按照本办法的规定统一完成该省级公司(省级分支机构)及其所属公司(分支机构)申请、使用和分配的 IP 地址信息的报备。

第十二条　中国教育和科研计算机网、中国科学技术网、中国国际经济贸易互联网、中国长城互联网等公益性互联网的网络管理单位应当按照本办法的规定，统一完成其申请、使用和分配的 IP 地址信息的报备。

第十三条　IP 地址分配机构同时是互联网接入服务提供者的，应当如实记录和保存由其提供接入服务的使用自带 IP 地址的用户的 IP 地址信息，并自提供接入服务之日起五日内，填报 IP 地址备案信息，进行备案。

第十四条　各级 IP 地址分配机构应当建立健全本单位的 IP 地址管理制度。

第十五条　各级 IP 地址分配机构分配 IP 地址时，应当通知其下一级IP地址分配机构报备IP地址信息。

第十六条　信息产业部和省通信管理局及其工作人员对IP地址分配机构报备的IP地址信息,有保密的义务。

信息产业部和省通信管理局及其工作人员不得向他人提供IP地址分配机构报备的IP地址信息,但法律、行政法规另有规定的除外。

第十七条　违反本办法第八条、第九条、第十条、第十三条的规定的,由信息产业部或者省通信管理局依据职权责令限期改正;逾期不改的,给予警告或者处人民币一万元罚款,或者同时处以上两种处罚。

第十八条　违反本办法第十四条规定,未建立IP地址管理制度的,由信息产业部或者省通信管理局依据职权责令限期改正;逾期不改的,给予警告或者处人民币五千元以上一万元以下罚款,或者同时处以上两种处罚。

第十九条　本办法实施前直接从亚太互联网信息中心等具有IP地址管理权的国际机构获得IP地址供本单位使用或者分配IP地址供其他单位或个人使用的,应自本办法施行之日起四十五个工作日内,按照本办法的规定完成备案手续。

第二十条　本办法自2005年3月20日起实施。

附　录:

需报备的IP地址信息:

一、备案单位基本情况,包括备案单位名称、备案单位地址、备案单位性质、电信业务经营许可证编号、联系人姓名、联系人电话、联系人电子邮件等。

二、备案单位的IP地址来源信息,包括IP地址来源机构名称、IP地址总量、各IP地址段起止地址码等。

三、备案单位的IP地址分配使用信息,包括:

(一)本单位自用的IP地址信息,包括IP地址总量、各IP地址段起止IP地址码、IP地址使用方式、网关IP地址、网关所在地址;

(二)尚未分配的IP地址信息,包括IP地址总量、各IP地址段起止地址码;

(三)向其他用户分配的IP地址信息,包括所分配的用户基本信息(包括用户名称、单位类别、单位所属行业、单位详细地址、联系人姓名、联系人电话、联系人电子邮件)、所分配的IP地址总量、各IP地址段起止地址码、网关IP地址、网关所在地址、IP地址使用方式。

四、自带 IP 地址的互联网接入用户信息,包括用户基本信息(含用户名称、单位类别、单位所属行业、单位详细地址、联系人姓名、联系人电话、联系人电子邮件)、自带 IP 地址总量、IP 地址段起止地址码、自带 IP 地址的来源、网关 IP 地址、网关所在地址、IP 地址使用方式等。

附录八

互联网著作权行政保护办法

(颁布时间:2005年4月30日)

第一条 为了加强互联网信息服务活动中信息网络传播权的行政保护,规范行政执法行为,根据《中华人民共和国著作权法》及有关法律、行政法规,制定本办法。

第二条 本办法适用于互联网信息服务活动中根据互联网内容提供者的指令,通过互联网自动提供作品、录音录像制品等内容的上载、存储、链接或搜索等功能,且对存储或传输的内容不进行任何编辑、修改或选择的行为。

互联网信息服务活动中直接提供互联网内容的行为,适用著作权法。

本办法所称"互联网内容提供者"是指在互联网上发布相关内容的上网用户。

第三条 各级著作权行政管理部门依照法律、行政法规和本办法对互联网信息服务活动中的信息网络传播权实施行政保护。国务院信息产业主管部门和各省、自治区、直辖市电信管理机构依法配合相关工作。

第四条 著作权行政管理部门对侵犯互联网信息服务活动中的信息网络传播权的行为实施行政处罚,适用《著作权行政处罚实施办法》。

侵犯互联网信息服务活动中的信息网络传播权的行为由侵权行为实施地的著作权行政管理部门管辖。侵权行为实施地包括提供本办法第二条所列的互联网信息服务活动的服务器等设备所在地。

第五条　著作权人发现互联网传播的内容侵犯其著作权，向互联网信息服务提供者或者其委托的其他机构（以下统称"互联网信息服务提供者"）发出通知后，互联网信息服务提供者应当立即采取措施移除相关内容，并保留著作权人的通知6个月。

第六条　互联网信息服务提供者收到著作权人的通知后，应当记录提供的信息内容及其发布的时间、互联网地址或者域名。互联网接入服务提供者应当记录互联网内容提供者的接入时间、用户账号、互联网地址或者域名、主叫电话号码等信息。

前款所称记录应当保存60日，并在著作权行政管理部门查询时予以提供。

第七条　互联网信息服务提供者根据著作权人的通知移除相关内容的，互联网内容提供者可以向互联网信息服务提供者和著作权人一并发出说明被移除内容不侵犯著作权的反通知。反通知发出后，互联网信息服务提供者即可恢复被移除的内容，且对该恢复行为不承担行政法律责任。

第八条　著作权人的通知应当包含以下内容：
（一）涉嫌侵权内容所侵犯的著作权权属证明；
（二）明确的身份证明、住址、联系方式；
（三）涉嫌侵权内容在信息网络上的位置；
（四）侵犯著作权的相关证据；
（五）通知内容的真实性声明。

第九条　互联网内容提供者的反通知应当包含以下内容：
（一）明确的身份证明、住址、联系方式；
（二）被移除内容的合法性证明；
（三）被移除内容在互联网上的位置；
（四）反通知内容的真实性声明。

第十条　著作权人的通知和互联网内容提供者的反通知应当采取书面形式。

著作权人的通知和互联网内容提供者的反通知不具备本办法第八条、第九条所规定内容的，视为未发出。

第十一条　互联网信息服务提供者明知互联网内容提供者通过互联网实施侵犯他人著作权的行为，或者虽不明知，但接到著作权人通知后未采取措施移除相关内容，同时损害社会公共利益的，著作权行政管

理部门可以根据《中华人民共和国著作权法》第四十七条的规定责令停止侵权行为,并给予下列行政处罚:

（一）没收违法所得;

（二）处以非法经营额3倍以下的罚款;非法经营额难以计算的,可以处10万元以下的罚款。

第十二条　没有证据表明互联网信息服务提供者明知侵权事实存在的,或者互联网信息服务提供者接到著作权人通知后,采取措施移除相关内容的,不承担行政法律责任。

第十三条　著作权行政管理部门在查处侵犯互联网信息服务活动中的信息网络传播权案件时,可以按照《著作权行政处罚实施办法》第十二条规定要求著作权人提交必备材料,以及向互联网信息服务提供者发出的通知和该互联网信息服务提供者未采取措施移除相关内容的证明。

第十四条　互联网信息服务提供者有本办法第十一条规定的情形,且经著作权行政管理部门依法认定专门从事盗版活动,或有其他严重情节的,国务院信息产业主管部门或者省、自治区、直辖市电信管理机构依据相关法律、行政法规的规定处理;互联网接入服务提供者应当依据国务院信息产业主管部门或者省、自治区、直辖市电信管理机构的通知,配合实施相应的处理措施。

第十五条　互联网信息服务提供者未履行本办法第六条规定的义务,由国务院信息产业主管部门或者省、自治区、直辖市电信管理机构予以警告,可以并处三万元以下罚款。

第十六条　著作权行政管理部门在查处侵犯互联网信息服务活动中的信息网络传播权案件过程中,发现互联网信息服务提供者的行为涉嫌构成犯罪的,应当依照国务院《行政执法机关移送涉嫌犯罪案件的规定》将案件移送司法部门,依法追究刑事责任。

第十七条　表演者、录音录像制作者等与著作权有关的权利人通过互联网向公众传播其表演或者录音录像制品的权利的行政保护适用本办法。

第十八条　本办法由国家版权局和信息产业部负责解释。

第十九条　本办法自2005年5月30日起施行。

附录九

中国互联网网络版权自律公约

（颁布时间：2005年9月3日）

第一条 为维护网络著作权，规范互联网从业者行为，促进网络信息资源开发利用，推动互联网信息行业发展，制定本公约。

第二条 公约成员应当认真学习和自觉遵守与互联网有关的版权法律法规，增强版权保护意识，大力弘扬中华民族优秀文化传统和社会主义精神文明的道德准则，积极推动职业道德建设。

第三条 公约成员应该加强沟通和合作，共同研究和探讨我国互联网版权保护措施，提出相关的政策建议和立法建议。

第四条 公约成员应当积极采取有效的技术措施和管理措施，保护权利人的权利。

第五条 公约成员应该鼓励、支持、保护依法进行的公平、有序的竞争，反对不正当竞争。

第六条 公约成员应当自觉接受社会各界的监督和批评，共同抵制和纠正行业不正之风。

第七条 中国互联网协会网络版权联盟（"联盟"）是本公约的执行机构，负责组织公约的宣传和实施。

第八条 联盟负责组织公约成员学习网络版权管理的相关法律法规和政策，组织交流网络版权相关行业信息，代表公约成员与政府主管部门进行沟通，反映公约成员的意愿和要求，切实维护公约成员的正当权益，积极推动和实施互联网行业自律，并对成员遵守本公约的情况进行督促检查。

第九条 本公约成员违反公约的，任何单位和个人均有权向联盟进行检举，由联盟进行调查，并将调查结果向全体成员公布。公约成员违反本公约，造成不良影响，经查证属实的，由联盟视不同情况给予内部通报或取消公约成员资格的处理。

第十条　本公约的所有成员均有权对联盟执行本公约的合法性和公正性进行监督，有权向联盟的主管部门检举联盟或其工作成员违反本公约及相关工作制度的行为。

第十一条　联盟设立秘书处，根据公约成员授权受理"通知"和"反通知"，具体办法另行规定。

第十二条　联盟建立网络版权纠纷调解中心，负责公约成员之间网络版权纠纷的调解，具体办法另行规定。

第十三条　联盟设计和申请本公约的统一标识，并制订具体使用办法。本公约成员均有权按照使用办法使用公约的统一标识。

第十四条　凡接受本公约的互联网内容服务提供者和网络服务提供者，均可以申请加入本公约。本公约成员也可以退出本公约，并通知公约执行机构。公约执行机构定期公布加入和退出本公约的成员名单。

第十五条　本公约由中国互联网协会网络版权联盟向社会公布，从公布之日起接受签约，签约成员达到20名时本公约生效。

第十六条　本公约生效期间，经公约执行机构或本公约十分之一成员提议，并经三分之二以上成员同意，可以对本公约进行修改。

第十七条　本公约由中国互联网协会网络版权联盟负责解释。

参考文献

1. 闵大洪:《数字传媒概要》,复旦大学出版社2003年版。
2. 彭兰:《网络新闻学原理与应用》,新华出版社2003年版。
3. 尼葛洛庞帝:《数字化生存》,胡泳等译,海南出版社1997年版。
4. 彭兰:《网络传播概论》,中国人民大学出版社2001年版。
5. 杜骏飞:《网络新闻学》,中国广播电视出版社2001年版。
6. 杜骏飞:《网络传播概论》,福建人民出版社2003年版。
7. 〔美〕罗兰·德·沃尔克:《网络新闻导论》,彭兰等译,中国人民大学出版社2003年版。
8. 雷跃捷、辛欣:《网络新闻传播概论》,北京广播学院出版社2001年版。
9. 金梦玉:《网络新闻实务》,北京广播学院出版社2001年版。
10. 何苏六等:《网络媒体的策划与编辑》,北京广播学院出版社2001年版。
11. 柳泽花:《网络新闻传播实务》,华中科技大学出版社2002年版。
12. 巢乃鹏:《网络受众心理行为研究》,新华出版社2002年版。
13. 董天策:《网络新闻传播学》,福建人民出版社2003年版。
14. 谢新洲:《网络传播理论与实践》,北京大学出版社2004年版。
15. 仲志远:《网络新闻学》,北京大学出版社2002年版。
16. 廖卫民、赵民:《互联网媒体与网络新闻业务》,复旦大学出版社2001年版。
17. 陈彤、曾祥雪:《新浪之道》,福建人民出版社2005年版。
18. 彭兰:《中国网络媒体的第一个十年》,清华大学出版社2005年版。
19. 蒋晓丽:《网络新闻学》,高等教育出版社2004年版。
20. 吴飞:《新闻编辑学》,杭州大学出版社1997年版。
21. 邱沛篁等:《新闻传播百科全书》,四川人民出版社1998年版。

22. 威尔伯·施拉姆、威廉·波特：《传播学概论》，陈亮、周立方、李启译，新华出版社 1984 年版。
23. 吴江霖、戴健林等：《社会心理学》，广东高等教育出版社 2000 年版。
24. 全国 13 所高等院校《社会心理学》编写组：《社会心理学》，南开大学出版社 1990 年版。
25. 〔美〕沃纳·赛弗林、小詹姆斯·坦卡德：《传播理论：起源、方法与应用》，郭镇之译，华夏出版社 2000 年版。
26. 〔美〕凯斯·桑斯坦：《网络共和国：网络社会中的民主问题》，黄维明译，上海人民出版社 2003 年版。
27. 〔美〕约翰·V·帕夫利克：《新闻业与新媒介》，张军芳译，新华出版社 2005 年版。
28. 李希光：《网络记者》，中国三峡出版社 2000 年版。
29. 张咏华：《中外网络新闻业比较》，清华大学出版社 2004 年版。
30. 苏荣才：《对话美国报业总裁》，南方日报出版社 2006 年版。
31. 蒋晓丽：《网络新闻编辑学》，高等教育出版社 2004 年版。
32. 雷跃捷：《新闻理论》，北京广播学院出版社 1997 年版。
33. 刘宝俊：《论编辑的基本素养与成才之路》，北京航空航天大学出版社 1998 年版。
34. 〔美〕唐·R·彭伯：《大众传媒法》，中国人民大学出版社 2005 年版。
35. 〔美〕布雷恩·S·布鲁克斯、杰克·Z·西索斯：《编辑的艺术》，中国人民大学出版社 2003 年版。
36. 〔美〕约瑟夫·R·多米尼克：《大众传播动力学》，中国人民大学出版社 2004 年版。
37. 〔美〕新闻自由委员会：《一个自由而负责的新闻界》，中国人民大学出版社 2004 年版。
38. 胡正荣：《产业整合与跨世纪变革——美国广播电视业的发展方向》，载《国际新闻界》2000 年第 4 期。
39. 徐志斌：《门户擦出新闻火花 网媒迈入主流媒体行列》，http://www.erpworld.net。
40. 林木：《张朝阳反思：感慨网络媒体责任》，载《经济观察报》。
41. 蒋亚平：《中国网络媒体现状分析和展望》，http://www.

chuanmeinet. net。

42. 闵大洪:《网络新闻之我见——兼与郭乐天先生商榷》,http://gaokao. zjonline. com. cn。

43. 钟瑛:《论网络新闻的伦理与法制建设》,载《新闻与传播研究》2000年第4期。

44. 余义勇:《关于网络新闻的思考》,http://www. chuanmei. net。

45. 浦星光:《社会伦理道德观的多重性》,载《科学社会主义》2005年第5期。

46. 杨伦增:《论伦理道德在出版业发展中的作用》,载《编辑学报》2002年第5期。

47. 潘青山:《中西新闻伦理道德比较》,载《声屏世界》2003年第10期。

48. 彭兰:《什么是真正的多媒体报道?——从Flash幻灯谈起》,载视网联·传媒网2002年10月22日。

49. 杨大伟:《强势联合 优势互补》,载《中国传媒科技》2001年第2期。

50. 李建刚:《播客——网络时代的广播新力量》,载《传媒》2005年第10期。

51. 金俊:《播客——传统广播的一次新革命》,载《视听纵横》2006年2月。

52. 彭兰:《播客发展的内在逻辑》,载《网络传播》2006年6月8日。

53. 吴莉莉、刘益成:《流媒体技术及其应用》,载《信息技术》2002年第1期。

54. 蔡雯:《"公共新闻":发展中的理论与探索中的实践——探析美国"公共新闻"及其研究》,载《国际新闻界》2004年第1期。

55. 宋昭勋:《从南亚海啸报道看市民新闻学的崛起》,载《传媒透视》2005年4月。

56. 方兴东、张笑容:《大集市模式的博客传播理论研究和案例分析》,载《现代传播》2006年第3期。

57. 李伟:《博客、播客给传统广播带来了什么?》,载《青年记者》2005年第7期。

58. 肖洒:《"市民记者"在韩国兴起 键盘产生权利》,载《青年记者》2006年第7期。

59. 张羽、赵均峰：《从伦敦和埃及大爆炸看市民记者的兴起》，载《新闻知识》2005 年第 12 期。
60. 杨晓凌：《Flash 与电视新闻》，载《电视研究》2006 年第 1 期。
61. 钟瑛：《论网络新闻的伦理与法制建设》，载《新闻与传播研究》2000 年第 4 期。
62. 张宁：《DV/DVD/VCD 编辑快手 Final Cut Pro 3》，北京希望电子出版社 2003 年版。
63. 秦州：《网络客文化》，福建人民出版社 2006 年版。
64. 郑兴东：《报纸编辑学教程》，中国人民大学出版社 2001 年版。
65. 徐世平：《网络新闻实用技巧》，文汇出版社 2002 年版。
66. 阙道隆、徐柏容、林穗芳：《书籍编辑学概论》，辽宁教育出版社 1996 年版。
67. 潘树广：《编辑学》，苏州大学出版社 1998 年版。
68. 甘惜分：《新闻学大辞典》，河南人民出版社 1993 年版。
69. 阙道隆：《编辑学理论纲要》，载《出版科学》2001 年第 3 期。
70. 风笑天：《社会学研究方法》，中国人民大学出版社 2001 年版。
71. 安德斯·汉森等：《大众传播研究方法》，崔保国、金兼斌、童菲译，新华出版社 2004 年版。
72. 秦州：《新闻搜索中的舆情"峰值"》，载《新闻界》2005 年第 5 期。
73. 柯惠新：《互联网调查研究方法综述》，载《网络时代》2001 年第 4 期。
74. 闵大洪：《对网上问卷调查的认识与操作》，http://www.zijin.net。
75. 艾尔·巴比：《社会学研究方法基础》，邱泽奇译，华夏出版社 2005 年版。
76. 大卫·E·莫里森：《寻找方法：焦点小组和大众传播研究的发展》，柯惠新、王宁译，新华出版社 2004 年版。
77. 石庆馨、孙向红、张侃：《可用性评价的焦点小组法》，载《人类工效学》2005 年第 11 卷第 3 期。
78. 罗紫初：《论编辑工作的性质、功能与地位》，载《图书情报知识》2003 年第 5 期。
79. 丹尼斯·麦奎尔、斯文·温德尔：《大众传播模式论》，祝建华、吴伟译，上海译文出版社 1987 年版。
80. 段京肃：《传播学理论基础》，新华出版社 2003 年版。

81. 郭庆光：《传播学教程》，中国人民大学出版社1999年版。
82. 日野永一：《设计》，湖北美术出版社1998年版。
83. 康耀红等：《计算机网络基础与应用》，北京大学出版社2002年版。
84. 张文俊：《当代传媒新闻技术》，复旦大学出版社1998年版。
85. 莫治雄：《网页设计实训教程》，清华大学出版社2003年版。
86. 刘艳丽、许晞、曾煌兴：《网页设计与制作实用教程》，高等教育出版社2003年版。
87. 陈绿春等：《网页设计三剑客》（mx版），清华大学出版社2003年版。
88. 徐娟、吴志山、陈金良：《网页制作实用技术》，清华大学出版社2003年版。
89. 曾刚等：《中文版PHOTOSHOP 6.0与网页制作》，北京希望电子出版社2001年版。
90. 辜居一：《国外经典网页设计·计算机与互联网篇》，江西美术出版社2001年版。
91. 张群胆：《平面设计色彩配色应用》，江西美术出版社2003年版。
92. 秦州：《新闻网页设计与制作》，福建人民出版社2005年版。

第二版后记

互联网传播及其应用是人类有史以来各种媒介及其传播方式中发展变化最快的，在本书出版四年多后要对它进行修订，我发现是一件很难的事。因为在过去的四五年中，网络已经呈现并带给我们太多的新东西，从这个角度看，几年前写的内容大多已经陈旧。因此，当本书责任编辑李婷希望我对本书进行再版修订时，我难免有些畏难。好在本书当初的立意是比较注重编辑学的学理梳理与铺陈，网络新闻编辑方面的内容与基础理论相比，分量也就相对减轻了不少。此外，我觉得这四五年来网络新闻传播中最大的变化——从一种新传播样式的诞生来看，是微博及其传播现象。所以这次修订专门增写了第十一章"微博"，探讨了微博的传播特征、发展现状与发展趋势。同时，考虑到第十章"草根媒体"中的第三节"移动博客"，其实就是微博诞生前的一种半成熟的移动传播样式，故予以整节删除。前面各章，我只是作了少量文字表述方面的修改。此外，这次修订为各章增加了4—6条不等的思考题，以利于读者进一步把握本书的梗概与关键问题。

我与我所指导的研究生王凤栖、卢娜娜、吴静讨论了"微博"一章的架构，并由她们写出了初稿；另一位研究生吴思夏查找整理了本书新增加的六篇附录，即一些互联网重要法规，在此感谢她们的辛勤付出。还要感谢李婷编辑，没有她的建议与催促，就不会有这个修订版了。

秦州
2011年10月10日
于南京大学费彝民楼

复旦大学出版社
新闻传播类重点图书

复旦博学·新闻与传播学系列教材(新世纪版):

新闻学概论(李良荣,32.00);马克思主义新闻经典教程(童兵,28.00);新闻评论教程(丁法章,32.00);中国新闻事业发展史(黄瑚,30.00);外国新闻传播史导论(程曼丽,29.00);当代广播电视新闻学(张骏德,32.00);当代广播电视概论(陆晔,36.00);网络传播概论(张海鹰等,30.00);新闻采访教程(刘海贵,25.00);西方新闻事业概论(李良荣,22.00);新闻法规和职业道德教程(黄瑚,29.80);中国编辑史(姚福申,49.00)

复旦博学·当代广播电视教程(新世纪版):

当代电视实务教程(石长顺,36.00);中外广播电视史(郭镇之,36.00);当代电视摄影制作教程(黄匡宇,30.00);影视法导论:电影电视节目制作须知(魏永征、李丹林,38.00);电视观众心理学(仝维一,28.00);当代广播电视播音主持(吴郁,28.00);电视制片管理学(王甫、吴丰军,38.00);广电媒介产业经营新论(黄升民等,30.00)

复旦-麦格劳·希尔传播学经典系列:

传播研究方法;传播学导论;大众传播通论;电子媒体导论(张海鹰,32.00);跨文化传播;公共演讲;说服传播;商务传播;倾听的艺术;访谈技艺:原理和实务;20世纪传播学经典文本(张国良,30.00);媒介与文化研究方法(Jane Stokes,22.00)

复旦博学·新闻传播学研究生核心课程系列教材:

马克思主义新闻思想概论(陈力丹,30.00);当代西方新闻媒体(李良荣,29.00);中国现当代新闻业务史导论(刘海贵,36.00);中国当代理论新闻学(丁柏铨,26.00);媒介战略管理(邵培仁等,38.00);数字传媒概要(闵大洪,25.00);传播学研究理论与方法(戴元光,30.00);国际传播学导论(郭可,25.00)

新闻传播精品导读丛书:

新闻(消息)卷——范式与案例(孔祥军,20.00);广播电视卷(严三九,27.00);通讯卷(董广安,20.00);外国名篇卷(郑亚楠,16.00);广告与品牌卷——案例精解(陈培爱,28.00);特写与报告文学卷(刘海贵、宋玉书,28.00)

新闻传播名家自选集丛书:

童兵自选集:新闻科学:观察与思考(童兵,39.00);李良荣自选集:新闻改革的探索(李良荣,39.00);陈力丹自选集:新闻观念:从传统到现代(陈力丹,

36.00);喻国明自选集:别无选择:一个传媒学人的理论告白(喻国明,36.00);黄升民自选集:史与时间(黄升民,38.00);尹鸿自选集:媒介图景·中国影像(尹鸿,38.00);罗以澄自选集:新闻求索录(罗以澄,35.00);戴元光自选集:传学札记:心灵的诉求(戴元光,32.00);王中文集(赵凯主编,45.00);丁淦林文集(丁淦林,25.00)

全球传播丛书:

畸变的媒体(李希光,26.00);中西方新闻传播:冲突·交融·共存(顾潜,21.00);世界百年报人(郑贞铭,28.00);当代对外传播(郭可,15.00);中美新闻传媒比较:生态·产业·实务(薛中军,19.80);国家形象传播(张昆,25.00);跨文化传播:中美新闻传媒概要(高金萍,15.00)

传媒经营丛书:

中国传媒经济研究:1949—2004(吴信训、金冠军,48.00);报刊传播业经营管理(倪祖敏,29.80);图书营销管理(方卿,24.00);战略传媒:分析框架与经典案例(章平,30.00);报纸发行营销导论(吴锋、陈伟,29.80);报刊发行学概论(倪祖敏、张骏德,35.00);现代传媒经济学(吴信训,30.00);中国图书发行史(高信成,45.00);媒体战略策划(李建新,38.00)

新闻传播学通用教材:

精编新闻采访写作(刘海贵);当代新闻采访(刘海贵,16.00);当代新闻写作(周胜林等,20.00);高级新闻采访与写作(周胜林,32.00);当代新闻编辑(张子让,16.00);传播学原理(张国良,10.00);新闻心理学(张骏德,11.00);新闻与传播通论(谢金文,20.00);实用新闻写作概论(宋春阳等,40.00);新闻写作技艺:新思维新方法(刘志宣,36.00);新闻报道新教程:视角、范式与案例解析(林晖,38.00);电视:艺术与技术(张成华、赵国庆,15.00);创新启示录:超越性思维(王健,30.00);实用英汉汉英传媒词典(倪剑等,40.00);全球化视界:财经传媒报道(安雅、李良荣,48.00);财经专业报道概论(贺宛男等,38.00)

影·响丛书(电影文化读物):

好莱坞启示录(周黎明,35.00);映像中国(焦雄屏,36.00);香港电影新浪潮(石琪,45.00);台湾电影三十年(宋子文,35.00);影三百:南方都市报中国电影百年专题策划(南方都市报,36.00)

请登录 www.fudanpress.com,内有所有复旦版图书全书目、内容提要、目录、封面及定价,有图书推荐、最新图书信息、最新书评、精彩书摘,还有部分免费的电子图书供大家阅读。

意见反馈、参编教材、投稿出书请联系 journalism@fudanpress.com;fudannews@163.com;liting243@126.com。电话:021-65105932、65647400、65109717;传真:021-65642892。

图书在版编目(CIP)数据

网络新闻编辑学/秦州主编. —2版. —上海:复旦大学出版社,2012.9(2020.2重印)
新闻与传播学系列教材:新世纪版
ISBN 978-7-309-08631-7

Ⅰ. 网… Ⅱ. 秦… Ⅲ. 互联网络-新闻编辑-高等学校-教材 Ⅳ. G213

中国版本图书馆 CIP 数据核字(2011)第 250521 号

网络新闻编辑学(第二版)
秦　州　主编
责任编辑/李　婷

复旦大学出版社有限公司出版发行
上海市国权路 579 号　邮编:200433
网址:fupnet@fudanpress.com　http://www.fudanpress.com
门市零售:86-21-65642857　团体订购:86-21-65118853
外埠邮购:86-21-65109143　出版部电话:86-21-65642845
大丰市科星印刷有限责任公司

开本 787×960　1/16　印张 20.75　字数 312 千
2020 年 2 月第 2 版第 5 次印刷
印数 11 401—13 500

ISBN 978-7-309-08631-7/G·1038
定价:36.00 元

如有印装质量问题,请向复旦大学出版社有限公司出版部调换。
版权所有　侵权必究